高等职业教育系列教材

制冷设备原理与维修

吴　敏　赵　钰　编著

机械工业出版社

本书共分为 7 章，主要内容包括制冷与空调技术基础知识、家用电冰箱的结构与原理、家用电冰箱的故障与维修、房间空调器的结构与原理、房间空调器的安装、房间空调器的故障与维修、制冷设备维修操作技术等。大部分章后附有实训和习题，以供教学时选择使用。

　　本书可作为高职高专制冷与空调技术、家用电器类、应用电子技术专业的教材，也可作为中等职业技术学校、职业中学的相关课程教材，还可作为制冷设备维修工、家用电器产品维修工考级培训的参考书。

　　本书配套授课电子教案，需要的教师可登录 www.cmpedu.com 免费注册、审核通过后下载，或联系编辑索取（微信：15910938545，电话：010 - 88379739）。

图书在版编目（CIP）数据

制冷设备原理与维修/吴敏，赵钰编著 . —北京：机械工业出版社，2014.1（2021.8 重印）

高等职业教育系列教材

ISBN 978 - 7 - 111 - 44464 - 0

Ⅰ.①制⋯　Ⅱ.①吴⋯②赵⋯　Ⅲ.①制冷装置—维修—高等职业教育—教材　Ⅳ.①TB657

中国版本图书馆 CIP 数据核字（2013）第 247330 号

机械工业出版社（北京市百万庄大街 22 号　邮政编码 100037）

责任编辑：王　颖　版式设计：霍永明

责任校对：刘怡丹　责任印制：常天培

北京中科印刷有限公司印刷

2021 年 8 月第 1 版第 6 次印刷

184mm × 260mm · 18.5 印张 · 457 千字

标准书号：ISBN 978 - 7 - 111 - 44464 - 0

定价：55.00 元

电话服务　　　　　　　　网络服务

客服电话：010-88361066　　机 工 官 网：www.cmpbook.com

　　　　　010-88379833　　机 工 官 博：weibo.com/cmp1952

　　　　　010-68326294　　金 书 网：www.golden-book.com

封底无防伪标均为盗版　机工教育服务网：www.cmpedu.com

高等职业教育系列教材
电子类专业编委会成员名单

主　　任　曹建林

副 主 任（按姓氏笔画排序）

于宝明　　王钧铭　　任德齐　　华永平　　刘　松　　孙　萍

孙学耕　　杨元挺　　杨欣斌　　吴元凯　　吴雪纯　　张中洲

张福强　　俞　宁　　郭　勇　　曹　毅　　梁永生　　董维佳

蒋蒙安　　程远东

委　　员（按姓氏笔画排序）

丁慧洁　　王卫兵　　王树忠　　王新新　　牛百齐　　吉雪峰

朱小祥　　庄海军　　关景新　　孙　刚　　李菊芳　　李朝林

李福军　　杨打生　　杨国华　　肖晓琳　　何丽梅　　余　华

汪赵强　　张静之　　陈　良　　陈子聪　　陈东群　　陈必群

陈晓文　　邵　瑛　　季顺宁　　郑志勇　　赵航涛　　赵新宽

胡　钢　　胡克满　　闫立新　　姚建永　　聂开俊　　贾正松

夏玉果　　夏西泉　　高　波　　高　健　　郭　兵　　郭雄艺

陶亚雄　　黄永定　　黄瑞梅　　章大钧　　商红桃　　彭　勇

董春利　　程智宾　　曾晓宏　　詹新生　　廉亚囡　　蔡建军

谭克清　　戴红霞　　魏　巍　　瞿文影

秘 书 长　胡毓坚

出 版 说 明

《国家职业教育改革实施方案》（又称"职教 20 条"）指出：到 2022 年，职业院校教学条件基本达标，一大批普通本科高等学校向应用型转变，建设 50 所高水平高等职业学校和 150 个骨干专业（群）；建成覆盖大部分行业领域、具有国际先进水平的中国职业教育标准体系；从 2019 年开始，在职业院校、应用型本科高校启动"学历证书＋若干职业技能等级证书"制度试点（即 1＋X 证书制度试点）工作。在此背景下，机械工业出版社组织国内 80 余所职业院校（其中大部分院校入选"双高"计划）的院校领导和骨干教师展开专业和课程建设研讨，以适应新时代职业教育发展要求和教学需求为目标，规划并出版了"高等职业教育系列教材"丛书。

该系列教材以岗位需求为导向，涵盖计算机、电子、自动化和机电等专业，由院校和企业合作开发，多由具有丰富教学经验和实践经验的"双师型"教师编写，并邀请专家审定大纲和审读书稿，致力于打造充分适应新时代职业教育教学模式、满足职业院校教学改革和专业建设需求、体现工学结合特点的精品化教材。

归纳起来，本系列教材具有以下特点：

1）充分体现规划性和系统性。系列教材由机械工业出版社发起，定期组织相关领域专家、院校领导、骨干教师和企业代表召开编委会年会和专业研讨会，在研究专业和课程建设的基础上，规划教材选题，审定教材大纲，组织人员编写，并经专家审核后出版。整个教材开发过程以质量为先，严谨高效，为建立高质量、高水平的专业教材体系奠定了基础。

2）工学结合，围绕学生职业技能设计教材内容和编写形式。基础课程教材在保持扎实理论基础的同时，增加实训、习题、知识拓展以及立体化配套资源；专业课程教材突出理论和实践相统一，注重以企业真实生产项目、典型工作任务、案例等为载体组织教学单元，采用项目导向、任务驱动等编写模式，强调实践性。

3）教材内容科学先进，教材编排展现力强。系列教材紧随技术和经济的发展而更新，及时将新知识、新技术、新工艺和新案例等引入教材；同时注重吸收最新的教学理念，并积极支持新专业的教材建设。教材编排注重图、文、表并茂，生动活泼，形式新颖；名称、名词、术语等均符合国家有关技术质量标准和规范。

4）注重立体化资源建设。系列教材针对部分课程特点，力求通过随书二维码等形式，将教学视频、仿真动画、案例拓展、习题试卷及解答等教学资源融入教材中，使学生的学习课上课下相结合，为高素质技能型人才的培养提供更多的教学手段。

由于我国高等职业教育改革和发展的速度很快，加之我们的水平和经验有限，因此在教材的编写和出版过程中难免出现疏漏。恳请使用本系列教材的师生及时向我们反馈相关信息，以利于我们今后不断提高教材的出版质量，为广大师生提供更多、更适用的教材。

机械工业出版社

前　言

本书结合我国制冷与空调行业的发展和高职高专教育的实际情况，力求反映本行业的新技术、新设备和新工艺，体现高职高专教育的特点，在基本理论的叙述上力求通俗易懂、深入浅出、说理清楚、突出应用，同时编写了较多的维修实例并总结了许多实际维修经验，还编写了21个维修技能实训，供教学实践时选择使用。

本书详细介绍了家用电冰箱和房间空调器的结构与原理、故障与维修等基本知识，主要内容包括制冷与空调技术基础知识、家用电冰箱的结构与原理、家用电冰箱的故障与维修、房间空调器的结构与原理、房间空调器的安装、房间空调器的故障与维修、制冷设备维修操作技术等。

本书力求简明扼要、通俗易懂、直观形象、内容新颖和突出应用，大部分章后附有实训和习题，书中有一定量的选用内容，可满足不同层次的读者需要。

本书建议教学内容为102学时，课时分配见下表。

章　节	学时数	章　节	学时数
第1章	8	第5章	6
第2章	20	第6章	16
第3章	18	第7章	18
第4章	16		

书中标有"※"的章节属于加宽或加深内容，供不同院校和专业选用。

本书由重庆工贸职业技术学院吴敏、赵钰编著，其中，吴敏负责全书的组织策划、修改补充、统稿和定稿工作，并编写第1~5章，赵钰负责全书的审核和校对工作并编写第6、7章。

本书在编写过程中参阅了大量文献，在此谨向这些原著者表示衷心的感谢！

由于制冷设备的不断发展，尤其是控制技术日新月异，加之编写时间仓促及编者水平有限，书中难免存在不妥和疏漏之处，敬请读者批评指正。

编　者

目　录

第1章 制冷与空调技术基础知识

1.1 热力学基础知识

1.1.1 物质的3种状态

自然界中的物质一般是由分子组成的。组成物质的分子间有一定的距离。分子间始终存在着相互作用力，这种作用力有时表现为斥力，有时表现为引力。而且分子做永不停息的无规则运动，分子的这种无规则运动称为热运动。由于物质分子间的距离不同，因而分子间相互作用力的大小不同，热运动的方式也不同，使物质呈现出3种不同的状态。

（1）固态

固体分子间距离很小，而相互作用力很大。分子被束缚在平衡位置上只能作振幅很小的振动，而不能相对移动。固态的物质具有一定的体积、形状和机械强度。

（2）液态

液体分子间的距离较小，而相互作用力较大，足以使分子之间保持一定的距离。分子既能在平衡位置附近作振幅较大的热运动，又能单个或成群地相对移动。液态的物质具有流动性，有一定的体积而没有一定的形状。

（3）气态

气体分子间的距离较大，而相互作用力十分微弱，以致分子间不能相互约束。分子作无规则的热运动，向四面八方飞散。各个分子在热运动中与其他分子或容器壁碰撞后会改变其运动方向。气态的物质既没有一定的体积，也没有一定的形状，可以充满整个容器。

物质的3种状态尽管表现形式不同，但在一定的条件下，其状态是可以发生变化的。例如，在标准大气压条件下把100℃的水再加热时就会变成水蒸气，把0℃的冰再加热就会变成水。物质由一种状态转变成另一种状态，称为物态变化。人为地控制物质所处的环境条件，就可以按照人们的意志改变物质的状态，从而实现预期的目的。

1.1.2 物质相变与热量转移

在自然界中，物质的3种状态之间在一定的条件下可以相互转化，这个转化过程称为相变。物态变化与热量转移如图1-1所示。物质从固态变成液态称为融解（熔解），融解过程要吸收热量；而物质从液态变成固态称为凝固，凝固过程会放出热量；物质从固态变成气态称为升华，升华过程要吸收热量；而从气态变成固态称为凝华，凝华过程会放出热量；物质从液态变成气态称为汽化，汽化过程要吸收热量；而物质从气态变成液态称为液化，液

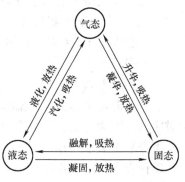

图1-1 物态变化与热量转移

化过程会放出热量。

（1）汽化

汽化有蒸发和沸腾两种形式。蒸发是只在液体表面进行的汽化现象，它可以在任何温度和压强下进行。沸腾是在液体表面和内部同时进行的强烈汽化，沸腾时的温度称为沸点。在一定的压强下，某种液体只有一个与压强相对应的确定沸点，压强增大沸点升高，压强减小沸点降低。因此，在制冷设备中常用调节制冷剂的沸腾压强来控制制冷温度。在相同的压强下，不同的物质具有不同的沸点。如在标准大气压下，水的沸点是100℃；氟利昂12（R12）的沸点是－29.8℃。在制冷行业中，习惯上把沸腾称为蒸发，同时把沸腾器、沸腾温度和沸腾压强分别称为蒸发器、蒸发温度和蒸发压力。

（2）液化

液化的方法是将气体的温度降到临界温度以下，并且增大压力。每种物质都有自己特定的临界温度和临界压力。如果某种气态物质的温度超过它的临界温度，无论怎样增大压力，都不能使它液化。

如果蒸汽跟产生这种蒸汽的液体处于平衡状态，这种蒸汽称为饱和蒸汽。饱和蒸汽的温度、压力分别称为饱和温度、饱和压力。一定的液体在一定的温度下的饱和气压是一定的。但随着温度的升高（或降低），饱和气压及饱和蒸汽的密度一般会随之增大（或降低）。而在空气含湿量不变的情况下，将空气的温度降到露点，未饱和蒸汽也就变成饱和蒸汽。因此，在制冷装置中常利用制冷剂的饱和温度与饱和压力一一对应的特性，通过调节压力来调节温度。

1.1.3 温度和温标

1. 温度

温度是表示物体冷热程度的物理量，是物体内部分子热运动的平均动能的标志。从分子论的观点看，温度反映了物质分子热运动的剧烈程度。更确切地说，温度反映了物质分子平均速度的大小。

2. 温标

测量温度的标尺称为温标。常用的温标有摄氏温标及热力学温标两种，其中热力学温标为国际单位制温标。

（1）摄氏温标

以标准大气压下水的冰点为0度，水的沸点为100度，在0度与100度之间平均分成100等份，每等份为1摄氏度，记做1℃。用摄氏温标表示的温度称为摄氏温度，用符号 t 表示。当温度低于0℃时，称零下多少度，在温度数值前加"－"号表示，如零下10℃，用－10℃表示。

（2）热力学温标

热力学温标常称为开氏温标或绝对温标，这种温标是以物质内部分子热运动速度为零时所对应的温度为起点，称为热力学零度。用热力学温标表示的温度称为热力学温度或绝对温度，用符号 T 表示，单位为K，读做开［尔文］。

以标准大气压下水的冰点为273℃，水的沸点为373℃，其间也分为100等份，每一等份为热力学温度1开［尔文］，记做1K。

（3）两种温标间温度的换算

由于摄氏温标、热力学温标将水的冰点与沸点间均分为 100 等份，因此每等份是相同的，即 1℃ = 1K，所不同的是起点值不同。所以二者的换算为：

$$T = \left(\frac{t}{℃} + 273.15\right)K \approx \left(\frac{t}{℃} + 273\right)K \qquad (1-1)$$

或

$$t = \left(\frac{T}{K} - 273.15\right)℃ \approx \left(\frac{T}{K} - 273\right)℃ \qquad (1-2)$$

1.1.4 干、湿球温度

（1）干球温度

将一般的温度计，例如水银温度计，置于室外，测得的环境温度就是干球温度。

（2）湿球温度

将水银温度计的感温球包扎上湿润的纱布，并将纱布下端浸于充水容器中，就构成湿球温度计，如图 1-2 所示。将湿球温度计置于通风处，其读数就成为湿球温度。

湿球温度计的读数反映了湿球纱布上水的温度。若空气中的水蒸气达到饱和状态，那么纱布上的水就不会汽化。这样，湿球温度计的读数与干球温度计的读数相同。若空气中的水蒸气未达到饱和状态，那么湿球纱布上的水就会不断汽化。汽化需要吸收汽化潜热，水温就因汽化而下降，所以湿球温度一般低于干球温度。空气中所含水蒸气越少（即离饱和状态越远），其湿球温度越低，干、湿球温度差就越大；反之，干、湿球的温度差越小，表明天气越潮湿。

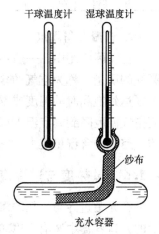

图 1-2 干、湿球温度计

1.1.5 湿度与露点

空气中含有水蒸气。在一定温度下，空气中所含水蒸气的量达到最大值时，这种空气就称为饱和空气。当空气未达到饱和时，空气中所含水蒸气的多少用湿度来表示，湿度常用绝对湿度、相对湿度、含湿量和露点来表示。

1. 绝对湿度、相对湿度

单位体积空气中含水蒸气的质量，称为空气的绝对湿度，单位为 kg/m^3。而相对湿度是指在某一温度时，空气中所含水蒸气质量与同一温度下空气中的饱和水蒸气质量的百分比。在实际中直接测空气中所含水蒸气质量较困难，由于空气中水分产生的压力在 100℃ 以下时与空气中含水量成正比，从而可用空气中水蒸气产生的压力表示空气中的绝对湿度。饱和空气的绝对湿度与温度有关，温度越高（低），饱和空气的绝对温度越大（小）。因此，在空气中水蒸气含量不变的情况下，可降低温度以提高空气的相对湿度。空气中的绝对湿度与相对湿度的关系是：

相对湿度 = 绝对湿度（以水蒸气分压表示）/饱和水蒸气压力

相对湿度可采用图 1-2 所示的干、湿球温度计测得。

空气相对湿度越小，水越容易蒸发，干、湿球温度差越大；反之，空气相对湿度越大，干、湿球温度差就越小。不同温度下的饱和水蒸气压力如表 1-1 所示。

表 1-1　不同温度下的饱和水蒸气压力

$t/℃$	P/Pa	$t/℃$	P/Pa	$t/℃$	P/Pa	$t/℃$	P/Pa
0	604	7	1001	18	2064	40	7375
1	657	8	1073	20	2339	50	12332
2	705	9	1148	22	2644	60	19918
3	759	10	1228	24	2984	70	31157
4	813	12	1403	25	3168	80	47343
5	872	14	1599	30	4242	100	101325
6	935	16	1817	35	5624		

2. 含湿量与露点

在实际应用中，一般不使用绝对湿度，而使用"含湿量"这一概念。1kg 干空气所含水蒸气的质量，称为空气的含湿量，其单位是 g/kg。在含湿量不变的条件下，空气中水蒸气刚好达到饱和时的温度或湿空气开始结露时的温度叫露点。在空调技术中，常利用冷却方式使空气温度降到露点温度以下，以便水蒸气从空气中析出凝结成水，从而达到干燥空气的目的。空气的含湿量越大，它的露点温度就越高，物体表面也就越容易结露。

1.1.6　过热度与过冷度

在介绍过冷与过热的概念之前，先以水蒸气的形成过程为例解释几个概念。图 1-3 所示的开口容器中装有 25℃ 的水，水面上有一个能上下自由移动，却又起密封作用的活塞，活塞的重量略去不计，即水面有一个大气压的作用。若将水加热到饱和温度 100℃ 时，这时称为饱和水。25℃ 的水显然比 100℃ 的饱和温度低，这种比饱和温度低的水称为过冷水。饱和温度与过冷温度之差为过冷度。其中过冷水的过冷度为 100℃ – 25℃ = 75℃。若将饱和水继续加热，水温将保持 100℃ 不变，而水不断汽化为水蒸气。这时容器中是饱和水和饱和蒸气的混合物，称为湿蒸气。再继续加热时，水全部汽化为蒸气而温度保持 100℃ 不变，此时的蒸气称为干蒸气。若再继续加热，干蒸气继续加热升温，温度超过饱和温度 100℃，此时的蒸气称为过热蒸气。过热蒸气的温度与饱和温度之差称为过热度。图中过热蒸气的过热度为 10℃。要注意的是在整个加热过程中，容器内的压力始终保持在一个大气压。

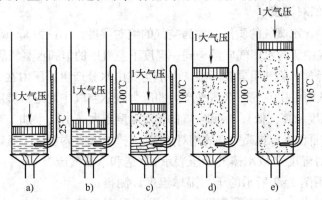

图 1-3　过冷与过热过程
a) 过冷水　b) 饱和水　c) 湿蒸气　d) 干蒸气　e) 过热蒸气

在湿蒸汽中，干蒸汽的重量百分数称为干度，用 x 表示。而（1 - x）则为湿蒸汽中液体的重量百分数，称为蒸汽的湿度，用 y 表示。例如某湿蒸汽的干度 x = 0.85，则表示湿蒸汽中含有 0.85kg 的干蒸汽和 0.15kg 的液体。

1. 过热

在制冷技术中，过热是针对制冷剂蒸汽而言的。当蒸汽的压力一定，而温度高于该压力下相对应的饱和温度时就称为过热蒸汽；同样当温度一定，而压力低于该温度下相对应的饱和压力时，也称为过热蒸汽。例如 R12 制冷剂，蒸发温度为 -20℃ 时，对应的饱和压力应为 0.15MPa。如压力不变，而蒸汽的温度高于 -20℃，则为过热蒸汽，若蒸汽的温度为 -15℃，则过热温度为 5℃；如温度不变，而蒸汽的压力低于 0.15MPa，则也称为过热蒸汽。电冰箱制冷系统中，压缩机的吸气管和排气管中流过的 R12 蒸汽都属于过热蒸汽。

2. 过冷

在制冷技术中，过冷是针对制冷剂液体而言的。在压力一定时，温度低于该压力下相对应的饱和温度就称为过冷。例如，R12 制冷剂的饱和温度为 45℃ 时，相对应的饱和压力为 1.0813MPa。如果将压力为 1.0813MPa 的 R12 制冷剂液体冷却到 40℃，则该液体即为过冷液，其过冷度为 5℃。电冰箱制冷系统中，从冷凝器流出的 R12 液体一般具有约 5℃ 的过冷度。

1.1.7 压力和真空度

1. 压力

工程上常把单位面积上受到的垂直作用力称为压力，压力的法定单位是 Pa（帕）。大气压指地球表面的空气对地面的压力；在工程上为使用和计算方便，把一个大气压按 0.98×10^5 Pa 来计算，称为一个工程大气压，即 1 个工程大气压为 0.98×10^5 Pa。除了法定单位外，还有几种常见的非法定单位，此处不加阐述。

2. 绝对压力和表压力

测量气体压力时，由于测量压力的基准不同，因此压力有绝对压力和表压力两种表示方法。绝对压力是指作用在单位面积上的压力的绝对值，而表压力是指压力表上的读数。以绝对零压力线（绝对真空）为测量基点测得的压力即为绝对压力，用符号 P_a 表示；以 1 个标准大气压为测量基点测得的压力即表压力，用符号 P_q 表示。当绝对压力等于当地大气压时，压力表的读数为零。如果以 B 表示当地大气压，则 P_a、P_q 与 B 有下列关系：

$$P_a = P_q + B \tag{1-3}$$

即绝对压力等于表压力与大气压力之和，而表压力等于绝对压力与大气压之差。例如：在 R12 制冷系统中，低压区压力表指示为 0.034MPa，这时对应的绝对压力是：

$$P_a = P_q + B = (0.034 + 0.1)MPa = 0.134MPa$$

又如在 R22R12 制冷系统中，低压区压力表指示为 0.486MPa，这时对应的绝对压力是：

$$P_a = P_q + B = (0.486 + 0.1)MPa = 0.586MPa$$

在工程上常用表压力，但在制冷工程的计算中则必须采用绝对压力。

3. 真空度

真空是指某一空间单位体积中气体分子的数目减少到其压力低于标准大气压的气体状态。真空中并不是没有物质，完全没有物质的空间称为"绝对真空"，但是绝对真空是不存在的。

密闭容器中气体压力（绝对压力）低于大气压力时，大气压力与容器内气体压力之差称为真空度。反映在压力表上为负表压。

真空度是用来表示真空程度的物理量。真空度越高，意味着单位体积中气体分子的数目越少，也就是说压力越小；反之，单位体积中气体分子的数目越多，则真空度越低。绝对压力、表压力与真空度三者之间关系如图1-4所示。

当$P_a > B$时，$P_a = B + P_q$；当$P_a < B$时，$P_a = B - P_真$，$P_真$表示真空度。

测量真空度的仪器很多，在制冷设备修理中常用U形管真空计和真空压力表。用U形管真空计测量系统真空度的方法如图1-5所示。U形管的右端与被测容器相连时，两液面之差h即为真空度。

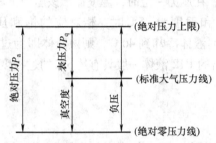

图1-4　绝对压力、表压力和真空度的关系

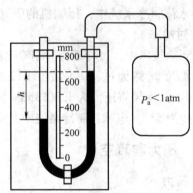

图1-5　低真空度的测量

1.1.8　饱和温度与饱和压力

处在密闭容器内的液体，因吸收外界热量而部分变成气体，与此同时，也有一部分气体因失去部分能量而回到液体表面。当从液体离开的分子数与返回液体的分子数相等时，蒸气的密度不再改变，即达到饱和状态，温度和压力也稳定不变。饱和状态下的蒸气称为饱和蒸气。此时的温度称为饱和温度，用t_s表示。相应的蒸气压力称为饱和蒸气压力，用p_s表示。一般来说，不同液体在相同的温度下的饱和蒸气压力是不同的，而同一种液体在不同温度下的饱和蒸气压力也是不同的。温度越高，饱和蒸汽压力也越高。在制冷技术中，通常所说的蒸发温度与蒸发压力是指饱和温度和饱和压力。

1.1.9　热量、比热容、显热和潜热

1. 热量

热量是表示物体吸热或放热多少的物理量。两个温度不同的物体互相接触时，温度高的物体失去能量，温度低的物体得到能量，直到两物体的温度相等为止。这种依靠温差传递的能量称为热量，用Q表示。热量的法定计量单位为焦[耳]（J）或千焦[耳]（kJ）。以往工程上通用的热量单位为千卡（kcal）又称为大卡。1kcal是指1kg纯水在标准大气压下，温度从19.5℃加热到20.5℃所吸收的热量。

千卡与千焦[耳]之间的换算为：

$$1kcal = 4.187kJ \text{ 或 } 1kJ = 0.2389kcal$$

2. 比热容

当物质温度发生变化时，物质所吸收或放出的热量与其温度变化、物质的质量和物质的材料性质等因素有关。单位质量的某种物质，温度升高或降低 1K 所吸收或放出的热量，称为这种物质的比热容或质量热容（比热容通常简称为比热），用符号 c 表示，单位常用千焦[耳]/(千克·开[尔文])[kJ/(kg·K)]。

在一定的压力下，水的比热容是 4.1868kJ/(kg·K)，空气的比热容为 1.0048kJ/(kg·K)。这就是说，1kg 水在一定压力下升温（或降温）1K 吸收（或放出）的热量是 4.1868kJ，而空气则为 1.0048kJ。因此，对于同样质量的两种不同物质，升高的温度相同，比热容大的物质需要吸收的热量就多。比热容反映了物质的热性质。

有了物质的比热容，就可以计算物质在温度改变时吸收或放出的热量。其计算公式如下：

$$Q = cm(T - T_0) \tag{1-4}$$

式中　Q——物质吸收或放出的热量，单位为 kJ；

m——物质的质量，单位为 kg；

T_0、T——物质的初温和终温，单位为 K；

c——物质的比热容，单位为 kJ/(kg·K)。

在实际的热量计算中，通常把物质所吸收的热量作为正值，放出的热量作为负值。

比热容是一种常用的物理量，可以从有关手册中查出。在制冷技术中常接触到的几种物质的比热容，见表 1-2。

表 1-2　固体、液体及气体的比热容

物质	铝	铜	钢	水	木材	空气	冰	氮	R12 液(303K)	R22 液(303K)
比热容 $C/(kJ·kg^{-1}·K^{-1})$	0.96	0.38	0.50	4.19	1.38	1.00	2.09	1.00	1.00	1.42

3. 显热和潜热

一般来讲，物质在加热或冷却过程中，其温度要发生变化，否则物质的状态将发生改变。

物质在加热或冷却过程中，仅仅使物质的温度升高或降低，而并没有改变物质的状态时，它所吸收或放出的热量称为显热。它可以用温度计来测量。它是人们可感觉得到的热，所以又称为可感热。例如，将 1kg 水从 20℃ 加热到 90℃，水吸收了 293kJ 的热量。在这一加热过程中，水吸热后温度升高了，但它的状态没有变化，仍为液态水，它所吸收的这部分热量称为显热。

物质在加热或冷却过程中，只改变状态而温度不发生变化，所吸收或放出的热量称为该物质的潜热。潜热无法用温度计测量出来，也无法感觉到，但它可以计算出来。由于物质状态变化的种类不同，故潜热的种类也不同。潜热可以分为以下几种。

1) 汽化潜热。单位质量的物质由液体变为相同温度的气体时，所吸收的热量称为汽化潜热。

2）熔解潜热。单位质量的物质由固体变为相同温度的液体时，所吸收的热量称为熔解潜热。

3）液化潜热。单位质量的物质由气体变为相同温度的液体时，所放出的热量称为液化潜热或冷凝潜热。

根据能量守恒定律，在同样条件下，同一物质的液化潜热与汽化潜热相等。

4）凝固潜热。单位质量的物质由液体变为同一温度的固体时，所放出的热量称为凝固潜热。

显然，同一物质在相同条件下的凝固潜热与熔解潜热也是相等的。

1.1.10　制冷量与制热量

制冷量、制热量用于表示制冷或制热的能力，用 W 或 kW 表示。单位重量制冷量、制热量（kcal/kg）表示制冷设备运行时，每千克（kg）重量制冷剂能从密闭的空间或环境中吸收或释放多少大卡（kcal）热量。

1.1.11　热力系统、工质与介质

1. 热力系统

在热力学研究中，研究者所指定的具体研究对象，称为热力系统，简称为系统。和系统发生相互作用（能量交换或质量交换）的周围环境称为外界或环境。

2. 工质

在热力工程中，把可以实现能量转换和物态改变的物质称为工质。在制冷技术中工质又称为制冷剂或制冷工质，例如家用电冰箱、空调器过去常用的制冷剂氟利昂 12、氟利昂 22 等。

对工质的基本要求是，具有良好的膨胀性或可压缩性和流动性。各种气体、蒸汽及其流体是工程上常用的工质。

3. 介质

在制冷技术中，凡可用来转移热量和冷量的物质，称为介质。一般常用的介质是水和空气。

1.1.12　热传递与热平衡

把两个温度不同的物体放在一起，热量便从高温物体传向低温物体，这种现象称为热传递。热传递是一个十分复杂的过程。为了分析研究方便，根据物理过程的不同，将它分为 3 种基本形式：热传导、热对流和热辐射。

1. 热传导

热传导简称为导热，它是指热量从同一物体温度较高的部分传到温度较低的部分；或者是指两个相互接触的物体，热量从温度较高的物体传到温度较低的物体，而物体各部分物质之间并无相对的位移。导热是依靠物质分子、原子及自由电子等微观粒子的热运动而进行的热量传递现象，单纯的热传导只能发生在固体中。不同物体的传热本领是不一样的。为了表明物质的这一特性，采用了导热系数这一物理量。面积为 $1m^2$，厚度为 $1m$，两端平面间温差为 $1℃$ 的某种物质，在 $1h$ 内传导的热量即为该物质的导热系数或称为热导率，用符号 λ

表示。导热系数的单位名称为瓦［特］每米开［尔文］，单位符号为 W/(m·K)。此处开［尔文］可用摄氏度代替。

外界通过箱体向电冰箱内传递热量，以及换热设备通过金属壁热量传递均属于导热。

通过平壁的导热流量 Φ 可以用以下公式计算：

$$\Phi = \frac{\lambda}{\delta}A\Delta t \tag{1-5}$$

式中　A——导热面积，单位为 m^2；

　　　δ——壁厚，单位为 m；

　　　Δt——导热温差，单位为 K；

　　　λ——导热系数，单位为 W/(m·K)。

不同的材料，其导热能力不同。根据导热系数的大小，物质可分为热的良导体和热的不良导体（即导热材料或隔热材料）。例如银、铜、钢铁等金属是热的良导体，软木、空气、玻璃棉和泡沫塑料等是热的不良导体［在工程中，通常以 $\lambda < 0.2$ W/(m·K) 的材料作为隔热材料和保温材料］。在制冷设备中，根据不同的需要选择不同导热系数的材料。例如热交换器的功能是热交换，故选用铜管或铝管以及铝质散热片；电冰箱的夹层，用于防止冷气的散失，故常采用聚氨酯泡沫塑料作绝热材料。一些常用材料的导热系数，见表 1-3。

δ/λ 称为导热热阻，也常用于制冷技术中。

表 1-3　常用材料的导热系数

材料	$\lambda/[\text{W}/(\text{m·K})]$	材料	$\lambda/[\text{W}/(\text{m·K})]$
铜	1386	玻璃	2.86
铝	735	玻璃棉	0.13
钢	20.16	发泡塑料	0.08
新霜层	0.38	空气	0.08
老霜层	1.76	水	2.14

2. 热对流

热对流只能在液体或气体中进行，是流体特有的一种传热方式。当流体内部出现温差时，高温处膨胀，密度降低，向上移动；低温处密度大，在重力作用下，向下移动。这种靠流体密度差的自身流动进行热传递的方式，称为自然对流。如果是由外力（如风扇的搅动或水泵的抽吸）强制性地进行热传递，则称为强迫对流。

对流传热是基本的传热方式。热对流的传热流量由对流速度、传热面积及对流的物质决定。热对流的基本计算公式为：

$$\Phi = \alpha A\Delta t \tag{1-6}$$

式中　α——传热系数，单位为 W/(m^2·K)；

　　　Δt——流体与壁面间的温度差，单位为 K；

　　　A——换热面积，单位为 m^2；

$\dfrac{1}{\alpha}$ 称为传热热阻，单位为 m^2·K/W，与导热热阻相对应。

传热系数 α 是指流体与固体壁面（或换热管壁）之间换热时，每小时每平方米面积上温差值为 1K 时所传递的热量。传热系数的大小与流体的种类、性质（黏度、重量、导热系数等）、温度、速度以及固体壁面或换热管的材料、壁面形状、大小，壁面温度等因素有关。

热对流过程的热量转移，不仅是流体相对流动的作用，同时也有流体分子之间的导热作用。所有影响这两个作用的因素都会影响热对流过程。但在实际工作中，通常把许多因素都归结于放热系数 α，从而使解决对流放热问题简化成如何确定 α 值的问题。α 值及其计算公式可在有关手册中查到。常见流体的对流放热系数见表 1-4。

表 1-4 常见流体的对流放热系数

流体和状态	$\alpha/[kW/(m^2 \cdot K)]$	流体和状态	$\alpha/[kW/(m^2 \cdot K)]$
气体（静止）	4~20	液体（流动）	200~1000
气体（流动）	10~50	冷凝面	1600
液体（静止）	70~300	蒸发面	1700

3. 热辐射

热辐射是以光的速度把热量通过空间从一个物体传给另一个物体，并以电磁辐射的形式进行能量传递的。

热辐射的特点是在能量传递过程中，同时发生能量的转换。物体的热能首先转化成电磁能发射出去，被另一物体吸收后，又转化成热能。这种由物体直接向外传递热的方式称为热辐射。热辐射是在两个以上的物体之间进行的，但不需要物体直接接触，故是一种"非接触传热"现象。例如太阳将热传至地球，就是热辐射的一个例子。温度高的物体将热量辐射给温度低的物体，其辐射量与两物体的特性、温度、表面状态和表面积大小有关。吸收辐射能的物体，表面积越大，对辐射热的吸收就越大；表面越粗糙、颜色越深，对辐射热的吸收就越容易。相反，表面白亮光滑的物体，其吸收辐射热的能力较弱。因此许多制冷设备的外表总是做得洁白而光亮，以减少吸收其他物体的辐射热。

实际的传热过程中往往是 3 种方式同时进行的。在电冰箱后部的冷凝器中制冷剂的高温高压蒸气的热量，既通过管壁以传导的方式传至空气中，又由空气以对流的方式带到室内其他地方，还由高温管壁以辐射的方式直接向外散发。

1.1.13 内能、焓与熵

1. 内能

内能又称为热力学能，是物质内部各种微观能量的总和。在热力学中，内能是分子热运动动能（内动能）和分子间的位能（内位能）的总和。内动能与温度有关，内位能与体积或压力有关。所以，内能是一个状态参数，常用符号 U 表示，单位为焦［耳］（J）。u 表示单位质量的内能，称为比内能，单位为焦［耳］每千克（J/kg）。

2. 焓

焓是一个复合的状态参数，表征系统中的总能量。对流动工质而言，焓是内能 U 与压力位能 pV 之和，用 H 表示，即：

$$H = U + pV \quad \text{（J 或 kJ）} \tag{1-7}$$

1kg 工质的焓用 h 表示，称为比焓，则

$$h = u + pv \qquad (\text{J/kg 或 kJ/kg}) \qquad (1-8)$$

式中　p 为压力，单位为 N/m^2；

　　　v 为比体积，单位为 m^3/kg。

从上述可见，当工质处于某一定状态，且 p、V 及 U 均具有一定的数值时，焓 H 也具有一定的数值。

焓的单位与热量的单位一致。在制冷过程中，制冷工质在系统中流动时，其内能和外功总是同时出现的，因此，使用焓可以简化热力计算。

焓既然是工质所具有的能量的总和，那么在热膨胀过程中，如果与外界介质无热交换，又不对外界做功，则其焓不变。在绝热压缩过程中，与外界介质无热交换，但消耗了外界功以完成压缩过程，因而工质的焓增加。焓的增量等于外界所做的功。

物质在各种状态下的焓值可从物质的热力学特性表或物质的压焓图上直接查得。

3. 熵

熵和焓一样，也是描述物质状态的参数，表征工质状态变化时，其热量传递的程度和方向。

熵是 1kg 物质在状态变化过程中吸收或放出的热量 Q 和此时物质的热力学温度 T 的比值，用 S 表示，其关系式为：

$$\Delta S = \frac{Q}{T} \qquad [\text{kJ/(kg} \cdot \text{K)}] \qquad (1-9)$$

则　　　　　　　　　　$$Q = \Delta S \cdot T \qquad (1-10)$$

即物质吸收或放出的热量等于物质的热力学温度和熵的变化的乘积。

在制冷工程中，通常把 0℃时饱和制冷剂液体的熵值定为 4.2kJ/(kg·K)。

熵也是复合状态参数，它只与状态有关，而与过程无关。工质吸热，ΔQ 为正值，工质的熵值必然增加，ΔS 为正值；反之，工质放热（被冷却），ΔQ 为负值，工质的熵值减少，ΔS 为负值。若工质的状态变化过程是在无热量增减的情况下进行的，那么 $\Delta Q = 0$，则 $\Delta S = 0$，这样的过程称为等熵过程或绝热过程。因此，根据制冷过程中熵的变化，就可以判断出工质与外界之间热流的方向。

1.1.14　热力学定律

1. 热力学第一定律

热力学第一定律是能量守恒转换定律在热力学中的具体体现，是制冷技术的基本定律之一。自然界的一切能量在一定的条件下可以相互转换，但总的能量是保持不变的。这是自然界最普遍、最基本的规律，称为能量守恒与转换定律，又称为热力学第一定律。

制冷工程中所遇到的能量转换，多数是热能和机械能的相互转换。根据热力学第一定律，工质在受热做功的过程中，由于受热而从外界得到的能量，应该等于对外做功所消耗的能量和储存在工质内部的能量之和。也就是说，在能量转换前后，系统所含能量的总和不变。这就是热力学第一定律的内容。这一过程用数学式表示为：

$$Q = W + \Delta U \qquad (1-11)$$

式中　Q——加给 1kg 工质的热量，单位为 kJ；

ΔU——1kg 工质内能的变化，单位为 kJ；

W——1kg 工质膨胀时，对外界所做的功（称为膨胀功），单位为 kJ。

这就是不流动气体（密闭容器）的热力学第一定律的表达式。式中各量既可以是正值，也可以是负值。一般规定：工质吸收热量时为正，放出热量时为负；内能增加时为正，内能减少时为负，膨胀功为正，压缩功为负。

2. 热力学第二定律

热力学第一定律只说明了热和功之间转换的当量关系，并没有指明热能在什么情况下才能做功。

热力学第二定律说明了热能转变为功的条件和方向问题。在自然界中，热量总是自发地从高温物体传向低温物体，而不能自发地从低温物体传向高温物体。欲使低温物体的热量转移到高温物体中去，必须消耗外界功。

人工制冷是热力学第二定律的典型应用。消耗一定的外界功（电能或其他能），以使能量从低温热源（蒸发器周围被冷却物体）转移到高温热源（冷凝器冷却介质——空气或冷却水）。

1.2 制冷原理

1.2.1 制冷技术

制冷设备是使用制冷技术来达到降温目的的制冷设备。制冷技术是一种用人工方法取得低温的技术，即用人工的方法，通过一定的设备在一定时间内使某一空间内物体的温度低于周围环境的温度，并维持这个低温的技术。

人工制冷是借助制冷装置，通过消耗一定的外界能量，迫使热量从温度相对较低的被冷却物体转移到温度相对较高的周围介质（水或空气），从而使被冷却物体的温度降低到所需要的温度，并保持这个低温的过程。人工制冷的方法很多，根据补充能量的形式和制冷剂的不同，可分为蒸气压缩式制冷、气体的绝热膨胀制冷、绝热去磁制冷和半导体的温差电效应制冷。目前应用较广泛的是蒸气压缩式制冷。

制冷的另一种途径是天然制冷。天然制冷利用的是天然冰、深井水和地道风等天然冷源。其耗能较少，但是受到地理条件的限制，使用范围较窄，因而在现代生产中很少被采用，而人工制冷的应用则很广泛。

1.2.2 蒸气压缩式制冷的基本工作原理

蒸气压缩式制冷设备的制冷系统主要由压缩机、冷凝器、毛细管、干燥过滤器和蒸发器5 大部分组成，由制冷管道将其连成密闭系统，如图 1-6 所示。制冷剂在这个密闭系统中不断地循环流动，发生状态变化，与外界进行热交换。其工作过程是：液态制冷剂在蒸发器中吸收被冷却物体的热量，汽化成低压、低温的蒸气；被压缩机吸入后，被压缩成为高压、高温的蒸气；然后排入冷凝器中向冷却物质（水或空气）放热而冷凝成为稍高于常温的高压液体；这种制冷剂液体先通过干燥过滤器将可能混有的污垢和水分清除后，再经毛细管节流变为低压、低温的制冷剂液体进入蒸发器吸热汽化。如此反复循环，从而使制冷设备内温度逐渐降低，达到人工制冷的目的。

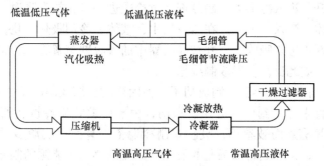

图1-6　蒸气压缩式制冷设备工作原理图

制冷剂在系统内状态的变化如下。冷凝器中制冷剂冷凝为液体时放热，蒸发器中制冷剂汽化吸热。在压缩机的吸入管及蒸发器的末端制冷剂呈过热蒸气状态（吸气过热），在压缩机排气管及冷凝器入口处制冷剂也呈过热蒸气状态（排气过热），而在冷凝器的末端出口处，由于外界物质（冷却水或冷却空气）的充分吸热，制冷剂液体呈过冷状态（过冷液体）。

系统中的压力分布是：压缩机排气口至毛细管入口处为高压部分，这种高压称为冷凝压力（相应的温度为冷凝温度）；从毛细管末端至压缩机吸入端为低压部分，这种低压称为蒸发压力（相应的温度为蒸发温度）；在压缩机中压力由低至高变化。

通过上述分析，我们可以看出制冷设备5大部件各有不同的功能。

1）压缩机用来提高制冷剂气体的压力和温度。

2）冷凝器用来放热，使制冷剂气体凝结成液体。

3）干燥过滤器用来滤除制冷剂液体中的污垢和水分。

4）毛细管使制冷剂液体在冷凝器和蒸发器之间形成一个压力差，达到节流、降压的目的。

5）蒸发器能使制冷剂液体吸热汽化，从而降低其周围温度。

因此，要使制冷剂永远重复利用，在制冷系统中达到制冷效果，上述5大部件缺一不可。由于使用条件的不同，有的制冷系统在上述5大部件的基础上，还增添了一些附属设备以满足系统的需要。

1.2.3　吸收式制冷的基本工作原理

吸收式制冷设备制冷系统主要由发生器、冷凝器、蒸发器、吸收器、储液器和热源等组成。图1-7为吸收式制冷设备的工作原理图。

吸收式制冷设备的基本工作原理：系统工作时，首先对发生器进行加热，发生器中有吸收剂和制冷剂混合溶液。混合溶液吸热后，制冷剂汽化大量逸出，同时吸收剂也吸热汽化。在混合气体中，以制冷剂气体为主。发生器产生的混合气体上升，进入冷凝器。在进入冷凝器之前，混合气体在管道中放热、降温。其中吸收剂先降到液

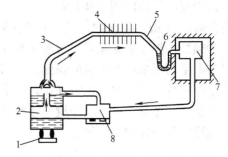

图1-7　吸收式制冷设备的工作原理图
1—热源　2—发生器　3—精馏管　4—冷凝器
5—斜管　6—储液器与液封　7—蒸发器　8—吸收器

化温度，变为液体，并顺管壁流入吸收器；而制冷剂由于液化温度比吸收剂液化温度低，仍为气态，并继续上升，进入冷凝器。制冷剂通过冷凝进一步放热、降温，当温度下降到液化温度时，也变为液体，流入蒸发器。在蒸发器中，液体制冷剂吸热汽化，从而达到制冷的目的。汽化后的制冷剂再进入吸收器，并被吸收器中的吸收剂溶解吸收，又返回到发生器，进行第二次加热汽化。如此反复，形成制冷循环。

这种制冷设备早在 1927 年就研制成功了，但因当时压缩式制冷系统不断地发展和完善，吸收式制冷系统一直未能得到广泛应用。目前，由于压缩式制冷设备所采用的制冷剂 R12 和发泡剂 R11 对环境有害而被禁用，吸收式制冷设备具有使用能源多样、结构简单、成本低廉及无噪声等优点，又加之石油工业的发展，因此以燃气为能源的制冷设备得到了许多国家的重视，得到了迅速发展。这种制冷设备不会对环境造成污染，又称为"绿色制冷设备"；它可使用各种燃气（包括液化石油气、天然气、煤气及沼气等）工作，从而获得低温；它比以电为能源的蒸气压缩式制冷设备效率低，但非常适合在燃气丰富和电能紧张的地区使用，特别适于在无电源的边远牧区或船舶上等场所使用。吸收式制冷设备具有很大的发展前景。

1.2.4　半导体式制冷的基本工作原理

半导体式制冷设备又称为温差电制冷或电子制冷设备，由 P 型半导体、N 型半导体、散热片和可变电阻器等组成。

半导体制冷系统是利用半导体的帕尔贴效应，在其两端形成温差而实现制冷的。换句话说，其是建立在帕尔贴效应上依靠电子运动传递热量实现制冷的。半导体式制冷设备的工作原理图如图 1 - 8 所示。

由图 1 - 8 可以看出，一块 N 型半导体材料和一块 P 型半导体材料用金属连接成电偶时，电偶被接入直流电路后就能发生能量的转移。电流由 N 型器件流向 P 型元器件时，其 PN 结合处便吸收热量成为冷端。冷端紧贴压在吸热器（蒸发器）平面上，置于制冷设备内用于实现制冷。当电流由 P 型元器件流向 N 型元器件时，其 PN 结合处便释放热

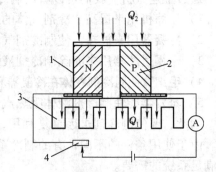

图 1 - 8　半导体式制冷设备的工作原理图
1—N 型半导体　2—P 型半导体
3—散热片　4—可变电阻器

量成为热端。热端装在箱背，用冷却水或加装散热片后靠空气对流方式冷却。串联在电路中的可变电阻器用来改变电流的强度，从而控制制冷的强弱。如果改变电路中的电流方向，或改变电源极性，则冷热点位置互换，可达到除霜目的。

根据工作原理来分，制冷设备还有电磁振动制冷式、太阳能制冷式、绝热去磁制冷式、辐射制冷式和固体制冷式等。

1.2.5　3 种不同制冷原理的制冷设备比较

目前市场上的小型制冷设备以蒸气压缩式为主，其优点是寿命长、使用方便。
吸收式制冷设备效率低、降温慢，现已逐渐被淘汰。

半导体式制冷设备的优点是制冷系统中无机械运动、无噪声和制造方便，缺点是效率低，因此目前仅用于几十升的小容器及一些医药、生物工程上的专用设备、专用仪器等特殊场合。

1.3 制冷剂与冷冻油

1.3.1 制冷剂

制冷剂也称为冷媒，是制冷装置完成制冷循环的介质，又称为制冷工质。制冷循环中通过制冷剂的状态变化进行能量转换，达到制冷的目的。制冷循环的性能指标除与工作温度有关外，还与制冷剂的性质密切相关，因此了解制冷剂的性质对制冷系统的设计和使用十分重要。图 1-9、图 1-10 所示分别为制冷剂瓶和制冷剂罐。

图 1-9　制冷剂瓶

图 1-10　制冷剂罐

1. 制冷剂种类

制冷剂是用 R 后跟一组编号的方法来命名的，如 R12、R22 和 R1134a 等。R 后的数字或字母是根据制冷剂分子的原子构成按一定的规则书写的。近来，越来越多采用 CFC、HCFC 或 HFC 来代替 R 表示制冷剂分子的原子组成。CFC 表明分子由氯、氟和碳原子组成，意味着是一个完全的卤代物。HCFC 表明分子由氢、氯、氟和碳原子组成。HFC 则表明分子由氢、氟和碳原子组成，不含氯。例如 CFC-11（$CFCl_3$），原用 R11 表示；CFC-12（CF_2Cl_2），原用 R12 表示；HCFC-22（CHF_2Cl），原用 R22 表示；HFC-134a（CH_2FCF_3），原用 R134a 表示。这种新的命名方式已逐步被人们所接受。

制冷剂有如下几种。

1）无机化合物。如 NH_3（R717）、SO_2（R764）、CO_2（R744）和 H_2O（R718）等。

2）氟利昂。如 $CFCl_3$（R11）、CF_2Cl_2（R12）和 CHF_2Cl（R22）等。氟利昂是饱和碳氢化合物的氟、氯和溴的衍生物的总称。它是 20 世纪 30 年代发现的制冷剂。氟利昂制冷剂种类多，其热力性质差别大，可适用于不同场合。

3）混合工质。是由两种以上单一工质混合而成的混合工质。混合工质有共沸混合工质和非共沸混合工质之分。共沸混合工质是由两种或两种以上的单纯工质在常温下按一定比例混合而成，具有与单一工质相同的性质，即气液相组分相同，在恒定压力下有恒定的蒸发温度。共沸混合工质可像纯工质一样使用。非共沸工质由于没有共同沸点，因此在恒定压力下冷凝或蒸发时温度会发生改变，且气液相组分不同，故不能像共沸工质那样如纯工质一样使用。混合工质克服了单一工质的一些局限性，故应用前景比纯工质广泛。

4）R12 的替代物。其中一种是 HFC 化合物 R134a，另一种是天然存在的 HC 制冷剂，如国外的 R600a、HR12 及我国国产的 CN－01 等。

2. 制冷设备对制冷剂性能的要求

（1）热力学性质

1）常压（大气压力）下，蒸发温度 t_0 要低（低才能制冷），而蒸发压力 p_0 最好稍大于大气压（负压时空气易渗入系统，常要抽真空）。

2）使用常温的水或空气冷却时，冷凝压力 p_k 要低（若太高冷凝器容易破损，结构会变得复杂或要使用多级压缩）。

3）临界温度要高（临界温度低时，用常温的水或空气难将其冷却为液体）。

4）凝固温度要低（低温制冷时才不会凝固）。

5）汽化潜热要大（越大则同样数量制冷剂制冷量越大）。

6）单位体积制冷量 q_v 要大（制冷量一样，q_v 大可缩小压缩机的尺寸）。

7）传热性能要好（即放热系数要大，使吸散热快）。

8）绝热指数 K 要求小（K 小，排温低）。

（2）物理性质

1）密度要小，小则易流动，管径可小一些。

2）能溶解于水，免冰堵。

3）绝缘性好，与电动机的线圈绕组接触时安全可靠。

（3）化学性质

1）性能稳定，使用中不分解、不变质。

2）本身或与油、水混合时不腐蚀金属，不污染轴封填料。

R717：性能较差，其对铜和铜合金（磷青铜除外）有腐蚀作用，含水时腐蚀性剧增，不能使用普通的热工仪表（黄铜造）。

R12：本身无腐蚀性，含少量水易产生冰堵，含水较多（大机组）会产生"镀铜"现象。

"镀铜"机理：R12 与水反应生成氟化氢、氯化氢，氯化氢与铜制品表面接触后，在一定条件下生成 $CuCl_2$（氯化铜），碰到热的铁表面，铁离子把铜离子置换出来，铜沉积在轴颈、缸壁、阀片上，形成"镀铜"。"镀铜"后会破坏密封性或使用间隙变小。

3）与冷冻油混合时，不起化学反应。

氨与油不互溶，氟利昂与油互溶，但都不起化学反应。

氟利昂的短期替代物 R134a 与原系统的冷冻油不互溶，取代氟利昂后，难把油带回压缩机，因此要研制新的冷冻油。

3. 制冷设备常用的制冷剂及其替代物

（1）R12

即二氟二氯甲烷。原有的冰箱基本上都以 R12 为制冷剂。

R12 具有较好的热力学性能，R12 属于中温（中压）制冷剂，在一个大气压下沸点为 $-29.8℃$，凝固点为 $-155℃$，因此在一般的工作条件下，其在蒸发器中的压力比大气压稍高，冷凝器中的冷凝压力一般不超过 1.5MPa。

R12 是一种无色、无臭、透明和几乎无毒性的制冷剂，但其在空气中的体积分数超过 80% 时会引起人窒息。

R12 不会燃烧，也不会爆炸，但与明火接触或温度达到 400℃ 以上时，会生成对人体有害的氟化氢、氯化氢和光气（$COCl_2$）。

R12 对金属无腐蚀作用，水中溶解度很小，而且随着温度的降低水中溶解度更小。当其含水量过多时，会产生卤氢酸，腐蚀金属。R12 能溶解多种有机物，所以不能使用一般的橡胶垫圈，通常使用氯丁二烯人造橡胶或丁腈橡胶制作密封垫圈。

R12 液体能与矿物润滑油以任意比例互相溶解，因此矿物润滑油将随它进入制冷剂系统的各个部分。

R12 是应用较广泛的中温制冷剂，适用于中小型制冷系统。

R12 对大气臭氧层有严重的破坏作用，ODP 值为 1（最大），有使全球变暖的温室效应，全球变暖潜能（GWP 值）为 3 左右，因此它被《蒙特利尔议定书》列为第一批禁用物质。发达国家从 1996 年 1 月 1 日起禁用；我国属发展中国家，可延长 10 年，即 2006 年完全禁止使用 R12。

目前比较趋于一致的看法认为，CFCs 类物质在大气中扩散，上升至同温层后，受紫外光照射而分解出氯原子，氯原子即把臭氧（O_3）中一个氧原子夺走，使臭氧变成氧（O_2），从而丧失吸收紫外线的能力，并对臭氧破坏起连锁反应。

臭氧层的破坏导致太阳紫外光大量辐射到地面，使得人类患皮肤癌、白内障和呼吸道疾病的机会大大增加。同时对生物的影响和危害也令人不安，因此将会打乱生态系统中复杂的食物链和食物网。紫外线大量辐射到地面，还会产生温室效应，使地球气温变暖，严重危害人类的生存环境。

作为 R12 的替代物，美国、日本和我国利用 R134a，而欧洲，特别是德国和大洋洲的澳大利亚则多使用碳氢（天然的）"绿色环保制冷剂"。

（2）R22

R22 即二氟一氯甲烷，房间空调和一些大中型制冷机采用 R22 为制冷剂。

R22 不燃烧，也不爆炸，其毒性比 R12 稍大。在水中溶解度虽比 R12 大，但仍可使制冷系统发生"冰堵"现象。

R22 能部分地与矿物润滑油互相溶解，其溶解度随着润滑油的种类及温度而改变，所以采用 R22 的制冷剂系统必须采取回油措施。

R22 在标准大气压力下的蒸发温度为 -40.8℃，常温下冷凝压力与氨相似，不超过 1.568MPa，单位容积制冷量与氨相仿，比 R12 大 60% 以上，但在较低的温度下它的饱和蒸气压力及单位体积制冷量都比较高。目前常应用于 -60℃ 以上的制冷系统。

R22 对大气臭氧层的破坏作用比 R12 弱很多，臭氧层破坏系数（ODP 值）为 0.05，属《蒙特利尔议定书》中规定的第二批被禁用物质，规定发达国家到 2030 年要完全禁止生产使用 R22。

（3）R134a

R134a 即四氟乙烷。R134a 具有与 R12 相接近的热力学性质。

R134a 安全性好，无色、无臭、不燃烧和不爆炸，基本无毒性（长期影响还在试验中），化学性质稳定，无腐蚀性。

R134a 不含氯原子，ODP 值为零，在大气中寿命很短（大约为 18 年，R12 是 120 年），不破坏大气臭氧层。温室效应也很小，GWP 值只有 0.26。

R134a 饱和蒸汽压力与 R12 接近，在 18℃ 左右两者具有相同的饱和压力值。在低于 18℃ 的温度区域内，R134a 的饱和压力略低于 R12。在高于 18℃ 的温度区域内，R134a 的饱和压力高于 R12。因而在压缩机入口处 R134a 的压力较低，吸入量少，而在排气口处 R134a 的压力较高，使压缩机工作条件略差，压缩机功略增。

R134a 蒸发潜热高，比定压热容大，具有较好的制冷能力，但质量流量少，所以综合起来，R134a 的制冷系数与 R12 相同或略小。

R134a 传热系数较高，热传导效果好。

R134a 黏度较低，流动性好。

R134a 分子直径比 R12 略小（R134a 的分子直径为 4.2×10^{-10} m，R12 的分子直径为 4.2×10^{-10} m），所以更容易通过橡胶向外泄漏，也比较容易被分子筛吸收。

R134a 与矿物油不相溶。

R134a 吸水性和水溶解性都比 R12 高。

R134a 与氟橡胶不相容，与丁腈橡胶的相容性也比 R12 差。R134a 的基本物性与 R12 的比较见表 1-5。

表 1-5 R134a 的基本物性与 R12 的比较

项目	R12	R134a
特性	不易燃、无色、无味、无毒，对金属或橡胶无腐蚀作用，吸湿性较强	不易燃、无色、无味、无毒，对金属或橡胶无腐蚀作用，吸湿性强
优点	安全、制冷效率高，价格便宜（一般在 6 元/瓶）	不会破坏大气层
缺点	破坏大气层	与冷冻油混合后会腐蚀钢，成本高（一般在 25 元/瓶）

4. 新型制冷剂

R134a 各方面性能都接近 R12，且不会破坏大气臭氧层，不受《蒙特利尔议定书》管制，在 20 世纪 80 年代末 90 年代初被大量用来替代 R12。然而 R134a 是极性制冷剂，替代 R12 时不能与 R12 系统用的矿物冷冻油互溶，必须更换极性冷冻油才能令系统正常工作，否则就会损坏（烧毁）压缩机，从而给"替代"带来极大不便。另外，R134a 制冷剂的温室效应极高，排放 1kg 的 R134a（经过 20 年）相当于排放 3400kg 的 CO_2 的温室效应，因此它受到了《京都议定书》的管制。

天然存在的 HC 类制冷剂，由于其不会破坏大气臭氧层并且温室效应极低（接近于零）的良好特性，受到了重视，可能是 R12 最具潜力的长期替代制冷剂。HC 制冷剂中现有 R600a、R290、HR12、HR22、HR22/HR502 和 CN-01 等。R600a 和 R290 是德国的产品，从 1990 年开始试验和使用，目前在欧洲市场（主要是电冰箱）的占有率相当高，德国的电冰箱中有 95% 使用异丁烷（R600a）作制冷剂。HR22 和 HR22/HR502 是澳大利亚海起欧

（Hychill）公司的产品，已应用于电冰箱及家用空调器中。CN－01是我国国内的产品，是节能型环保制冷剂中的新秀，广泛应用于电冰箱中。

（1）HC制冷剂在制冷设备中的应用

① 对原使用R12或R134a的制冷设备，结构不作任何改变，改用HC制冷剂后工作正常，整体降温量相当，噪声不变，压缩机的启动性能还有些改善。

② 改用HC类制冷剂时，不用更换原系统使用的冷冻油，直接灌入即可正常工作，从而简化了"替代"工艺，降低了替代使用的成本，不用花费巨资去配制新的冷冻油。

在制冷设备上使用时，在相同的工况下，即整体降温量、压缩机启动速度、工作噪声大体相同的情况下，HC类制冷剂显示了它具有明显的优越性：不受《蒙特利尔议定书》和《京都议定书》的管制，不改结构，不换冷冻油，充量小，费用低，效能高。

（2）R600a在电冰箱上的应用

R600a的化学名称是异丁烷，是国际公认的电冰箱制冷剂之一，对臭氧层无破坏作用，也不会产生温室效应，热学性能也比较好，为欧洲环保组织积极倡导使用的制冷剂。制冷剂为异丁烷的电冰箱在欧洲占有很大的市场份额，我国目前生产的电冰箱很多也采用R600a作制冷剂。

R600a是一种性能优异的制冷剂，其特点是冷却能力强、耗电量低、负载温度回升速度慢。应用于电冰箱的R600a中异丁烷的质量分数不小于99.9%，硫的质量分数小于1×10^{-3}‰，水的质量分数不大于1×10^{-6}‰，烯烃的质量分数小于5×10^{-3}‰。

R600a在1标准大气压下蒸发温度为－11.7℃，凝固点为－160℃，属中温制冷剂。它无毒，但可燃、可爆，在空气中爆炸的体积分数为1.8%～8.4%，故有R600a存在的制冷管路，不允许采用气焊或电焊。它能与矿物油互溶；汽化潜热大，故系统充注量少；热导率高，压缩比小，对提高压缩机的输气系数及效率有重要作用；等熵指数小，排温低；单位体积制冷量仅为R12的50%左右；工作压力低，低温下蒸发压力低于大气压力，因而增加了吸入空气的可能性；价格便宜。由于具有极好的环境特性，对大气完全没有污染，故目前广泛被采用，作为R12的替代工质之一。

R600a用于电冰箱时，电器元件应采用防爆型，避免产生火花，因此压缩机铭牌上有黄色火苗易燃标志，使用无触点的PTC起动继电器。用于无霜电冰箱的除霜系统可采用电阻式接触加热方式，使其表面温度远低于R600a的燃烧温度（494℃）。压缩机必须采用适合于R600a的专用压缩机。R600a的单位体积制冷量比R12低，故要求压缩机的排气量至少应增加一倍。试验结果表明：与R12相比，R600a耗电量降低约12%，噪声降低约2dB（A）。若电冰箱制冷管路所用制冷剂为R600a，用R12代换将引起回气压力升高、压缩机过热和高压压力过高，从而使压缩机使用时间变短并容易损坏，所以不允许用R12代换R600a。

1.3.2 冷冻油

1. 制冷设备对冷冻油的性能要求

冷冻油是一种深度精制的专用润滑油，需具备一定的性能，能满足不同机型、不同制冷剂的需求。

（1）与制冷剂要互溶

在制冷系统的所有可能的压力、温度范围内，润滑油都要能与所采用的制冷剂互溶，至少要半溶。

在制冷系统中，制冷剂与润滑油是混合在一起的。当制冷剂在系统管路中流动时，润滑油随之流动，即随制冷剂从压缩机出来后还流到其他制冷部件去，要求随制冷剂流出去的油也能返回到压缩机，这就要求润滑油（冷冻油）与制冷剂是完全互溶的。若两者不相溶，则冷冻油会从冷凝器的液态制冷剂中分离出来，形成油塞，阻碍制冷剂流动，并在通过节流孔（毛细管或膨胀阀）进入蒸发器时造成溅爆，增加噪声。一旦进入蒸发器内，这种互不相溶的油将沉降在管子底部，进一步阻碍气体流动，降低热交换能力。若冷冻油部分或大部分不能随制冷剂返回压缩机，压缩机将会因缺乏润滑油而加剧磨损，甚至损坏。因而油与制冷剂的互溶性是制冷系统对冷冻油的基本要求。

有些制冷剂如 R22 与矿物油只能是部分溶解，即在一定温度内完全溶解，则在设计系统时要考虑增设辅助回油设施，或选用 -50℃ 时含蜡不超过 0.05% 的冷冻油。

有些制冷剂与矿物油完全不溶解，如 R13，则要在压缩机出口处加设油气分离器，使油直接返回压缩机。

R12 与矿物油是完全互溶的，而 R134a 与矿物油则是不相溶的，因而以 R134a 为制冷剂的制冷系统不能用矿物油作为压缩机的润滑油。R134a 与酯油（ester 油）完全互溶，与 PAG（聚亚烃基二醇）油部分相溶。HC 类制冷剂如 CN-01、HR12 等与矿物油、酯油都互溶，因此用 HC 类制冷剂替代 R12 时可不用更换冷冻油。

（2）要有适当的黏度

温度升高或降低时，液体的黏度随之减小或增大。温度由 40℃ 上升到 100℃ 时，冷冻油的黏度下降 60%～90%。

1）冷冻油的黏度与压缩机所使用的制冷剂种类有关。与冷冻油完全互溶的制冷剂会使冷冻油浓度变稀，如 R12 与矿物油、R134a 与酯油，这两种组合都完全互溶，会使冷冻油浓度变稀，因而要选用黏度较高的牌号。

2）冷冻油的黏度过大和过小都对压缩机工作不利。油的黏度越大，压缩机因克服阻力而损耗的能量越多（即功耗越大），需要的启动力矩也增大，压缩机部件所承受的压力也要相应增大；油黏度过小，则轴承及有相对运动的摩擦处不能建立起所需的油膜，会加速磨损，而且影响机械的密封性能。油的黏度过大和过小都会引起汽缸温度升高，造成排气温度升高，影响制冷系统正常工作。

3）不同形式的压缩机，由于其结构、间隙和转速范围不同，要求不同黏度的润滑油。一般而言，间隙小、负荷小和转速高的压缩机应采用黏度较低的冷冻油；反之，用黏度高一些的。

（3）要有较好的黏温性能

冷冻油在制冷系统中工作时会遇到高达 120℃ 以上的高温工作条件，又会遇到 0℃ 以下的蒸发器低温工作条件，所以要求在温度变化时油的黏度变化小，即在各种温度条件下都具有良好的润滑性能，即黏温性能好。

（4）要有良好的低温流动性

若低温流动性差，则低温时冷冻油会沉积在蒸发器内影响制冷效率和制冷能力，或凝结在压缩机底部，失去润滑作用而损坏运动部件。润滑油的低温润滑性是用凝固点来表示的。

（5）要有良好的化学稳定性和抗氧化安定性

制冷系统的高压侧，温度较高，有时温度会高达130℃。要求油在高温下不氧化、不分解、不出现结胶及结炭现象，即要有好的热稳定性；对其他材料（如对金属、橡胶和干燥剂等）不产生不良的化学作用。

（6）油膜强度要高

要能承受比较大的轴承负荷，防止轴承因油膜破坏而遭损伤。

（7）吸水性要小

要求润滑油吸水性小，容易干燥。这里主要指油中的自由水分少，因为若油中的自由水分含量大，当通过膨胀阀等节流装置，会因低温而结成冰，造成冰堵，影响系统制冷剂的流动；而且油中的水分会造成镀铜现象及某些材料的腐蚀、变质。因而油的吸水性是一个重要指标。矿物油中含水量较小，一般不超过0.01%，也较容易干燥；而与R134a相适应的酯油吸水性就较强，PAG油吸水性就更大。

（8）具有良好的电气绝缘性能

这是全封闭压缩机用的冷冻油所需具备的重要性能。一般纯粹的冷冻油绝缘性能是良好的，但当油中含有水分、灰尘等杂质时，其绝缘性能就会降低。

2. 冷冻油的作用及带来的问题

（1）冷冻油在制冷系统中的作用

1）润滑相互摩擦的零件表面，使摩擦表面完全被油膜分开，降低压缩机的摩擦功、摩擦热和零件的磨损。

2）带走摩擦热量，使摩擦零件的温度保持在允许范围内。

3）使活塞环与气缸镜面间、轴封摩擦面等处密封部分充满润滑油，以阻挡制冷剂的泄漏。

4）带走金属摩擦表面的磨屑。

5）在大型机组中，利用油压作为控制卸载机构的液压动力。

（2）冷冻油给系统带来的问题

1）冷冻油的黏度对制冷系统的影响。黏度是冷冻油的主要性能指标之一。如果黏度高，会使摩擦功率增大，起动力矩大；粘度过低则会降低润滑的质量。

2）冷冻油的溶解性对制冷系统的影响。冷冻油的溶解性是对制冷剂而言的，对不同的制冷剂，溶解性不同。R717、R13和R14等制冷剂与冷冻油不相溶解，因而，在低温区，温度降低到一定程度时，制冷剂和冷冻油分层，影响制冷剂产生作用，且冷冻油也不易被压缩机吸回。R11、R12等制冷剂与冷冻油可以互溶，但由于冷冻油是一种高温蒸发的液体，制冷剂中溶油量多，会使制冷剂在定压下沸点升高，降低制冷量。同时，冷冻油中的制冷剂过多，也会稀释冷冻油。

3. 冷冻油的变质及使用注意事项

（1）使冷冻油变质的主要原因

1）混入水分。由于制冷系统中渗入空气，并且干燥剂已经饱和，此时空气中的水分进入冷冻油，不仅会产生膨胀阀冰堵、金属材料受腐蚀等问题，也会使冷冻油黏度降低。

2）氧化。当压缩机排气温度太高时，有可能引起冷冻油氧化变质，产生残渣乃至结炭，使轴承等处的润滑变坏。有机物、机械杂质等混入冷冻油中，也会使油老化或氧化。

3）几种不同牌号的冷冻油混合使用。这不仅会降低油的黏度，甚至会破坏油膜的形成，使压缩机运动部件（特别是轴承）磨损加快。若将不同类型的冷冻油混用（如矿物油与合成油混用），情况将会更严重。

（2）冷冻油变质的判断

冷冻油质量变坏与否，应通过规定的化学和物理分析、化验得出。平时在使用过程中，也可从油的颜色、气味直观地判断出油质的好坏情况。当冷冻油变坏时，其颜色会变深，将油滴在白色吸墨水纸上，若油滴的中央部分没有黑色，说明冷冻油没有变质。若油滴中央呈黑色斑点，说明冷冻油已开始变坏。当油中含有水分时，则油的透明度就降低。这种直观方法，对冷冻油中含有较多的水分、杂质时，是可以判断油质是否变坏的，因此常用于制冷设备维修现场对冷冻油质量的判断。

（3）冷冻油使用注意事项

1）冷冻油应保存在干燥、密闭的容器里，放在阴暗处。

2）使用冷冻油时要随时关闭好容器盖，以免空气中的水分进入油中。

3）不同牌号的冷冻油不能混装、混用，尤其是使用 R134a 制冷剂的制冷系统千万不能加注矿物润滑油，应根据使用说明书或压缩机铭牌上的标注说明加入相应的冷冻油。PAG油与酯油也不能混用。

4）变质冷冻油不能继续使用。

5）存放在容器中的冷冻油在使用前应确认其含水量，必要时应送化验部门鉴定，并设法干燥油品。矿物冷冻油中的水分应低于 0.005%，合成油中的水分应低 0.01%。

6）应按制冷系统或压缩机的规定加入适量的冷冻油。冷冻油过多将影响传热效率，降低系统制冷量；冷冻油过少则会影响压缩机润滑，使压缩机过热。

（4）与 R134a 相溶的冷冻油

目前能与 R134a 相溶的有 PAG 和 POE（多元醇酯）两类润滑油。国外 POE 油的主要品牌有英国的 SW 油和 RL 油及美国的 EAL 油，是专为 R134a 新开发的合成油，国内上海有机所等有关单位也正在研制 POE 油。PAG 油是早就作为高级齿轮润滑用的合成油。

制冷压缩机在高温高压下工作，轴承表面附着容易碳化的润滑油，高温下碳化容易造成制冷剂泄漏。润滑油在高温下含有水分时，容易发生水解作用，生成酸。因此，应在冷冻油中加入阻止碳化和酸化的添加剂。制冷部件上会残留清洗切削油的稀盐酸类清洗液，造成冷冻油总酸值上升。为消除因此而造成的腐蚀和镀铜现象，还需要在冷冻油中加入盐酸捕捉剂（金属钝化剂、抗镀铜添加剂）等添加剂。

4. 冷冻油的规格与选用

冷冻油可分为矿物油和合成油两大类。矿物油是长期以来制冷压缩机选用的主要润滑油品种，如国产 18 号冷冻油。但随着新型制冷剂的发展，由于矿物油和无氯卤代烃类制冷剂无法相溶而不能使用，于是人们就开发了许多合成油，如 PAG、POE。

冷冻油的性能和质量直接影响着制冷压缩机的工作和运行。因此，了解冷冻油的性能和牌号，以便正确选用冷冻油就显得十分必要。国产的冷冻油按其 50℃ 时的运动粘度，可分为 13、18、25、30 和 40 共 5 个牌号。不同牌号的冷冻油不能混合使用，但可以代用。代用的原则是高牌号可以代替低牌号冷冻油。

1.4 习题

1. 物质 3 种形态的主要区别是什么？
2. 画图简述物质相变与热量转移。
3. 什么叫温度？什么叫温标？它们是以什么来具体标定的？
4. 绝对湿度与相对湿度的区别是什么？
5. 什么叫过热、过冷？什么叫过热度、过冷度？
6. 什么叫压力？在制冷技术中，常用哪几种压力单位？
7. 什么叫绝对压力？什么叫表压力？什么叫真空度？
8. 什么叫饱和蒸气、饱和温度、饱和压力？
9. 什么叫热量？什么叫比热容？
10. 什么叫显热？什么叫潜热？潜热有几种？
11. 什么叫制冷量、制热量？
12. 热传递有哪几种基本方式？
13. 什么叫导热系数？什么叫放热系数？
14. 制冷剂的焓和熵的含义是什么？如何确定？
15. 什么是热力学第一定律？
16. 什么是热力学第二定律？
17. 什么叫人工制冷技术？人工制冷技术常有哪几种？
18. 蒸汽压缩式制冷的工作过程是怎样的？
19. 简述吸收式制冷的基本工作原理。
20. 简述半导体式制冷的基本工作原理。
21. 什么是制冷剂？它在制冷系统中起什么作用？
22. 制冷剂有哪些种类？
23. 制冷设备对制冷剂性能的要求有哪些？
24. 新型制冷剂有什么特点？
25. 冷冻油在制冷系统中的作用是什么？
26. 制冷设备对冷冻油有哪些要求？
27. 简述冷冻油的变质及使用注意事项。

第2章　家用电冰箱的结构与原理

2.1　电冰箱的类型

电冰箱是一个习惯的称呼，它可泛指人工方法获得低温、供储存食物和药品的冷藏与冷冻器具。一般来说，它是家庭、商业甚至医疗卫生和科研上用的各种类型、性能和用途的冷藏和冷冻箱（柜）的总称。本书所指的电冰箱，是以电能作为原动力，通过不同的制冷机械而使箱内保持低温的器具。

2.1.1　电冰箱的分类

电冰箱的种类很多，它的形式向实用性和美观性方面不断地变化。从不同的角度出发有不同的分类方法，概略地主要有以下几种。

1. 按用途分

（1）冷藏电冰箱

冷藏电冰箱泛指单门电冰箱，以冷藏食品为主，只有一个外箱门。箱内大部分空间的温度保持在 0 ~ 10℃ 之间，专供冷藏食品之用。在箱内上部有一个由蒸发器围成的冷冻室，其温度一般为 −12 ~ −6℃，用以储存冷冻食品或制造少量冰块。单门冷藏电冰箱的外形如图 2-1 所示。

（2）冷冻电冰箱

冷冻电冰箱又称为冰柜、冷柜，没有高于 0℃ 的冷藏功能。其常温一般在 −18℃ 以下，专供食品的冷冻和储藏。目前我国生产的多数冷冻电冰箱制成卧式，其箱盖在顶部，为顶开式或移门式，一般容积为 200 ~ 500L，主要供饮食业和科研单位使用，卧式冷冻电冰箱的外形如图 2-2 所示。

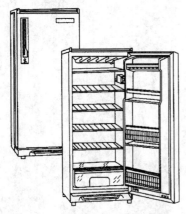

图 2-1　单门冷藏电冰箱的外形

图 2-2　卧式冷冻电冰箱的外形

（3）冷藏冷冻电冰箱

冷藏冷冻电冰箱指双门或多门电冰箱。它们都是具有单独的冷冻外门。冷冻容积大，占全箱容积的 1/4~1/2，冷冻室的温度在 -18℃ 以下，可对食品进行冷冻，有的还有速冻功能。其余各室用间隔分开而成，各室的温度不同，适合不同食品的保存，如图 2-3 所示。

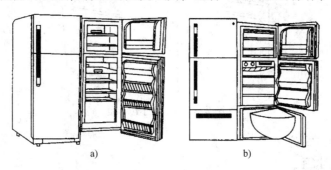

图 2-3　冷藏冷冻电冰箱
a) 双门双温电冰箱　b) 三门三温电冰箱

2. 按箱门形式结构分

（1）单门电冰箱

单门电冰箱只有一扇门，如图 2-1 所示。

（2）双门电冰箱

双门电冰箱有上下两扇门，一般上面为冷冻室，下面为冷藏室，如图 2-3a 所示。

（3）三门电冰箱

三门电冰箱是在双门的基础上增加一扇门，设有专门用于储存蔬菜和水果的果菜室，如图 2-3b 所示。

（4）四门电冰箱

四门电冰箱是在三门的基础上增加一扇门构成，设有专门用来储存鱼肉的冷藏室，如图 2-4 所示。

（5）对开门电冰箱

对开门电冰箱为立式，箱门布置成左右对开形式，如图 2-5 所示。

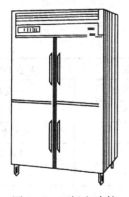

图 2-4　四门电冰箱

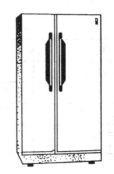

图 2-5　对开门电冰箱

（6）顶开门电冰箱

顶开门电冰箱为卧式，顶部为一盖式门，如图 2-6 所示。

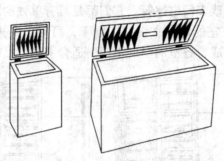

图 2-6　顶开门电冰箱

3. 按箱内冷却方式分

（1）直冷式电冰箱

直冷式电冰箱又称为冷气自然对流式或有霜电冰箱。电冰箱的冷冻室直接由蒸发器围成或冷冻室内有一个蒸发器，冷藏室上部再设一个蒸发器。由蒸发器直接吸取室内热量而进行冷却降温。单门电冰箱大多属于空气自然对流式，这种电冰箱结构简单，耗电量小。

（2）间冷式电冰箱

间冷式电冰箱也称为无霜电冰箱。从外观上看，这类电冰箱与直冷式双门双温电冰箱没有明显的区别。一般在冷冻室与冷藏室之间的隔层中横卧或在右壁隔层中竖立一个翅片式蒸发器。冷冻室的冷却间接由一小型风扇将翅片式蒸发器所产生的冷气进行强制对流，进行循环冷却降温。冷藏室通过风门调节器调节风门的开度大小，控制冷风进风量来调节其中的温度。这种电冰箱在箱内见不到蒸发器，只能看到一些风孔、风道。这种电冰箱的冷冻室及冷冻物品上不会结霜，霜集中在温度很低的蒸发器表面。这种电冰箱设有电热器进行定时化霜。间冷式电冰箱的主要优点是箱内无霜，冷冻室容积利用率高，箱内温度分布均匀；缺点是耗电量较大，制造成本较高。

4. 按电冰箱冷冻室内的温度分

家用电冰箱的等级，国际上均按冷冻室所能达到的最低温度来划分，用星号作为标记。星号数愈多，表示可达到的制冷温度越低。电冰箱共分 5 个星级，依次为一星级、二星级、高二星级、三星级和四星级。星级规定的有关内容见表 2-1。

表 2-1　冷冻室的星级规定

星级	符号	冷冻室温度	冷冻食品贮藏期
一星级	*	-6℃以下	一星期
二星级	* *	-12℃以下	1 个月
高二星级	* *	-15℃以下	1.8 个月
三星级	* * *	-18℃以下	3 个月
四星级	* * * *	-24℃以下	6~8 个月

5. 按制冷原理分

按制冷原理的不同可分为蒸发沸腾制冷的压缩式电冰箱、吸收扩散制冷的吸收式电冰箱、半导体制冷的半导体式电冰箱。几种制冷原理的电冰箱的特性见表 2-2。

表 2 - 2　几种制冷原理的电冰箱的特性

类型	压缩式	吸收式	半导体式
制冷原理	制冷剂在制冷系统中吸热汽化而制冷，然后压缩该蒸气，使其液化而放热，重复上述过程即可实现循环制冷	用氨 - 水 - 氨的吸收扩散的原理制冷	利用半导体温差效应（半导体电偶对通有电流时，一个极放热，一个极吸热）制冷
制冷系统结构特点	由箱体、制冷系统、电路控制系统组成。制冷系统主要包括压缩机、节流器和蒸发器等	由发生器、吸收器、冷凝器和蒸发器等组成	由 N 型与 P 型半导体结成电偶对
使用能源	单相交流电源（220V/50Hz）	交流、直流电源或煤油、煤气等	电流电源
制冷效率	较高	较低	较低
适用范围	有电源的场所	无电源的场所	水型电冰箱和微型制冷

2.1.2　电冰箱的规格及型号

根据国家标准 GB/T 8059.1 ~ 3 - 1995 规定，我国家用电冰箱的型号表示方法及含义如下：

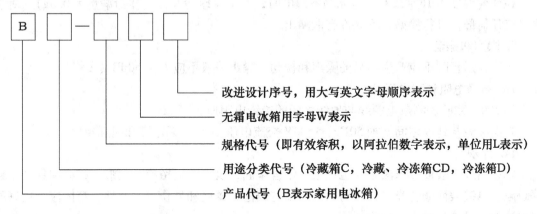

改进设计序号，用大写英文字母顺序表示

无霜电冰箱用字母W表示

规格代号（即有效容积，以阿拉伯数字表示，单位用L表示）

用途分类代号（冷藏箱C，冷藏、冷冻箱CD，冷冻箱D）

产品代号（B表示家用电冰箱）

所谓"有效容积"是指电冰箱关上箱门后其内壁所包括的可供储藏物品的空间容积。其单位用升（L）表示。例如，BC - 150 表示有效容积为 150L 的家用冷藏箱。BCD - 182B 表示有效容积为 182L、第二次改进设计的家用冷藏冷冻箱。BCD - 218W 表示有效容积为 218L 的无霜式家用冷藏冷冻箱。

2.1.3　电冰箱的主要技术指标

1. 储藏温度

储藏温度是指在电冰箱使用的气候环境下，电冰箱通电 24h 后，冷藏室温度为 0 ~ 10℃，冷冻室温度符合相应星级标准。

2. 冷却速度

冷却速度是指电冰箱在环境温度为 32℃，冷藏室降至 5 ~ 7℃，冷冻室降至相应星级标准的连续运行时间不超过 2h。

3. 制冷能力

制冷能力是指在冰盒内盛入容积为电冰箱有效容积 0.5% 的 25℃ 的水，电冰箱应具有将这些水在 2h 内冻成冰的能力。

4. 箱体绝热性能

箱体绝热性能是指在环境温度为 32℃、环境露点温度为 27℃ 时，电冰箱稳定运行 24h 后箱体表面不出现凝露现象。

5. 化霜性能

化霜性能是指在环境温度 32℃ 时，自动或半自动化霜完毕后电冰箱能自动恢复正常运行，蒸发器表面及排水管路中不应残留影响正常工作的霜和水。

6. 耗电量

耗电量是指在环境温度为 32℃ 时电冰箱稳定运行期间，24h 耗电量（制冷系统应有开停）的实测值不应大于额定值的 115%。

7. 门封气密性

门封四周应严密。电冰箱门关闭后，用一张厚 0.08mm、宽 50mm、长 200mm 的纸片垂直插入门封的任一处，不应自由滑动。

8. 制冷系统密封性能

在环境温度为 16 ~ 32℃、电冰箱不通电时，调定灵敏检漏仪（年泄漏量为 0.5g），对制冷系统任何部位进行检漏，不允许有泄漏出现。

9. 噪声和振动

电冰箱运行时不应产生明显的噪声和振动。噪声一般不应大于 50dB（A 级）。

10. 绝缘电阻和耐电压性

用 500V 兆欧表测量电源线与地线之间的绝缘电阻应大于 2MΩ。

在电源线与地线之间施加 50Hz、1500V 交流电压 1min，无击穿和闪烁现象。

11. 外观

电冰箱外壳表面要求漆膜颜色一致，结合牢固，没有明显留疤、划痕、漏涂和集结砂粒等缺陷。电镀表面颜色光亮，均匀一致，没有鼓泡、露底和划伤等。此外，箱体应有良好的接地装置并且应振动小、噪声低等。

2.2　电冰箱的基本组成

电冰箱应具有制冷、保温和控温 3 项基本功能，使箱内空间形成冷藏、冷冻所需的低温环境，尽可能减少外界热量的传入，维持箱内的低温环境并控制箱内温度在一定范围内。

为实现这 3 项基本功能，电动机压缩式电冰箱主要由箱体及箱内附件、制冷系统和控制系统 3 大部分组成。其中箱体是结构组成部件，制冷系统是电冰箱的核心部件，控制系统是电冰箱的指挥部件。双门直冷式电冰箱的结构如图 2-7 所示。

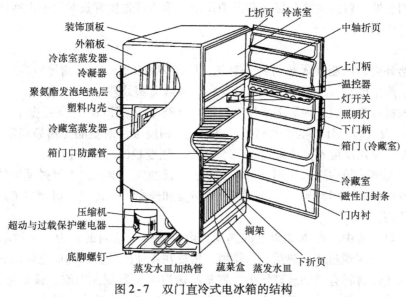

图 2-7 双门直冷式电冰箱的结构

2.2.1 箱体

电冰箱的箱体是用来隔热保温的,它使箱内空气与外界空气隔绝以保持低温,便于在冷冻室、冷藏室存放食品,同时还起着美化电冰箱外观的重要作用。另外,箱体还是各部件、零件的支撑体。

2.2.2 制冷系统

电冰箱的制冷系统主要由全封闭式压缩机、冷凝器、干燥过滤器、毛细管和蒸发器 5 个最基本的部分组成,并由内径不同的管道连成一个封闭系统。系统内充入制冷剂 R12。由于压缩机的工作,使 R12 在管路中处于循环变化状态,从而使箱内热量转移到箱外空气介质中去,达到连续制冷降温的目的。

2.2.3 电气控制系统

电冰箱电气控制系统的主要作用是根据使用要求,自动控制电冰箱的起动和停止,调节制冷剂的流量,并对电冰箱及其电气设备执行自动保护,以防止发生事故。此外,还可实现最佳控制,降低能耗,以提高电冰箱运行的经济性。

2.3 电冰箱的箱体结构

电冰箱的箱体是电冰箱的基础结构。箱体结构形式直接影响着电冰箱的使用性能、耐久性和经济性。箱体的质量在一定程度上标志着电冰箱的质量。

2.3.1 箱体的组成

电冰箱的箱体由壳体、箱门、台面及其他一些必要附件组成。壳体和箱门形成一个能存放物品的密闭容器。台面主要起装饰和保护作用。箱体首先要有长时间的保冷作用，其次是美观、平整、光洁。

1. 壳体

壳体包括外壳、内胆和隔热材料3部分。外壳多用0.5~1mm的优质冷轧钢板经裁剪、冲压、折边、焊接或辊压成形，外表经磷化、喷漆或喷塑处理。

箱体的内衬称为内胆。内胆多采用工程塑料ABS板或HIS板（高强度聚苯乙烯）真空成形。用ABS板成形，具有生产效率高、成本低、耐腐蚀、对食品无污染和重量轻等优点。但耐热性能差，使用温度不允许超过70℃，硬度、强度较低，易破损。

有些豪华型电冰箱内胆采用铝合金板或不锈钢板制成。钢板内壳经过搪瓷处理或喷涂高级涂料，具有强度高、耐摩擦、抗腐蚀、不易污染和寿命长等优点，但制造工艺复杂、生产效率低、造价高。

电冰箱总热负荷中，有80%以上的热量是由箱壁传入箱内的。为了保持电冰箱内的低温环境，减少冷量传到箱外或热量传入箱内，需要在箱体的外壳与内胆之间填充优质的绝热材料。常用的绝热材料有超细玻璃纤维、聚苯乙烯泡沫及聚氨酯发泡。聚氨酯发泡重量轻、吸水率小、绝热性能好、导热系数小，在施工中与电冰箱的内胆和箱外壳的粘合性好，而且成形后具有一定的强度、刚度，施工工艺简单，易于批量生产。

2. 箱门

箱门由门体和磁性门封条两部分组成。

（1）门体

门体由门外壳（箱门）、门内胆（门内衬）、手柄和门铰链组成。门外壳采用优质薄钢板制成，也有的采用塑料挤出型材做成框式结构。门内胆的材料和成形工艺与壳体的相同，只是材料厚度减薄些。门内胆上设有瓶架和蛋架。门外壳与门内胆之间同样注入聚氨酯泡沫塑料。

（2）磁性门封条

箱门和箱体之间多采用磁性门封条密封。磁性门封条由塑料门封条和磁性胶条两部分组成，通过磁性胶条使箱体和门体紧密吸合成一个密封箱体。门封条是以软质的聚氯乙烯挤压成形，中间有一个或几个空腔。磁性胶条是在橡胶、塑料的基料中掺入硬性磁粉挤塑而成，磁感应强度一般大于5×10^{-2}T（特［斯拉］）。磁性胶条插入塑料门封条的空腔内就形成磁性门封条，如图2-8所示。一般用铁片和自攻螺钉把磁性门封条紧固在箱门上。箱门关闭的时候，磁性门封条的磁性使门封条紧贴在箱体的门框上。门封条后的副页又与固装页形成一个空腔。这样，前后有3个空腔，能较好地减少冷量的散失。

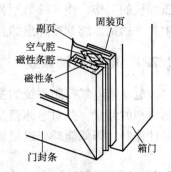

图2-8　电冰箱的磁性门封条

门封条对电冰箱绝热起着重要的作用。一般电冰箱在门封处漏冷可达15%。门封条不但可以防漏冷，而且可以阻止外部热气的侵入。门封处按辐射、传导和对流3种方式散失冷气。如果门封材料老化或箱体门框有裂缝，造成箱内外空气对流，散失的冷量将会大大增加，热辐射也会透过门封条进入箱内。因此，门封条的材料要有较强的弹性，以便与门贴合严密，其宽度要适当，以增加空气腔的隔热性，减少传导失冷。

（3）台面（箱顶）

箱体顶部的结构如图2-9所示。

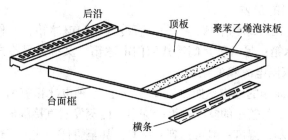

图2-9 箱体顶部的结构

台面板（或称为顶板）一般采用复合塑料纤维板或复合塑料钢板。台面框和后盖有铝合金型材或塑料两种。塑料后盖结构往往突出在箱体后面，以便使电冰箱与墙壁之间保持一定的距离，使冷凝器周围有足够的空气对流，同时还兼有防止灰尘的作用。

（4）箱内附件

箱内附件包括搁架、果菜盒、制冰盒、接水盒和玻璃盖板等。

2.3.2 箱体的结构形式

电冰箱的箱体从结构形式来看，大致可分为两大类：一类是单门单温电冰箱，另一类是双门双温电冰箱。

1. 单门单温电冰箱的箱体

单门单温直冷式电冰箱是一种结构最简单的电冰箱，又称为普通电冰箱，如图2-10所示。这种电冰箱只有一扇门，没有专门的冷冻室。而冷冻室箱体直接由蒸发器构成，采用盒式结构，带有小门，安装在冰箱内胆的上部。其内温度一般在 -12 ~ -6℃，可供制冰或少量食物的冷冻用。蒸发器下面是冷藏室，中间无隔热设施，靠自然对流得以降温，一般温度可以控制在 0 ~ 10℃。冷藏室内有接水盘，温控器、照明灯、搁架和果菜盒等。接水盒把蒸发器滴下的融霜水滴通过排水管汇集到箱底的蒸发水盘中。融霜水流入接水盘后缓慢蒸发。温控器自动控制压缩机的开停，使箱内保持适当的低温。

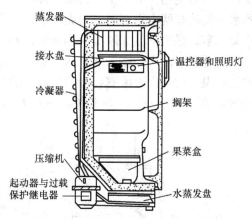

图2-10 直冷式单门单温电冰箱结构图

照明灯在箱门打开的时候亮，箱门关闭的时候自动熄灭。搁架用来存放各种水果和蔬菜。

冷凝器、干燥过滤器装在冰箱的背部。有些电冰箱采用钢丝式冷凝器，是裸装的，散热性能好；也有些采用内藏式冷凝器，其冷凝盘管贴附在箱体背板的内侧上，利用电冰箱外壳钢板散热，散热性能较差，但较为美观、干净。

单门单温直冷式电冰箱属有霜电冰箱，这种电冰箱一般有半自动或自动化霜机构，我国早期生产的电冰箱多属此类。

单门直冷式电冰箱虽然冷冻室温度不太低，冷冻食品的能力不太高，但耗电少，价格比较便宜。

2. 双门双温电冰箱的箱体

双门双温电冰箱有两种结构形式：一种是直冷式双门电冰箱，又称为双蒸发器双门双温电冰箱或双门有霜电冰箱；另一种是间冷式双门电冰箱，又称为风冷式或无霜双门电冰箱。

（1）直冷式双门双温电冰箱的箱体

直冷式双门双温电冰箱的结构图如图 2-11 所示。这种电冰箱有两个互不相通的空间和两个独立的蒸发器组成。上部较小的空间称为冷冻室，由蒸发器直接围成。室内空气和食品被蒸发器直接吸取热量而冷却，温度一般可达到 -18℃，甚至更低一些。下部空间称为冷藏室，用一个板形盘管式蒸发器进行冷却。两个蒸发器串联于制冷系统中，共用一根毛细管，这种蒸发器称为单节流双蒸发器。根据冷冻室和冷藏室温度要求不同的特点，制冷剂液体必须先满足冷冻室低温蒸发器的吸热需要，剩余部分才进入冷藏室的高温蒸发器满足冷藏室温度的需要。因此，蒸发器的传热面积要设计合理，以保证冷藏室蒸发器内始终有湿制冷剂蒸汽蒸发。

双门直冷式电冰箱往往设有副冷凝器和除露管。副冷凝器安放在电冰箱底部蒸发器的上面。由于蒸发器盘中的水是从箱内接水杯里通过管道流来的，水温低，副冷凝器的冷却效果好。露管安放在箱门的内表面处，以防止箱门出现露珠。

（2）间冷式双门双温电冰箱的箱体

间冷式双门电冰箱的结构如图 2-12 所示。这种电冰箱与双门直冷式电冰箱的外观相似，它的箱体也分为上、下两个箱腔。一般上箱腔较小，专供冰冻食品使用；下箱腔较大，供冷藏食品使用。上下箱腔的端口都配有门。它只有一个蒸发器，且采用翅片盘管式。蒸发器水平安装在两个箱腔之间的夹层中，也有垂直安装在冷冻室的后壁内的。蒸发器内侧装有小型风扇，强迫空气通过蒸发器变冷，并在箱内循环。由风扇吹出的冷风通过冷气分配通道和风门分成两路：一路向上进入冷冻室，冷却冷冻室的食品后再向下回到蒸发器；一路向下通过感温风门进入冷藏室，冷却冷藏室的食品后再向上回到蒸发器。由于冷量分配的不同，冷冻室的温度有 -6℃、-12℃、-18℃ 等多种等级，而冷藏室温度一般都在 0～10℃。

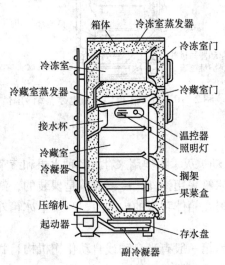

图 2-11　直冷式双门双温电冰箱的结构

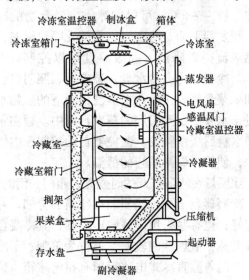

图 2-12　间冷式双门电冰箱的结构

间冷式电冰箱箱内装有两个温控器。冷冻室温控器用来调节冷冻室内的温度并控制自动化霜。冷藏室温控器设在通往冷藏室的冷气通道上，用以调节风门的大小，以控制冷藏室的温度。

风扇电动机近年来多装在绝热层外，以防止风扇电动机产生的热量向箱内传递，降低电冰箱的能耗，提高制冷能力，如图 2-13 所示。

（3）具有 3 个蒸发器的三门三温电冰箱的箱体

具有 3 个蒸发器的三门三温电冰箱的典型结构如图 2-14 所示。箱体内腔被两层隔板分隔为 3 部分。其中上层较大，作食品的冷藏室；中层略小，作冷冻室；下层也较小，温度也较上层略高，一般 7~9℃，作蔬菜与水果的冷藏室。与此相应，共有 3 个蒸发器。上下蒸发器均为板式，只是上蒸发器略大一些。中蒸发器为盒式。它们都是依靠自然对流完成温度交换的。箱内温度调节靠温度控制器实现，并带有自动化霜装置。

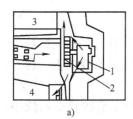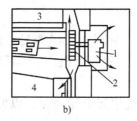

图 2-13　风扇电动机的安装方式
a）风扇放在箱体内　b）风扇移至箱体外
1—电动机　2—离心风扇　3—冷冻室　4—冷藏室

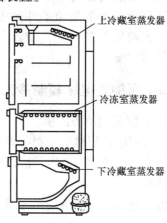

图 2-14　有 3 个蒸发器的
三门三温电冰箱

上冷藏室蒸发器

冷冻室蒸发器

下冷藏室蒸发器

2.4　电冰箱的制冷系统

2.4.1　压缩式电冰箱制冷系统的工作原理

电冰箱的制冷系统主要由压缩机、冷凝器、干燥过滤器、毛细管和蒸发器 5 大部件组成。压缩机整体安装在电冰箱的后侧下部，冷凝器多安装在电冰箱背部，也有少数电冰箱的附加冷凝器装于底部，但都与箱底有 8cm 间隔。干燥过滤器装在电冰箱后部，便于与毛细管连接。毛细管的前段常缠绕成圈，后段与蒸发器排气管合焊，外部包以绝缘材料。蒸发器设置在电冰箱内腔上部，形状为盒式，前方带有小门，盒内为小型冷冻室。蒸发器的排气管自电冰箱背后返回压缩机。典型的压缩式电冰箱的制冷系统如图 2-15 所示。

当电冰箱工作时，制冷剂在蒸发器中蒸发汽化，并吸收其周围大量热量后变成低压低温气体。低压低温气体通过回气管被吸入压缩机，压缩成为高压高温的蒸气，随后排入冷凝器。在压力不变的情况下，冷凝器将制冷剂蒸气的热量散发到空气中，制冷剂则凝结成为接近环境温度的高压常温，也称为中温的液体。通过干燥过滤器将高压常温液体中可能混有的污垢和水分清除后，经毛细管节流、降压成低压常温的液体重新进入蒸发器。这样再开始下一次气态→液态→气态的循环，从而使箱内温度逐渐降低，达到人工制冷的目的。

通过上述分析，可以看出5大部件各有不同的功能：压缩机提高制冷剂气体压力和温度；冷凝器则使制冷剂气体放热而凝结成液体；干燥过滤器把制冷剂液体中的污垢和水分滤除掉；毛细管则限制、节流及膨胀制冷剂液体，以达到降压、降温的作用；蒸发器则使制冷剂液体吸热汽化。因此，要使制冷剂永远重复使用，在系统循环中达到冷效应，上述5大部件是缺一不可的。由于使用条件的不同，有的制冷系统在上述5大部件的基础上，增添了一些附属设备，以适应环境的需要。

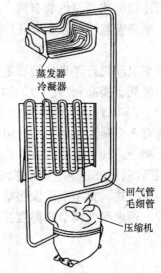

图2-15 压缩式电冰箱的制冷系统

2.4.2 压缩式电冰箱制冷系统的部件

1. 全封闭制冷压缩机

全封闭制冷压缩机是制冷系统的核心，是使制冷剂在制冷系统中循环的动力来源。它将蒸发器内已经蒸发的低压低温的气态制冷剂吸回压缩机内，然后压缩成高压高温，排至冷凝器中冷却。

简单地说，压缩机的功能是在制冷系统中建立压力差，以使制冷剂在制冷系统中循环流动。

全封闭制冷压缩机是将压缩机和电动机装在一个全封闭的壳体内。外壳表面有3根铜管，它们分别接低压吸气管、高压排气管、抽真空和充注制冷剂用的工艺管。有些120W以上的压缩机，在外壳上部还增设两根冷却压缩机的铜管。另外，外壳还附有接线盒，盒里有电动机的接线柱、起动器和保护器，外形如图2-16所示。

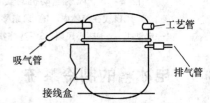

图2-16 全封闭式制冷压缩机的外形

电冰箱用的压缩机有往复式和旋转式两种。我国目前广泛使用的是滑管活塞往复式压缩机。随着材料和装配加工工艺的改进，旋转式压缩机已得到普及。

2. 冷凝器

电冰箱的冷凝器是制冷系统的关键部件之一。它的作用是使压缩机送来的高压高温氟利昂气体，经过散热冷却，变成高压常温的氟利昂液体，所以它是一种热交换装置。

电冰箱的冷凝器，按散热的方式不同，分为自然对流冷却式和强制对流冷却式两种。自然对流冷却是利用周围的空气，它们自然流过冷凝器的外表，使冷凝器的热量能够散发到空间去。强制对流冷却是利用电风扇强制空气流过冷凝器外表面，使冷凝器的热量散发到空间去。300L以上的电冰箱一般采用强制对流式冷凝器，300L以下的电冰箱一般采用自然对流式冷凝器。自然对流式冷凝器的常见结构，按其传热面的形状不同，有百叶窗式、钢丝管式和平板式 3 种，强制对流式冷凝器的结构有翅片管式和卷板式两种。

（1）百叶窗式冷凝器

百叶窗式冷凝器的结构如图 2-17a 所示。它一般采用外径 6mm 左右的紫铜管做成冷凝盘管，卡装在具有百叶窗孔的薄钢板上，以增大散热面积。外表面涂上一层黑漆。百叶窗孔的冲压方向以孔向下的排列为好，以加强空气的对流散热。

（2）钢丝管式冷凝器

钢丝管式冷凝器的结构如图 2-17b 所示，它由盘管和钢丝构成。一般采用内表面及外表面镀铜的外径 6mm 的钢管（称为邦迪管）做冷凝管，在盘管两侧排列点焊上直径 1.5mm 的钢丝，钢丝的排列间距为 4~5mm，每侧 46~60 根，两侧共 92~120 根。国外用专用钢丝焊接机焊接，国内大部分是用镀铜钢丝由锡焊焊接而成，外表面再涂上一层黑漆。这种冷凝器的结构和工艺都很复杂，但是由于它能节约有色金属，且散热效率比百叶窗式的高，所以国外特别是日本都广泛使用。

（3）平板式冷凝器

平板式冷凝器也称为内藏式冷凝器，这种冷凝器是把铜管或邦迪管弯曲成盘状后用铝箔胶粘带把它固定在电冰箱箱壳的后背或左右两侧钢板的内侧，使后背或两侧乃至箱壳本身均为散热面，其结构如图 2-17c 所示。这种结构可使电冰箱具有占用空间较小、外观整洁、美观和不易损坏等优点。但这种冷凝器的冷凝盘管的温度比普通冷凝器的高，又直接与绝热材料接触，且绝热材料的厚度约增加 20% 左右，因而冷凝器散热条件差，修理也比较困难。

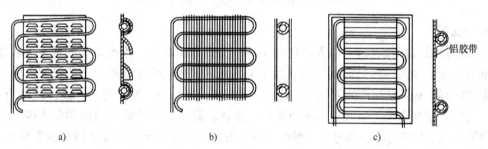

图 2-17　几种常见的自然对流式冷凝器的结构

a）百叶窗式　b）钢丝管式　c）平板式（内藏式）

（4）翅片管式冷凝器

商用冰箱一般采用空气强迫对流式冷凝器，其结构通常为翅片盘管式，如图 2-18a 所示。它由冷凝盘管和平行排列的翅片构成。翅片形状像百叶窗，用普通碳素钢板或薄镀锌铝板冲制而成，翅片距为 2~3mm。冷凝盘管采用铜焊将直管与 U 形管连接，并紧卡在翅片里，与翅体一起包封在箱壁内。整个冷凝器经表面处理或喷漆，以防锈蚀。

（5）卷板式冷凝器

卷板式冷凝器的结构如图 2-18b 所示，它也是一种强制对流式冷凝器，是由两片压有管路的钢板经滚焊、卷板及表面处理制成。

目前，为增强散热效率，电冰箱制冷系统的冷凝方式和冷凝器已向箱壁式和箱门防露（冻）管及蒸发皿融霜水加热管组合方向发展，如图 2-19 所示。从压缩机排出来的高压过

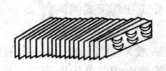 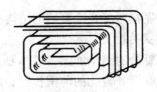

a) b)

图 2-18 强制对流式冷凝器

a) 翅片管式　b) 卷板式

热蒸气首先进入外露在电冰箱底部的副冷凝器。副冷凝器是一组水平设置在电冰箱底部的加热管，并在其上放置一个蒸发皿，电冰箱内的化霜水通过导管流入蒸发皿，利用低温化霜水加快冷却副冷凝器，同时借助副冷凝器的热量令化霜水蒸发掉，免去人工定期倒水的麻烦，这时约放出全部冷凝热的 7%；降温后的高压蒸汽再进入箱壁主冷凝器，约放出全部冷凝热的 50%；再进入箱门口周围的防露管，约放出全部冷凝热的 43%。

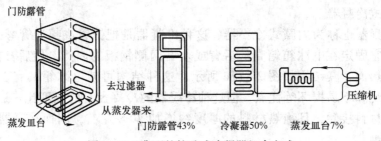

图 2-19　典型的箱壁式冷凝器组合方式

3. 毛细管

按照制冷循环规律，流入蒸发器中的制冷剂应呈低压液态。为此需要一种节流装置，把高压液态制冷剂变为低压液态制冷剂。家用电冰箱普遍采用毛细管作为节流装置。

毛细管其实是一根细长的紫铜管，内径大约为 0.5~1mm，外径约 2.5mm，长度约 1.5~4.5m。毛细管接在干燥过滤器与蒸发器之间，依靠其流动阻力沿管长方向的压力变化，来控制制冷剂的流量和维持冷凝器与蒸发器的压力。当制冷剂液体流过毛细管时要克服管壁阻力，产生一定的压力降，且管径越小，压力降越大。液体在直径一定的管内流动时，单位时间流量的大小由管子的长度决定。电冰箱的毛细管就是根据这个原理，选择适当的直径和长度，就可使冷凝器和蒸发器之间产生需要的压力差，并使制冷系统获得所需的制冷剂流量。

由于毛细管又长又细，管内阻力大，所以能起节流作用，使氟利昂流量减小，压力降低，为氟利昂进入蒸发器迅速沸腾蒸发创造良好条件。

毛细管靠近入口的相当长一段管内的液态制冷剂的温度还比较高，所以电冰箱等制冷设备常将毛细管的入口段与回气管并焊在一起，或将毛细管的入口段套装在回气管中，形成回热装置，让冷凝液与低温制冷剂蒸气换热，这样就使压缩机吸气稍过热，保证了干压缩，又可使冷凝液过冷，从而增大供液量提高制冷量。

在一定的冷凝压力下，影响毛细管节流的主要因素是毛细管的内阻。毛细管的内阻与管子长度成正比，与管孔的截面积成反比（即与管子内径的平方成反比）。毛细管长度越长或内径越小，毛细管节流就越严重，制冷剂压力下降就越大，温度下降也越大。如果在内径选定后，调节管长，那么可在毛细管出口得到不同的压力，使进入蒸发器的制冷剂在这一压力下汽化得到不同的低温，以适应不同电冰箱的星级要求。因此在电冰箱维修中，毛细管尺寸尽量不要改动。

毛细管尺寸可根据压缩机及其工作情况来选择，见表2-3。

表2-3　毛细管尺寸与制冷机的匹配

压缩机/W	制冷剂	冷凝器的种类	应用温度范围	适用机种	蒸发温度			
					-23 ~ -15℃		-15 ~ 6.7℃	
					长/m	内径/mm	长/m	内径/mm
61	R12	自然对流	低	电冰箱	3.66	0.66	3.66	0.79
91	R12	自然对流	低	电冰箱	3.66	0.66	3.66	0.79
120	R12	自然对流	低	电冰箱	3.66	0.79	3.66	0.92
180	R12	自然对流	低	电冰箱	3.66	0.92	—	—
350	R12	强制	低	低温冷藏柜	3.05	0.73	4.68	1.37
540	R12	强制	低	低温冷藏柜	3.05	1.5	3.66	1.63
735	R12	强制	低	冻结箱	3.66	1.63	3.66	1.78

毛细管焊接安装方法有两种：外接法和内穿法。

（1）外接法

将毛细管用锡焊接在回气管的外表面上，如图2-20a所示。在不影响与蒸发器和干燥过滤器连接的条件下，其焊接长度越长越好，一般不要小于0.7m。

（2）内穿法

将毛细管直接穿入回气管，如图2-20b所示。这种方法的热交换效果最好，能得到很低的过冷温度，但加工难度大，穿入与穿出端容易堵塞，且毛细管容易折断。为了防止出现这些问题，毛细管的穿入和穿出端均应在回气管上缠绕1~2圈。

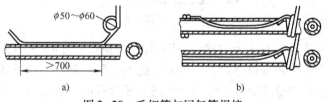

图2-20　毛细管与回气管焊接
a）外接法　b）内穿法

铝吹胀式蒸发器回气管中的毛细管一般用压接方法直接接入蒸发器，如图2-21所示，并利用压接封道使毛细管与蒸发器管道的出口段隔开。

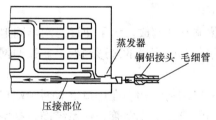

图2-21　用压接法连接毛细管与蒸发器

毛细管减压的方法具有结构简单，制造成本低、加工方便、造价低廉和可动部分不易产生故障等优点，且在压缩机受温度控制器的限制而停止运转的期间，毛细管仍然允许冷凝器中的高压液态制冷剂流过而进入蒸发器，直至系统内的压力平衡为止，以利于压缩机在下次动作时能轻易起动。若压缩机停止后，在压力尚未达到平衡时，立即起动压缩机，则压缩机因负荷过重而无法起动，且由于流入电动机绕组的电流过大，使得过载保护器动作，切断电路。

毛细管在系统中只能在一定范围内控制制冷剂流量，不能随着箱内食品的热负荷变化而自动地控制其流量大小。在箱内热负荷较小的情况下，容易造成压缩机处于湿行程运行。此外，采用毛细管减压的制冷系统必须根据规定的环境温度严格准确地确定充灌的制冷剂量。充灌少了，蒸发器内将产生过热蒸气，低压管内回气的温度过高，压缩机和电动机的温度升高，系统制冷量降低；充灌多了，不仅会降低制冷量，而且也会使系统高压端压力升高，容易造成管道爆裂及制冷剂泄漏等不良现象。

4. 干燥过滤器

在制冷系统中，冷凝器的出口端和毛细管的进口端必须安装一个干燥过滤器。

干燥过滤器的作用是除去制冷系统内的水分和杂质，以保证毛细管不被冰堵（冻堵）和脏堵，减少对设备和管道的腐蚀。

图 2 - 22 所示的是我国近年来使用最广的一种干燥过滤器的常见结构。它由外壳、分子筛和过滤网组成。外壳是一段直径为 14 ~ 16mm、长约 10 ~ 15cm 的铜管，在进出口两端装有 100 目以上网孔的铜丝滤网。其中间装填上干燥剂。国产干燥过滤器曾采用过硅胶干燥剂，近年已全部改用 0.4nm 型分子筛。过滤网用来滤去杂质，分子筛用来吸附水分。

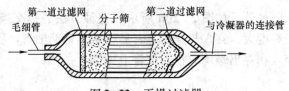

图 2 - 22　干燥过滤器

分子筛是一种人造泡沸石，为粒状白色固体。它具有均匀的结晶孔隙，它的结晶孔隙大约为 0.4nm。它不溶于水和有机溶剂，一般溶于强酸，是一种性能优异的选择性吸附剂。当混入分子筛的其他物质的分子直径小于分子筛的分子直径时，就会被分子筛吸附。采用加热或真空方法，可以使该物质脱附。因此，选用不同直径的分子筛，可对不同直径的物质进行分选，这就是它被称之为"筛"的原因。R12 的分子直径大于 0.4nm，而水分子的直径小于 0.4nm，所以选用直径为 0.4nm 的分子筛，就可筛去水分子而保留 R12。每克分子筛能吸附 160 ~ 200mg 水。对于 200L 以下的电冰箱，一般只要有 10 ~ 15g 分子筛，就可以把制冷系统的含水量降到规定的数值以下。

过滤网用 80 ~ 120 目的黄铜丝网制成。为了使过滤网牢固地装在外壳内，一般把过滤网制成浅筒状，并固定在一个用黄钢板弯成的圆形网架上。过滤网有两个，两端各放一个，以防分子筛窜动。

干燥过滤器还有一种双进口端的结构。在进口部有两个端口，一个端口接冷凝器末端的铜管；另一个端口接抽真空用的第二抽真空管，使系统高效抽空，如图 2 - 23 所示。

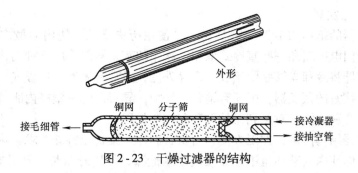

图 2 - 23　干燥过滤器的结构

5. 蒸发器

蒸发器是使液态制冷剂吸热蒸发变为气态制冷剂的热交换装置。它的作用是使毛细管送来的低压液态制冷剂在低温的条件下迅速沸腾蒸发，大量地吸收电冰箱内的热量，使箱内温度下降，达到制冷的目的。为了实现这一目的，蒸发器的管径较大，所用材料的导热性能良好。

蒸发器内大部分是湿蒸气区。湿蒸气进入蒸发器时，其蒸气含量只有 10% 左右，其余都是液体。随着湿蒸气在蒸发器内流动与吸热，液体逐渐汽化为蒸气。当湿蒸气流至接近蒸发器的出口时，一般已成为干蒸气。在这一过程中，其蒸发温度始终不变，且与蒸发压力相对应。由于蒸发温度总是比冷冻室温度低（有一传热温差），因此当蒸发器内制冷剂全部汽化为干蒸气后，在蒸发器的末端还会继续吸热而成为过热蒸气。

蒸发器在降低箱内空气温度的同时，还把空气中的水汽凝结而分离出来，从而起到减湿的作用。蒸发器表面温度越低，减湿效果越显著，这就是蒸发器上积霜的原因。

电冰箱的蒸发器按空气循环对流方式的不同，分自然对流式和强制对流式两种；按传热面的结构形状及其加工方法不同，可分为管板式、铝复合板式、盘管翼片式和翅片盘管式等几种，如图 2 - 24 所示。

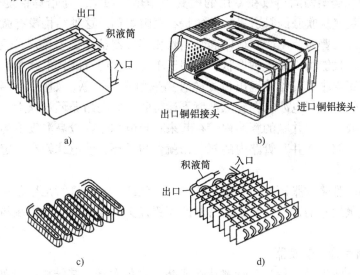

图 2 - 24　几种蒸发器的结构

a）管板式　　b）铝复合板式　　c）盘管翼片式　　d）翅片盘管式

（1）管板式蒸发器

管板式蒸发器的结构如图2-24a所示，是使用历史最长、使用面最广的一种结构。我国生产的一些单门电冰箱和一些直冷式双门电冰箱的蒸发器都采用这种结构。

管板式蒸发器将冷却盘管贴附于长方盒壳外侧，通常有铜管-铝板式、异形铝管-铝板式等。若用做冷藏室的蒸发器，则还有铜管-铜板、异形铜管-塑料内胆等结构。管板式蒸发器的出口端接有积液筒，对氟利昂的循环起调节作用。

管板式蒸发器结构简单，加工方便，对材料和加工设备无特殊要求，耐腐蚀性好，内壁光洁不易磨损，即使内壁破坏也不会导致制冷剂泄漏，使用寿命长，且只有一根管道循环，回流也较容易，因此多为直冷式电冰箱所采用。其缺点是流阻损失较大，传热性能较差，蒸发器各面产冷量不易合理地安排与分配，并且是手工加工，生产效率低，成本高，无法进行大批量生产。

（2）铝复合板式蒸发器

铝复合板式蒸发器的结构如图2-24b所示，根据成形工艺的不同，又有铝锌铝复合板吹胀蒸发器和铝板印制管路吹胀蒸发器两种。

1）铝锌铝复合板吹胀蒸发器。

铝锌铝复合板吹胀蒸发器是用由铝、锌、铝三层金属板冷轧而成的1.2~1.8mm厚的板材，再根据所需的尺寸裁制好后放在专门的模具上，并用400~500t压机加压，通过模具中的电热装置加热到400~500℃后使锌层熔化而与铝板粘接。与此同时，从复合板的管道端口处吹入24~28MPa的高压氮气，使复合板按模具上的管道胀开成形。这种结构由于管道中残剩有锌，会产生微电池效应（异金属电化学反应）而易发生腐蚀，造成制冷剂泄漏，所以国外在20世纪70年代就逐渐淘汰了这种蒸发器。

2）铝板印制管路吹胀蒸发器。

铝板印制管路吹胀蒸发器是利用中间印有石墨管路图案的两层铝板，冷轧成1.2~1.8mm厚的板材，经剪裁后再放在专用的模具中作热压加工。与铝锌铝复合板吹胀蒸发器不同的是，高压氮气从吹胀的管道里吹掉的是石墨阻焊剂。这种结构没有微电池效应，使用寿命也较长，国外已普遍使用。铝板印制管路吹胀蒸发器虽然工艺复杂，但能适应大批量生产，成本也很低，且能加工成各种形状。常用于单门和双门直冷式电冰箱冷藏室蒸发器。

铝板印制管路吹胀蒸发器接近出口处的管路采用支路并联，如图2-24b所示，对氟利昂的循环起调节作用。当电冰箱在较低温度下运行时，氟利昂循环量减少，蒸发器里未蒸发完的多余氟利昂液体可在并联的管路内储存起来；当电冰箱在较高温度下运行时，氟利昂的循环量需要增加，储存在并联管路内的氟利昂就参与循环，使电冰箱在一定环境温度范围内获得较佳的制冷效果。

由于铝板印制管路吹胀蒸发器是用铝材制成，毛细管和吸气管是用紫铜管制成，因此铝板印制管路吹胀蒸发器的进出口要采用特制的铜铝接头。铜铝接头的铝端与蒸发器的进出口端相连接。

（3）单脊翅片管式蒸发器

单脊翅片管式蒸发器又称为盘管翼片式或鳍管式蒸发器，其结构外形如图2-24c所示。它是用经过特殊加工成形的单脊翅片铝管弯曲加工而成。翅片高度20mm左右。这种蒸发器结构简单、加工方便、传热性能好。但因不能形成封闭或半封闭的容器，只能用于直冷式双门电冰箱的冷藏室中。

（4）翅片盘管式蒸发器

翅片盘管式蒸发器又称为翅支管式蒸发器，如图2-24d所示。它有铜管铝翅片式，也有铝管铝翅片式。例如铜管铝翅片式的结构是由冲制好的铝翅片套入弯曲成U形的铜管中，并对铜管进行胀管加工，使翅片均匀紧密地固定在铜管上，然后用U形铜管小弯头将相邻U形管焊接串联而成。通常翅片的厚度为0.15~0.2mm，片距为6~8mm，盘管的直径为6~8mm。为了防止盘管及翅片腐蚀，翅片盘管蒸发器表面都浸涂符合卫生标准的黑漆。蒸发器的出口处还接有积液管，它的作用是使在蒸发器中未能汽化的少量液态制冷剂储存起来，让其慢慢地汽化，以避免液体制冷剂进入压缩机冲击气缸，影响正常工作。

翅片盘管式蒸发器传热系数高，占用空间小、坚固、可靠和寿命长，为国内外间冷式双门电冰箱所广泛采用。

2.4.3 家用电冰箱制冷系统的几种结构形式

近年来，国内外市场上电冰箱种类甚多，制冷系统的形式也有所不同。通常有如下几类：

1. 直冷式单门电冰箱制冷系统

直冷式单门电冰箱的制冷系统如图2-25所示，从图中可以看出，系统中只设有一个蒸发器，而且一般吊装在箱内上部。蒸发器内容积用于储藏冻结食品，做冷冻室用。箱内下部冷藏室不安装任何冷却装置，冷冻室和冷藏室的热量传递靠自然对流方式进行。冷冻室的温度最低约−6℃，冷藏部分的温度一般控制在0~10℃。压缩机位于箱体外后下部。冷凝器安装在箱体外背部，毛细管与回气管并行，以满足热交换的需要。

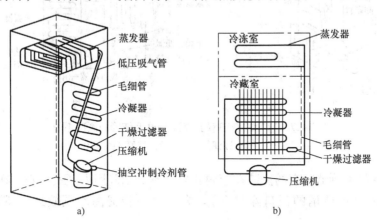

图2-25　直冷式单门电冰箱的制冷系统
a）直冷式单门电冰箱管路系统图　b）制冷系统原理图

图2-26a是另一种直冷式单门电冰箱的制冷系统，与前述相比，该系统增设有副冷凝器——蒸发盘加热器及门口除露管。副冷凝器设置在电冰箱底部的接水盘上，依靠冷凝热去蒸发融霜水。防露管布置在门框周边上，用它散发出的热量对门框加热，使门框不凝露，制冷剂在系统内的流向是：压缩机→副冷凝器→主冷凝器→箱门防露管→干燥过滤器→毛细管→蒸发器→低压回气管→压缩机。

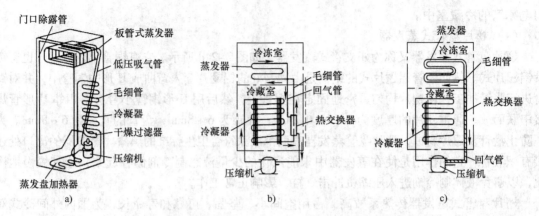

图 2 - 26　另一种直冷式单门电冰箱的制冷系统

a）系统管路图　b）制冷系统原理图1　c）制冷系统原理图2

2. 直冷式双门双温电冰箱单毛细管制冷系统

图 2 - 27 是国内生产的直冷式双门双温电冰箱采用的单毛细管制冷系统。在此系统中设置了副冷凝器及门框防露管，并有两个蒸发器。冷冻室蒸发器构成冷冻室的箱腔，一般采用管板式蒸发器。冷藏室蒸发器安装在冷藏室腔的上方，一般采用板式或盘管式蒸发器。

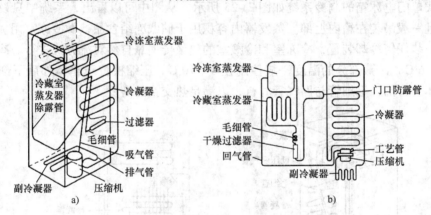

图 2 - 27　直冷式双门双温电冰箱单毛细管的制冷系统

a）系统管路图　b）制冷系统原理图

这种电冰箱的冷凝器，有的安装在箱内背后；有的则采用内藏式，安装在箱体两侧或箱门附近的外壳内（即所谓的门口除露管）。为了进一步提高冷凝效果，还装有蒸发器加热器。

制冷剂在系统中的流向是：压缩机→副冷凝器→冷凝器→门口除露管→干燥过滤器→毛细管→冷藏室蒸发器→冷冻室蒸发器→压缩机。

在这个系统中，制冷剂经毛细管后先进入冷藏室蒸发器，再进入冷冻室蒸发器。这种流程的优点是在环境变动时，使冷藏室蒸发器内始终有液态制冷剂蒸发，以保证冷藏室需要的温度。而对冷冻室来说，由于蒸发器面积大，环境变动对其影响不明显。

3. 直冷式双门双温电冰箱双毛细管制冷系统

图 2 - 28 所示是直冷式双门电冰箱制冷系统的双毛细管节流方式。从冷凝器出来的制冷

剂，先经过第一毛细管降压后，进入冷藏室蒸发器部分蒸发，然后再流经第二毛细管，再进入冷冻室蒸发器。此时因蒸发压力更低，所以蒸发温度更低，从而获得更低的温度。采用双毛细管节流，可使高温蒸发器和低温蒸发器的压力分别保持在所要求的范围内，从而达到两个不同的室温效果。

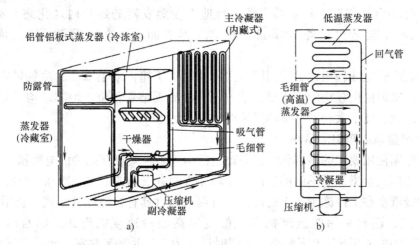

图 2-28　直冷式双门双温电冰箱双毛细管的制冷系统
a）直冷式双门双温电冰箱的管路系统图　b）制冷系统原理图
→—制冷剂流向　×—焊接接头

4. 间冷式双门双温电冰箱的制冷系统

图 2-29 所示为双门间冷式电冰箱的剖面图和制冷系统图。与双门直冷式电冰箱相比，箱体结构、制冷系统及各部件安装位置基本相似。R12 在系统中循环的路径也基本一样。其主要区别在于蒸发器和温控器。这类电冰箱只有一个蒸发器，是翅片管式蒸发器，其安装方式分为横卧式和竖立式两种。由于蒸发器采用翅片盘管式，因此又安装了小型轴流风扇，强制冷气循环对流。一部分冷气通过风道吹至冷冻室，另一部分冷气通过风门温控器的风门和风道吹送至冷藏室，使两室分别降温。此类电冰箱的温控器有两个，冷冻室温控器控制压缩机的开停来达到冷冻室的星级要求（三星级或四星级）。冷藏室温控器是感温式风门温控

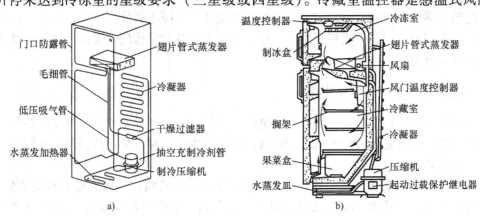

图 2-29　间冷式无霜双门双温控型电冰箱的剖面图和制冷系统
a）剖面图　b）制冷系统

器，位于两室之间的风道，能根据风道温度自动调节风门开启的大小，来控制进入该室风量以实现冷藏室温度控制在 $0 \sim 10℃$。这种电冰箱一般是全自动化霜，由一套全自动化霜电路系统来控制。全自动化霜系统由化霜温控器、化霜时间继电器、化霜加热器和化霜超热保险组成。化霜时间继电器位于电冰箱后背部，化霜温控器和超热保险卡在翅片管式蒸发器上，化霜电加热器与蒸发器盘管平行地卡在蒸发器的翅片内（化霜石英管加热器在蒸发器下面）。这种电冰箱的霜只结在蒸发器表面，冷冻室无霜，故又称为无霜电冰箱。

与双门直冷式电冰箱相比，双门间冷式电冰箱由于箱内双温双控，冷气采用强制循环，故控温精确，室内温度较均匀，化霜自动方便，食品无结霜污染。但其结构复杂、部件多、成本高、漏热大、耗电大和冷冻室降温速度也较慢。

5. 其他类型电冰箱制冷系统

根据电冰箱使用要求的多样化，目前市场已出现多种类型新结构的电冰箱。它们的基本原理与结构相同，但增加了不同的功能。在箱体方面有三门的形式、冷冻室与冷藏室位置有按需要改为冷藏室在上冷冻室在下的形式、有两室同时具有多温区的形式、有增设 $0℃$ 生物保鲜区的形式、还有采用双压缩机以大幅度提高制冷速度的形式。如西门子百变 $0℃$（KK26U79T1）电冰箱不仅上下两个区间同时设定为 $0℃$ 生物保鲜室，而且上下两间室温度可以任意组合，做到冷藏、冷冻互换，实现大范围温度调节。

目前，多温区电冰箱的技术已趋成熟，能实现精确的控温。如三门多功能无霜电冰箱设置了冷藏室、生物保鲜室和冷冻室，采用三循环制冷系统，三室温度均由微型计算机系统分别设定、控制和显示，温度控制更精确，保鲜更长久。

2.5　电冰箱的电气控制系统

电冰箱电气控制系统的主要作用是根据使用要求，自动控制制冷机的起动、运行和停止，调节制冷剂的流量，并对制冷机及其电气设备执行自动保护，以防止发生事故。此外，还可实现最佳控制，降低能耗，以提高制冷机运行的经济性。

电冰箱的电路是根据电冰箱的性能指标来确定的。一般来说，电冰箱的性能越复杂，其对应的控制电路部分也越复杂。但其电气控制系统还是大同小异的，一般由动力、起动和保护装置、温度控制装置、化霜控制装置、加热与防冻装置和箱体门口防露装置，以及箱内风扇、照明等部分组成。

2.5.1　电冰箱压缩机的电动机

电冰箱的主要驱动部分是压缩机，而电动机又是压缩机的原动力。它使电能转换成机械能，带动压缩机活塞将低温低压制冷剂蒸气压缩后变为高温高压的过热蒸气，从而建立起使制冷剂液化的条件。

电冰箱压缩机的电动机是一种单相交流感应电动机，其结构与普通电动机的大致相同，主要部件是转子、定子和起动开关等。定子上设有起动绕组（即副绕组）和运行绕组（即主绕组）。运行绕组与起动绕组的一端接在一起，另一端通过起动继电器接入电路。通电后，产生不同相位的电流，继而形成旋转磁场。磁场磁感应线切割转子导体产生感应电流。

感应电流所产生的磁场与定子所产生的磁场相互作用，推动转子运动，从而带动压缩机曲轴运转，使压缩机正常工作。起动绕组只在电动机起动过程中才起作用。一旦电动机转动起来后，它就被切断电源而不起作用。起动开关完成起动绕组的接入和断开。

转子是铸铝笼型感应转子，定子铁心由硅钢片叠成。在定子槽中嵌有运行绕组和起动绕组。转子直接压入曲轴，定子由4个螺栓固定在机架上。

由于起动绕组和运行绕组的线径、匝数和跨槽距分布不同，当输入同相位交流电时，在两个绕组上产生不同相位差的电流值，从而形成使电动机转动的磁场。电动机的转速由绕组的极数决定。二极电动机的同步转速为3000r/min，四极电动机的同步转速为1500r/min。由于电冰箱所用的电动机是异步电动机，存在一个约为5%的负载转差率，因此二极电动机的实际转速为2850r/min左右，四极电动机的实际转速为1425r/min左右。我国早期电冰箱压缩机采用四极电动机，现国内外都普遍采用二极电动机。二极和四极电动机绕组布局和连接与各类单相电动机的相同，如图2-30和图2-31所示。

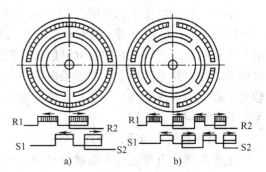

图2-30 二极和四极单相电动机绕组
a) 二极单相电动机绕组 b) 四极单相电动机绕组
R ▭▭▭—运行绕组 S ▭▭—起动绕组

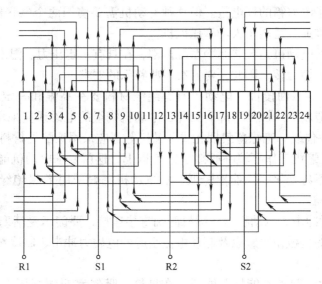

图2-31 二极电动机绕组跨槽布线
S—起动绕组 R—运行绕组

根据不同的起动方式，电冰箱电动机分为3种。

1. 电阻分相式电动机（RSIR）

电阻分相式电动机又称为单相电阻起动异步电动机。定子上的起动绕组导线线径小、匝数少、电阻大、电感小；运行绕组导线线径粗、匝数多、电阻小和电感大。通电后在两个绕组上形成两个不同相位的电流，由此形成旋转磁场。旋转磁场作用于转子上，产生起动转矩，带动压缩机起动运转。当转矩达到额定转速的70%～80%时，起动绕组通过起动装置脱离电源，由运行绕组作正常运行。

这种电动机结构简单，成本低廉，运行可靠，为国内外所广泛采用。但是它的起动转矩较小，约为额定转矩的 1.3 ~ 2 倍；起动电流较大，为额定电流的 6 ~ 8 倍。易受电网电压波动的影响，且过载能力小，功率因数和效率较低，用在输出功率 130W 以下的全封闭式制冷压缩机上。

2. 电容分相式电动机（CSIR）

电容分相式电动机和电阻分相式电动机基本相同，只是在起动绕组上串联 1 个容量为 45 ~ 100μF 的电解电容器，使起动绕组成为容性电路，运行绕组为感性电路，并加大了电流的相位差和起动转矩。它的起动性能比电阻的好，可用于较大功率的电动机。同时，它的起动电流较小，是电冰箱中使用得最多的一种电动机。但是空载电流较大，功率因数和效率也较低。在使用和修理时，要注意电容器容量的匹配，如果容量不足、耐压不够，易使电动机不能起动而烧毁。

3. 电容起动、电容运行式（CSR）

电容起动、电容运行式电动机在起动绕组中串联一个受起动继电器控制的大容量起动电容器，并与它并联一个小容量电容器（2 ~ 3μF）。起动时，运行电容器与起动电容器并联工作；运行时，起动电容器支路断开，起动绕组仍然通过运行电容与电源接通，在气隙中仍产生一定的旋转磁场，使电动机实质上成为一台两相异步电动机。这样既增大起动转矩，又提高功率因数，降低了电冰箱的耗电量。但这种电动机需要使用两个电容器和一个起动装置，结构较复杂，成本增加，适用于大功率压缩机。

全封闭压缩机的电动机是装在制冷系统内部，在具有一定压力、温度的制冷剂和润滑油直接接触的条件下长期运转，因此，对其有一些特殊的要求。

1）耐制冷剂和冷冻油侵蚀。电动机所有绝缘材料要在高温和一定的压力下不会因软化、脱落、变质而造成绝缘性能下降。因此，电动机绕组的电磁线应采用 QF 型耐氟利昂漆包线或 QZ 型聚酯漆包线。绝缘薄膜捆扎线和槽楔等都应采用聚酯类材料。

2）耐热性。压缩机工作环境一般都在 70℃ 以上，这就要求电动机能长时间在高温下正常运转，绝缘材料不易老化，性能不降低，故电动机一般采用 E 级绝缘材料，其极限温度为 120℃。

3）耐振动、耐冲击。电动机与压缩机同轴直接连接，要能承受活塞作压缩功时产生的振动，起动停机时的机械振动，以及起动电流引起的电磁力冲击、制冷剂急剧蒸发时的热冲击等。

4）起动转矩大，起动性能好。能适应在排气、吸气室两侧高压力和低压力不平衡时的最大负荷起动和频繁的开机起动，并能在电源电压 180 ~ 240V 及更大变化范围内可靠起动、运行。最大转矩与额定转矩之比一般为 2.5 倍以上，起动转矩与额定转矩之比一般为两倍以上。

5）有稳定的电动机磁性材料和有机材料的电性能。

6）清洁，不含水分，无锈。电动机处于制冷系统内部，要求电动机绝缘材料、引线和扎线等含水量低，硅钢片上不带铁屑、污垢。

各类型电动机的特性和应用见表 2 - 4。

表2-4　全封闭压缩机用单相电动机的分类、特性和应用

起动方式	电阻分相起动式（RSIB）	电容分相起动式（CSIR）	电容起动－电容运行式（CSR）
起动继电器	电流型	电流型	电流型
接线图			
输出功率	40～130W	40～300W	100～150W
电动机特性	$T_S = (140\% \sim 200\%) T_N$ $T_m = (200\% \sim 300\%) T_N$ $I_S = (6 \sim 8) I_N$	$T_S = (200\% \sim 350\%) T_N$ $T_m = (200\% \sim 300\%) T_N$ $I_S = (5 \sim 6) I_N$	$T_S = (200\% \sim 350\%) T_N$ $T_m = (200\% \sim 300\%) T_N$ $I_S = (5 \sim 6) I_N$
特点与应用	起动电流大，影响电网波动。适用于电源强的地方。广泛用于中、小型电冰箱	起动电流较小，起动转矩大，常用于电冰箱、冷水器、商用冷藏柜和冷冻柜	用于容量较大的场合，例如商用电冰箱、空调器、冷水器和制冷机等

注：RL—起动继电器；CS—起动电容；CR—运行电容；T_S—起动转矩；T_N—额定转矩；T_m—最大转矩；I_S—起动电流；I_N—额定电流

2.5.2　起动继电器

为了确保制冷压缩机电动机正常起动和安全运转，电冰箱都设置了起动与保护装置，它由各种起动继电器和过载保护器组成。

起动继电器又称为起动开关，是单相感应电动机自行起动的一个专用器件，它往往与过载保护器一起装在压缩机外壳上，如图2-32所示。压缩机在起动时，不仅要克服压缩机本身的惯性，同时也要克服制冷系统中高压制冷剂的反作用力，所以起动时，电动机需要较大的电流和起动转矩。

单相感应电动机的定子绕组中有运行绕组和起动绕组。当电动机起动时，起动绕组帮助运行绕组起动。电动机正常运转后，起动绕组之所以必须切断，是因为起动绕组的线径比运行绕组的线径细（电阻大而电感小），起动时的电流又大，不宜于长期通电。控制电动机起动

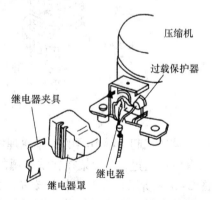

图2-32　起动继电器与过载保护器

绕组与电源接通和断开的器件就是起动继电器。目前，家用电冰箱常用的起动继电器有电流式和电压式两种，近年又采用无触点式PTC起动器等几种。

1. 电流式起动继电器

电流式起动继电器的起动原理图如图 2 - 33 所示。继电器线圈串联在电动机的运行绕组电路中，而控制起动绕组的触点则串联在起动绕组中，且处于动合状态。接通电源瞬间，电流只能在电动机的运行绕组 MC 与继电器线圈中流过，而不能在电动机的起动绕组 SC 中通过，电流在定子中只产生一个交变的脉动磁场，使运行绕组中电流不断升高，可达到正常运行值的 6 ~ 8 倍。这样大的电流同时流过起动继电器的线圈，使继电器产生强大磁场，使电磁铁有足够的磁力吸引衔铁，动合触点闭合，

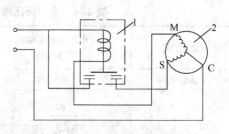

图 2 - 33　电流式起动继电器的起动原理图
1—起动继电器　2—电动机
SC—起动绕组　　MC—运行绕组

接通起动绕组电路。电流通过电动机起动绕组，在定子中产生旋转磁场，转子开始转动。随着转速的增加，运行绕组中的电流逐渐下降。当转速达到一定时，运行绕组和继电器线圈电路的电流显著减少，相应继电器线圈磁场减弱，不足以维持吸引衔铁，动合触点断开，切断起动绕组电路，电动机进入正常运行。一般电冰箱压缩机的起动时间很短，约 0.5s 左右，最长不超过 3s。

重锤式起动继电器是一种常见的电流式起动继电器，其外形和内部结构如图 2 - 34 所示。它的外面有两个插口和两个焊片，运行绕组（主绕组）插口和起动绕组（副绕组）插口插在压缩机外壳的运行绕组和起动绕组的接线柱上。小焊片同运行绕组插口相连，大焊片与静触点 2 相连。起动继电器线圈的一端同小焊片相接，另一端同大焊片相接。大焊片同温度控制器相连。起动继电器上面有电源线支架。

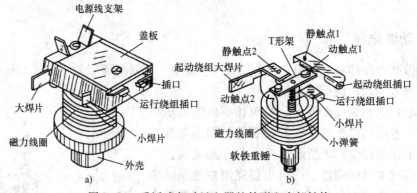

图 2 - 34　重锤式起动继电器的外形和内部结构
a）外形　b）结构

重锤式起动继电器的工作原理如图 2 - 35 所示。当温度控制器断开时，起动继电器线圈没有电流通过，T 形架在软铁重锤的重力作用下停放在底部位置，动触点和静触点分离，如图 2 - 35a 所示。温度控制器接通的瞬间，由于电动机处于不动状态，运行绕组有较大的起动电流通过，起动继电器线圈产生较大磁力，吸引软铁重锤上移，并靠弹簧推动 T 形架上移，使动、静触点接触，接通起动绕组电路，使电动机定子产生旋转磁场，电动机立即起动。起动后，转子越转越快。由于反电动势的产生和逐渐增大，通过运行绕组的电流逐渐减小，起动继电器线圈产生的磁力也逐渐减小。当转子转速接近额定转速的时候，通过运行绕

组的电流也接近额定电流，起动继电器线圈的磁力就会小于软铁重锤的重力。于是重锤下移，并带动 T 形架下落，动触点与静触点分离，切断起动绕组电路，起动过程结束。起动后转子在运行绕组的交变磁场作用下继续旋转，电动机进入正常运转状态。

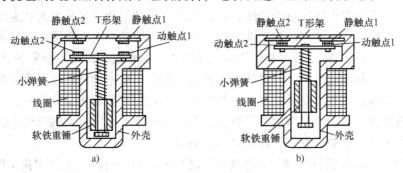

图 2-35　重锤式起动继电器的工作原理
a）T 形架下移　b）T 形架上移

2. PTC 起动继电器

PTC 起动继电器也称为正温度系数热敏电阻，它是一种新型的半导体器件。它是以钛酸钡为主，掺以微量的稀土元素，用陶瓷工艺法，经高温烧结，再引出电极和导线，并由树脂密封而成，如图 2-36 所示。它的一个重要特性是，温度低于其居里温度时为良好的导体，电阻值几乎不随温度的变化而变化，即处于"开"状态。当器件"开"时，电阻值很低，只有几十欧；而当温度高于其居里温度时，其电阻值急剧上升，可达几十千欧，即处于"关"状态，电阻与温度的关系曲线如图 2-37 所示。

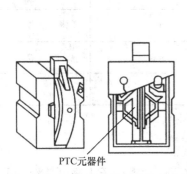

图 2-36　PTC 起动继电器的外形

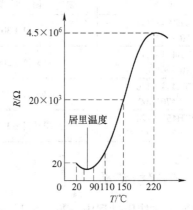

图 2-37　PTC 元器件的电阻与温度的关系曲线

PTC 起动继电器是一种无触点开关，如果将它接入起动线路中，可代替电流型起动继电器，如图 2-38 所示。在电源电压 160V 左右时，只要输入电流大于 2A，就能使压缩机顺利起动，因此，近年来这种起动继电器已越来越广泛地应用在全封闭压缩机上。

当电冰箱开始起动时，PTC 元器件温度低于居里温度，电阻值较小，一般只有 20Ω 左右。此时 PTC

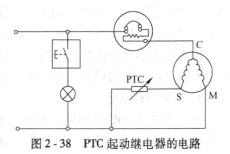

图 2-38　PTC 起动继电器的电路

元器件处于"开"状态，相当于继电器闭合。在起动过程中，因电流大于正常工作电流的4~6倍，由于电流的热效应，使PTC元器件的温度急剧上升。当温度升高到居里温度以上时，进入高阻状态，PTC元器件实际上已处于"关"状态。这时电流急剧减小为10~20mA的稳定电流，使起动绕组回路近乎断路状态。因此，这种起动器又称为无触点起动器。它具有起动时无接触电弧、无噪声、起动性能可靠和对电压波动的适应性强、对压缩机的匹配范围较广等优点，并具有体积小、结构牢固、耐振动、耐冲击、安装方便和使用寿命长等特点。但由于其通、断性能取决于自身的温度变化，所以在电冰箱停机后不能立即起动，必须待其温度降到临界点以下才能重新起动。两次起动的间隔时间需要3~5min。否则，PTC仍处在接近高阻状态，起动绕组因没有足够大的电流流过而不能使电动机起动，但运行绕组中却通过较大电流而使电动机发热，容易损坏电动机。

此外，由于PTC元器件本身需要消耗4W左右的功率，所以在电路串接PTC元器件后，电冰箱的耗电量会有所增加。

目前电冰箱上普遍使用的PTC起动继电器的主要性能参数如下：

电阻值（25℃）　　　　　$R = （22 \pm 4.4）\ \Omega$；

瓷片耐压（最大）　　　　$U_耐 = 300V$；

最大承受电流　　　　　　$I_{max} = 7 \sim 8A$；

工作电流　　　　　　　　$I = 10 \sim 12mA$

国内常见的一些进口压缩机上使用的PTC起动继电器，其性能参数见表2-5。

表2-5　常见PTC起动继电器的性能参数

型号	电阻(25℃)/Ω	耐压/V	最大电流/A
PTH484 – 118 AR 150N250	$15 \times （1 \pm 30\%）$	315	8
PTH484 – 110 AR 330N315	$33 \times （1 \pm 30\%）$	400	7
PTH484 – 110 AR 470N400	$47 \times （1 \pm 30\%）$	500	7
PTH462 – 124 AR 100N160	$10 \times （1 \pm 30\%）$	200	8

2.5.3　热保护装置

电冰箱在使用过程中，当压缩机发生故障，以及负荷过大或电压太高（太低）而不能正常起动时，会引起电动机电流增大；当制冷系统发生制冷剂泄漏时，电动机的工作电流虽然比正常运行时低（过电流保护不起作用），但由于回气冷却作用减弱，也会使电动机温度增高。出现以上现象时，就需要借助热保护器及时切断电路，以保护电动机不被烧毁。

电冰箱上的热保护装置按其用途和安装位置可以分为3种结构形式：压缩机电动机热保护过载继电器、双金属化霜温控器和温度熔断器。

1. 热保护过载继电器

热保护过载继电器又称为热保护器、热继电器或过载继电器。目前，家用电冰箱普遍采用碟形双金属片过电流、过温升保护继电器，其外形如图2-39所示。它具有过电流和过热保护双重功能。一般与起动器装在一起，连接在电源与电动机之间，紧贴于压缩机外壳表面，并用弹性钢片压紧，能直接感受到机壳温度。当电动机因某种原因通过的电流过大或者压缩机外壳温升过高时，碟形双金属片受热向上翘而弯曲，使动触点与静触点分开，切断电源，令压缩机停止工作。在电源被切断后，双金属片温度下降。当降到某一温度时，双金属片又翻转到原来状态，闭合触点，使压缩机重新起动。

碟形热保护器的结构如图2-40所示，由碟形双金属片、触点1、触点2、金属板1、金属板2、金属板3、电热丝、调节螺栓和锁紧螺母等组成。碟形双金属片是将两种膨胀系数相差较大的金属片铆接在一起而构成的，上层金属片热膨胀系数小，下层金属片热膨胀系数大。触点1和触点2分别和金属板1和金属板2紧密接触。金属板1起支持电热丝的作用，金属板2同电动机相接。金属板3除了支持电热丝外，还和电源线相接。

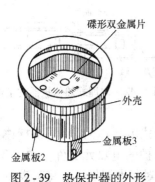

图2-39 热保护器的外形

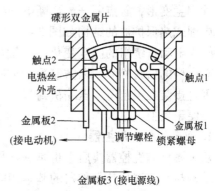

图2-40 碟形热保护器的结构

在温度不高时，碟形双金属片下翻，金属板2通过碟形双金属片、金属板1、电热丝与金属板3相通，使电动机起动和运转，如图2-41a所示。当电动机因某种原因过载，通过电流过大且时间较长时，电热丝的温度就会越来越高，碟形双金属片受热膨胀。这时由于下层金属片热膨胀量比上层金属片热膨胀量大得多，碟形双金属片往上翻，如图2-41b所示。触点1和触点2分别与金属板1和金属板2分离，及时切断电路，保护电动机不被烧毁。电路切断后，碟形双金属片逐渐冷却，约经几十秒后下翻，电路再次接通，电动机再次起动。

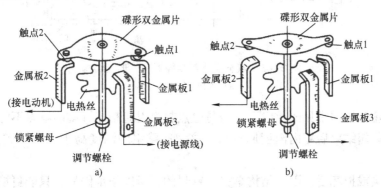

图2-41 碟形双金属过电流、过温升保护继电器的工作原理
a）碟形双金属片下翻 b）碟形双金属片上翻

如果因环境温度过高或压缩机运转时间过长，电动机绕组温度和压缩机外壳温升过高时，碟形双金属片同样会受热弯曲变形而翻转，及时地切断电路，保护压缩机不致损坏。

过载保护器的双金属片有一个加热的过程，即延时过程。延时时间一般在 10～15s，延时后双金属片才开始变形弯曲，而电动机的正常起动时间只有几秒，因此，不会引起过载保护器的误动作。

过载保护器动作后一般需要 3min 左右触点才复位，其延时断开与复位的时间制造厂都已调好，用户不需要再进行调整。

功率较大的全封闭压缩机，目前已将热保护器埋入电动机绕组内，直接感受绕组温度的变化。当绕组由于某种原因温度升高，超过允许值或产生过电流温升时，保护继电器内的双金属片产生变形，触点断开，切断电动机电路，保护电动机不致被损坏或烧毁。

内埋式热保护器的结构如图 2-42 所示。它的优点是直接感受电动机绕组的温度变化，灵敏可靠，而且体积很小，有严格的密封外套，以防制冷剂或冷冻油浸入。其缺点是因直接装在绕组里，压缩机封焊后，若保护器发生故障，不便于更换。

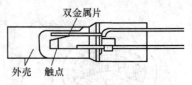

图 2-42　内埋式热保护器的结构

2. 双金属化霜温控器

双金属化霜温控器实质上也是一种热保护装置，用于间冷式电冰箱的化霜保护和控制。它的结构与双金属片热保护器的基本相同，只是没有过电流保护的电热元器件，如图 2-43 所示。其动作原理与热保护过载继电器的相同。当化霜加热器对蒸发器加热，将其表面霜层融化时，固定在蒸发器上的化霜温控器的双金属片受热变形。待化霜结束，蒸发器温度升高到 13℃ 左右时，双金属凸部变形翻转成凹形，顶住销钉使两触点分离，切断化霜加热器电路。当接通化霜定时器并使压缩机转动制冷时，双金属片随蒸发器冷却，蒸发器表面温度下降到 −5℃ 以下时，双金属片又变形翻转到原来状态，两触点重新接通。这种装置安装时必须将热感应面或热敏片紧贴在蒸发器指定部位的表面。

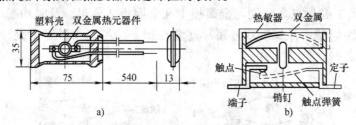

图 2-43　双金属化霜温控器的外形及结构

a）外形　b）结构

双金属化霜温控器常见的故障，一般是触点起毛引起粘连，使两触点不能正常灵活地分开。其现象是化霜结束后箱内温度回升得过高，冷藏室的温度高于 10℃，冷冻室的温度高于 5℃。

该装置失灵或损坏后，因其结构是完全密封的，所以很难修复，只能更换。

3. 温度熔断器（化霜超热保护熔断器）

温度熔断器是一种热断型保护器，用于自动化霜结构中。可安装在蒸发器上或蒸发器附近，与化霜加热器串联，直接感受蒸发器的温度。一般调定的断开温度为65℃～70℃。该装置主要包括感温剂和弹簧，如图2-44所示。感温剂为熔融材料，常温时呈固态。元器件动作前弹簧被压紧，使电路接通。在化霜加热正常进行时，感温剂保持固态。如果双金属化霜温控器因故障不能在化霜结束后切断加热器电路，化霜加热器继续升温，蒸发器与其空间的温度不断提高。当温度超过65℃，达到感温剂的熔点时，固态感温剂熔化，体积缩小，致使弹簧松开，触点弹开，切断化霜加热器的电路，从而保护了蒸发器及箱内的内胆等零部件。感温剂一旦熔融变形后则无法复原，因此，这种热保护器仅能一次性使用，使用过后应立即更换。

对各种热保护装置，可用万用表检测。正常时，其两端的直流电阻阻值应为0Ω。

目前，家用电冰箱的热保护装置广泛使用组合式起动继电器。这种热保护起动继电器是把起动继电器、过载保护器分别装配后，再组装在一起。两种组合式起动继电器如图2-45和图2-46所示。它们的热过载保护器都采用碟形热控过电流、过热保护器。所不同的是，前者采用重锤式起动继电器，后者采用PTC继电器作为起动器。

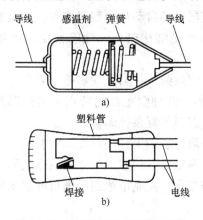

图2-44 化霜温度熔断器的结构
a) 结构原理图　b) 外形图

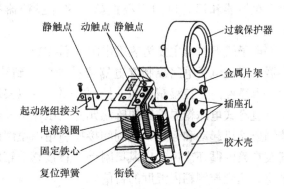

图2-45 组合式起动继电器

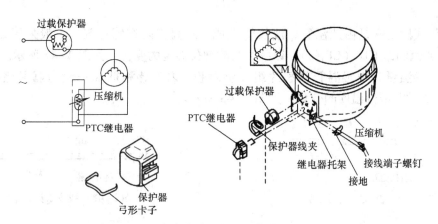

图2-46 组合式起动继电器（装有PTC继电器）

组合式起动继电器具有结构简单、安装方便、性能可靠和体积小等优点。

2.5.4　温度控制器

为了维持食品的冷藏温度和节约电能，需要对电冰箱内部的温度进行控制和调节，这种调节装置就是温度控制器，简称为温控器。

温度控制器又称为温度调节器、温度开关或恒温器。它是制冷系统中的主要控制部件之一。温控器的作用是当电冰箱内温度下降到某一温度时，温控器内的电源触点自动断开，压缩机便停止运转，制冷循环停止；随着压缩机停止工作时间的延长，箱内温度逐渐升高，当温度升高到某一定值时，温控器内的电源触点闭合，压缩机起动运转，制冷循环开始，箱内温度又逐渐下降。由此不断循环，实现对箱内温度的控制。一般国产电冰箱，通过调节温控器旋钮，冷凝室内温度可在 0~10℃调节，并能使冷藏室在保持 ±1℃ ~ ±1.5℃温差的情况下控制压缩机的运行和停止。

目前，电冰箱所使用的温控器可以分为两大类：一类是蒸汽压力式温控器，另一类是电子式温控器。

蒸汽压力式温控器从结构上大体可以分为普通型温控器、半自动化霜型温控器、定温复位型温控器和温感风门型温控器。这种温控器的主要特点是结构简单、性能稳定和价格低廉。

电子式温控器主要为热敏电阻式温控器，一般用负温度系数（NTC）的热敏电阻作为传感器，通过电子电路控制继电器或晶闸管达到控温的目的。这种温控器的特点是机械部件少，可靠性高，控温精度高，控制方便，可以实现多门、多温的复杂控制。

直冷式电冰箱温控器的感温元件紧压在蒸发器出口处附近表面上，用蒸发器的温度变化控制压缩机起动和停止，达到间接控制箱内温度的目的。间冷式双门双温电冰箱的感温元件安装在箱内循环冷风的出风口附近，直接感受箱内温度的变化，控制电冰箱压缩机的起动和停止，达到控制箱内温度的目的。

蒸气压力式温控器又称为感温囊式温控器。按结构不同分为普通型（即不带化霜机构）、半自动化霜型和风门型 3 种。根据感温腔形式的不同，可分为波纹管式和膜盒式两种。

波纹管式感温囊是由感温管、波纹管组成，感温腔内充感温剂，一般采用氯甲烷 R_{40}（CH_3Cl）或氟利昂 R12（CF_2Cl），以感受被测部位温度的变化，如图 2-47 所示。

膜盒式感温囊是由感温管和膜片组成感温腔，内充感温剂（一般为氯甲烷或氟利昂12），以感受被测部位温度的变化，如图 2-48 所示。

图 2-47　波纹管式感温囊　　　　　　　　　图 2-48　膜盒式感温囊

1. 普通型温控器

普通型温控器根据箱内温度变化控制压缩机开、停时间。它的结构如图 2-49 所示，主要由感温囊和触点式微动开关组成。

图 2 - 50 所示是一种膜盒式感温囊温控器的原理图。感温管尾部置于测温部件上，紧贴在蒸发器表面。图中表示压缩机处于停机状态。这时蒸发器的温度随着时间的延长而逐渐升高，感温管尾部的温度也随之升高，管内感温剂膨胀，压力增大，使感温腔前端的传动膜片 7 向左移动。当压力增大到一定数值时，传动膜片顶开快跳活动触点 2，使其

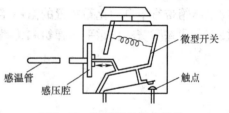

图 2 - 49　温控器的基本结构

与固定触点 1 闭合，接通压缩机电源。压缩机运转制冷后，蒸发器表面温度开始下降，感温管内感温剂的温度和压力也随之下降，使传动膜片向右移动。当温度降到一定值时，快跳活动触点与固定触点分离，电源被切断，压缩机停止运转，蒸发器的表面温度又逐渐回升。这样，不断控制压缩机的开、停，使电冰箱内温度保持在一定的温差范围内。

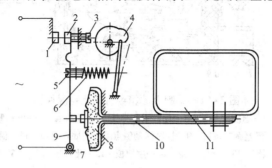

图 2 - 50　膜盒式感温囊温控器的原理图

1—固定触点　2—快跳活动触点　3—温差调节螺钉　4—温度高低调节凸轮　5—温度范围调节螺钉
6—主弹簧　7—传动膜片　8—感温腔　9—杠杆　10—感温管　11—蒸发器

调节凸轮与外部旋钮同轴，改变调节凸轮的旋转角度，就可以改变主弹簧对杠杆的拉力，膜片的推力要作相应地改变才能使触点产生动作，达到了改变箱内温度的目的。

当调节旋钮时（实际上就是转动凸轮 4），如果逆时针旋转，凸轮半径变大，主弹簧 6 被拉长，加在膜盒上的压力就要增加，也就是说，要在蒸发器表面温度升到更高后方能接通压缩机的控制电路，所以随着调节旋钮的逆时针方向旋转，电冰箱的箱内温度就升高了。

当温控器控制的温度范围不符合要求时，即箱内的温度偏高或偏低，可旋转温度范围调节螺钉 5，改变主弹簧对杠杆的初力矩，即可改变原来调定的温度范围。

顺时针方向旋动螺钉，可使主弹簧 6 拉长，从而增加主弹簧对膜盒的初压力，也就是说可以获得较高的箱内温度。螺钉 5 称为"温度范围调节螺钉"，一般在制造过程中调定，出厂时已用漆封住，在使用过程中不要随便调节。

当箱内所控制的开停温差不符合要求时，可旋转温差调节螺钉 3，以改变两触点的间距，也就是改变了感温系统动作的压差，从而改变温控器的开、停温差。两触点的距离减少，则箱内开停机的温差小、箱内温度波动幅度小，开停时间就会缩短，但压缩机开停次数就增加；若两触点间距增大，则箱内温度波动幅度大，但压缩机开停次数减少。这种调节常用于制造过程中的调定，出厂前已用漆将螺钉封住，使用时无需再动。

2. 半自动化霜温控器

半自动化霜温控器是在普通温控器的基础上增加了半自动化霜装置。图 2 - 51 所示为某

牌电冰箱带有半自动化霜装置的温控器结构图。它与普通型的结构基本相同，但增加了化霜按钮、化霜弹簧、化霜平衡弹簧和化霜控制板等一套化霜机构。

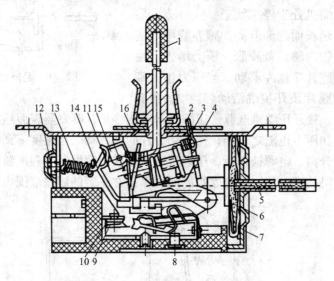

图 2-51　某牌电冰箱半自动化霜温控器

1—化霜按钮　2—温度控制板　3—化霜平衡弹簧　4—主弹簧　5—感温管　6—感压腔
7—传动膜片　8—温差调节螺钉　9—快跳活动触点　10—固定触点　11—温度范围调节螺钉
12—化霜温度调节螺钉　13—化霜弹簧　14—主架板　15—化霜控制板　16—温度高低调节凸轮

温度控制过程与普通型的相同。按下化霜按钮即可强行化霜，如图 2-52 所示。此时快跳活动触点与固定触点断开，压缩机停止运转。直到箱内达到预定的化霜终点温度（一般蒸发器表面温度为5℃左右，箱内中部温度约为10℃）时，感温腔内的压力即通过左面的传动膜片推动主架板5，使其克服化霜弹簧控制板的阻力。当主架板使快跳活动触点与固定触点闭合时，如图 2-53 所示。电源接通，压缩机运转。此时，化霜按钮自动跳起，重新恢复对电冰箱进行"冷点"位置的温度控制。

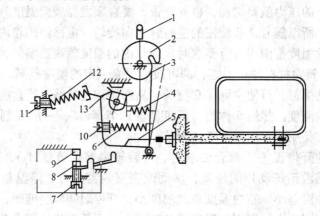

图 2-52　半自动化霜温控器结构图（化霜位置）

1—化霜按钮　2—温度控制范围调节凸轮　3—温度控制板　4—化霜平衡弹簧
5—主架板　6—主弹簧　7—温差调节螺钉　8—快跳活动触点　9—固定触点
10—温度范围调节螺钉　11—化霜温度调节螺钉　12—化霜弹簧　13—化霜控制板

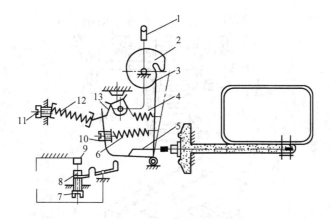

图 2 - 53　半自动化霜温控器结构图（自控位置）

1—化霜按钮　2—温度控制范围调节凸轮　3—温度控制板　4—化霜平衡弹簧
5—主架板　6—主弹簧　7—温差调节螺钉　8—快跳活动触点　9—固定触点
10—温度范围调节螺钉　11—化霜温度调节螺钉　12—化霜弹簧　13—化霜控制板

如果将温度控制范围调节凸轮在自控温度范围内逆时针旋转一个角度，将温度控制板 3 推到图 2 - 53 中虚线位置（假定为"热点"自控位置），再将化霜按钮 1 按下，则压缩机停止运转，箱内温度上升，对蒸发器进行化霜。由于化霜平衡弹簧的作用，构成对化霜控制板的力矩补偿，这时化霜终点温度不变。在从"冷点"到"热点"的全部过程中，各点的化霜温度基本相同，一般可允许有 ±2℃ 的误差。

如果温控器的化霜温度过低，应按逆时针方向稍微转动化霜温度调节螺钉，使化霜弹簧松弛些，以减小其对化霜控制板的拉力。换言之，增加感温腔对化霜控制板的动作压力，以提高化霜控制点的温度，使蒸发器表面能吸收足够的热量而将霜层全部除掉。如果温控器的化霜温度太高，应按顺时针方向转动化霜调节螺钉，以降低化霜控制点的温度。

3. 风门型温控器

风门型温控器用于间冷式双门电冰箱或多门电冰箱，它主要对冷藏室的温度进行控制。

常见的风门型温控器有两种结构形式：盖板式和风道式两种，如图 2 - 54 和图 2 - 55 所示。这两种温控器都是由感温系统、机械传动装置和风门组成，并有一根细长的感温管安装在冷气风道的出风口附近，调节风门安装在出风口，它们的工作原理与普通型温控器的一样。利用感温剂压力随温度变化的特性，通过温压转换部件、杠杆结构以及感温管感受循环冷风的温度变化，自动调节冷气出风口的风门角度和位置，自动调节循环冷风量，控制冷藏室或其他箱室的温度。也可以转动温控器的调温旋钮，改变风门的位置，以控制冷藏室温度的高低。

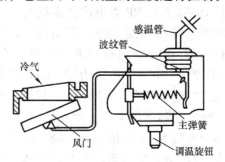

图 2 - 54　盖板式风门型温控器

这种温度控制器的控制效果较好，没有冷量损失，并且可省略为防止过冷而专设的加热器。但这种温控器不接入电路，不能控制压缩机的开停。一般与普通型温控器配合使用。

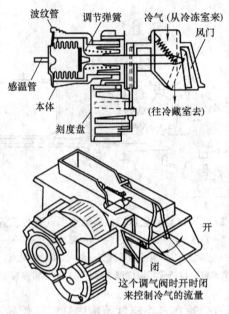

图 2 - 55　风道式风门型温控器

4. 热敏电阻式温控器

热敏电阻式温控器是电子式温控器的一种。这种温控器用 1 个负温度系数热敏电阻作感温元器件，并将它装在电冰箱内适当位置上。当箱内温度发生变化时，热敏电阻的阻值也相应发生变化。利用平衡电桥原理来改变电桥的不平衡，产生控制电压。此电压变化经晶体管放大，驱动继电器，控制压缩机的电动机，实现电冰箱的温度控制。

图 2 - 56 所示是电子式温控器的电气原理图。R_1、R_2、R_3 和（R_4 + RP）组成一个电桥。晶体管 VT_1 的 b、e 结接在电桥的一条对角线上，另一对角线接 16V 电源。RP 为电冰箱温度调节电位器。当 RP 固定为某一阻值时，若电桥平衡，则 A 点电位与 B 点电位相等，VT_1 管的 b、e 结电位为零，晶体管截止，继电器释放，压缩机停止运转，电冰箱的箱温逐渐上升。随着箱温上升，热敏电阻 R_1 的阻值不断下降，电桥失去平衡，A 点电位逐渐升高，晶体管的基极电流逐渐增大，集电极电流 I_C 也

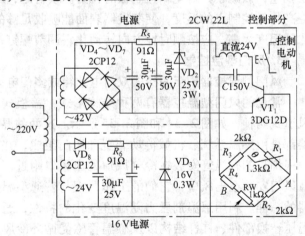

图 2 - 56　电子式温控器的电气原理图

相应增大。当 I_C 增大到继电器的吸合电流时，接通电动机的电源电路，压缩机起动，箱温开始下降。箱温下降后，R_1 增大，I_b 变小，I_C 也变小。当 I_C 小于继电器的释放电流时。压缩机断电停止运动，箱温又开始增高。如此周而复始地循环，实现电冰箱的温度自动控制。

热敏电阻式温控器的制造成本高，其性能受电子元器件质量的影响，电路也较复杂，调试、维修较困难。随着集成电路的发展，近年电子式温控器在电冰箱中的应用占有越来越大

的比重。

2.5.5 化霜控制器

电冰箱在使用过程中，由于箱内、箱外存在较大的温差，必然出现内外的热交换和热扩散。当箱内温度降到露点以下时，其所含的水蒸气达到饱和，水蒸气便会凝结在温度较低的蒸发器表面上，逐渐形成霜。结霜的多少，视当时的空气温度和湿度而定。电冰箱内的温度降得越低，相对湿度越大，霜就凝结得越多。由于霜的导热系数只有0.5W/（m·K），不利于热传导，降温的速度下降，甚至无法降温。

若蒸发器表面结霜的厚度大于10mm，传热效率就要下降30%以上。为了达到相同的制冷效果，就要延长压缩机的工作时间，从而增加了耗电量。此外，霜内含有各种食品的气味，使得箱内气味难闻。因此，有必要定时化霜。

化霜的方法有人工化霜、半自动化霜和全自动化霜3种。单门电冰箱多用人工化霜和半自动化霜，双门电冰箱中的直冷式多为半自动化霜，间冷式的无霜电冰箱为全自动化霜。

1. 人工化霜

人工化霜实际上就是自然化霜。人工化霜的电冰箱在电路中没有化霜装置，它和温控器装在一起。当蒸发器表面积霜厚度超过5mm时，就要进行人工化霜。

化霜时，先将冷冻室内食物取出，旋转温控器旋钮到"停止"挡或拔下电源插头，让压缩机停止工作，化霜便开始进行。这时蒸发器表面温度逐渐上升，到0℃左右时霜层逐渐融化，水滴流入蒸发器下面的接水盒中，再经导水管导出箱外，流入箱体下面的蒸发皿内。当霜层全部融化后，再将温控器旋钮由"停"的位置旋到原来的位置，重新插上电源插头，使压缩机重新起动制冷。

如果遇到霜已结成冰，一时融不掉，可用塑料刮霜专用铲将冰铲去，切勿用金属工具硬撬，以免损坏蒸发器。霜融化后，要用布抹净蒸发器表面的水。

人工化霜方法简单、省电，但很不方便，特别是需要人工守候操作，否则，一旦霜全部融化后未能及时恢复压缩机运转和关好箱门，就有可能使箱内温度回升过高，若温度超过10℃以上，会对所储存的食物造成不良影响。

2. 半自动化霜

半自动化霜比人工化霜进了一步，此种化霜器也同温控器装在一起。当蒸发器表面凝霜较厚时，可将温控器的化霜按钮按下，使制冷压缩机停止运转，化霜便开始，然后关闭箱门。当箱内温度回升至10℃左右，而蒸发器表面温度约为6℃时，蒸发器表面霜层已基本融化掉。此时化霜按钮会自动跳起，制冷压缩机恢复运转。当箱内温度降到化霜前所调定的温度时，温控器又恢复对箱内的温度控制，从而克服了人工化霜的缺点。半自动化霜也要人工揩干蒸发器表面，以免残留的水滴结冰。

半自动化霜电冰箱控制电路，有利用电热丝除霜和利用热制冷剂除霜两种。

电热丝除霜电路如图2-57所示。在电冰箱需要化霜的部位或蒸发器表面装设电阻丝加热器，需要除霜时接通电源，直接升高电冰箱内的温度以除去蒸发器表面的霜层。

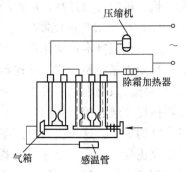

图2-57 电热丝除霜电路

这种除霜时间快，霜内温度波动较小，不受周围温度的影响，易实现自动化霜，但耗电量大。

热制冷剂除霜电路如图 2 - 58 所示。它是使压缩机输出的高温制冷剂气体或液体直接由旁路进入蒸发器，而不经过毛细管节流降压。利用这种方法需要在制冷系统中装 1 个电磁换向阀，化霜时只要接通电磁阀电源，使压缩机排出的高温制冷剂气体或液体不进入冷凝器而由旁路直接进入蒸发器，这样，将蒸发器作冷凝器用，使蒸发器由吸热变为放热，从而使原来蒸发器表面的霜层融化。这种方法除霜时间短，箱内温度波动不大，既省电又提高制冷设备的运行效率。但电磁阀一旦失灵，会使制冷系统工作不正常。这种方法目前已很少使用。

3. 全自动化霜

全自动化霜是指电冰箱在化霜过程中，不需要任何按钮或开关，就能自动完成一系列的化霜操作。全自动化霜装置有 3 种。

（1）基本自动化霜装置

基本自动化霜装置又称为恒定式自动化霜装置，它是将一个简单的定时化霜时间继电器接在普通的温控器的前面而形成的，其电路如图 2 - 59 所示。继电器活动触点调定在间隔 8h、12h 或 24h 切断电动机电路一次。断开的时间约 30min，这时压缩机停止工作，并接通在蒸发器上的加热器电路，对蒸发器加热，使霜层逐渐融化。当定时化霜时间继电器达到调定的断开时间后，定时化霜时间继电器的活动触点自动跳回原位置，停止对蒸发器加热，并使压缩机恢复正常运转。当箱内温度降到原来所控制的温度时，温控器重新恢复对箱内温度的控制。当达到调定的化霜间隔时间时，再重复上述化霜控制过程。

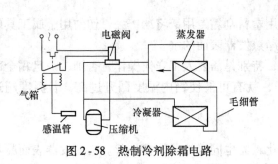

图 2 - 58　热制冷剂除霜电路　　　　图 2 - 59　基本自动化霜控制电路

这种化霜控制的缺点是化霜时间与间隔是恒定的。因此，常会因霜层较薄而引起加热时间过长，箱内升温过高，从而既影响食品的储藏，又浪费电力。

（2）积算式自动化霜装置

为了克服基本自动化霜控制的缺点，出现了积算式自动化霜控制，这是目前使用最广泛的全自动化霜控制方式。其控制过程基本上与基本自动化霜控制的相同，所用的控制元件也基本一样，只是电路的接法有所不同，如图 2 - 60 所示。基本自动化霜控制电路是把化霜定时器接在普通温控器的前面，而积算式化霜控制电路是把化霜定时器接在普通温控器与电动机电路的中间。这样，当温控器使压缩机停止运转时，化霜定时器也就停止运转。制冷压缩机恢复正常工作后，化霜定时器才能恢复工作。调定的化霜时间间隔是开机总的运转时间。当化霜定时器的工作累计时间达到所调定的化霜时间间隔（12h 或 24h）时，化霜定时器触点分开，切断压缩机电源，使其停机，并接通化霜加热器电路，但加热化霜时间仍按预先调整的30min。这种化霜方式比基本自动化霜要合理些，但仍未能解决根据霜层实际融化的情况来控制化霜时间的问题。

（3）全自动化霜装置

全自动化霜控制电路如图2-61所示。它在积算式化霜控制的基础上，增加了双金属化霜温控器和温度熔断器（又称为蒸发器化霜超热保险）。化霜温控器紧贴在蒸发器或储液器的表面，化霜定时器与化霜加热器串联。在通电运转中，化霜定时器触点的动作时间间隔调定在8h断开一次，并通过双金属片化霜温控器、化霜加热器和温度熔断器将化霜电路接通。化霜过程中的实际化霜时间是由化霜温控器控制的。它的工作过程如下。

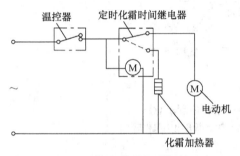

图2-60　积算式自动化霜控制电路

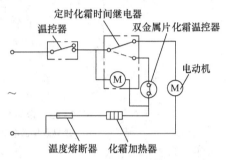

图2-61　全自动化霜控制电路

假定图2-61电路中触点的位置为前一次化霜刚结束时的位置。化霜定时器刚刚接通电动机的电路，压缩机开始下一个化霜周期的运转。这时，化霜定时器与压缩机电动机同步运转。由图可知，化霜定时器与蒸发器化霜加热器串联在一条电路上，由于化霜定时器的内阻（7055Ω）比蒸发器化霜加热器的电阻（320Ω）大21倍，因此，在蒸发器化霜加热器上的电压仅是输入电压的1/22。若输入电压为220V，化霜加热器上的电压只有10V左右，在化霜加热器上所产生的热量是很微小的。当化霜定时器与压缩机同步运转到调定的化霜间隔时间时，化霜定时器的动触点将压缩机的电路断开，并立即接通双金属片化霜温控器、蒸发器化霜加热器和温度熔断器电路，如图2-61中点画线所示。由于双金属片化霜温控器的内阻很小，可以忽略不计，所以可以认为全部输入电压都加在化霜加热器上，对蒸发器加热化霜。这时化霜定时器和双金属片化霜温控器并联，化霜定时器的内阻很大而处于停止状态。当蒸发器表面霜层全部融化，蒸发器的温度逐步升高，使双金属片化霜温控器达到跳开温度〔一般为（13±3）℃〕时，化霜加热器的电路被切断，化霜加热器停止对蒸发器加热。这时化霜定时器开始运转，而电动机还不能工作，这是因为化霜定时器的活动触点还没有跳回接通电动机的电路，如图2-62b所示的位置。当化霜定时器的凸轮再逆时针旋转一个很小的角度（一般要耗时2min），达到图2-62a所示的位置时，触点就将电动机的电路接通。也就是说，从双金属片化霜温控器触点跳开，切断蒸发器化霜加热器的电路，停止对蒸发器加热后2min，压缩机电动机便又开始下一个化霜周期的运转。

压缩机恢复下一个化霜周期的制冷运转后，蒸发器的表面温度很快下降，当降到低于-5℃时，双金属片化霜温控器开始复位，将通往化霜加热器的电路接通，进入下一个周期的加热化霜。

从上述可知，蒸发器表面的霜层厚度是和化霜加热器加热时间成正比的。结霜多则加热

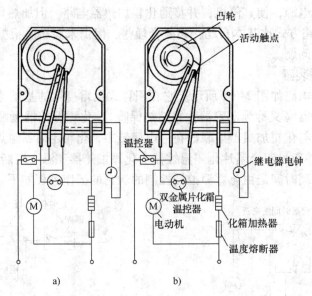

图 2-62 定时化霜时间继电器的动作原理示意图
a) 活动触点接通电动机运转 b) 活动触点断开电动机停转

时间长些, 反之则短些。它受到双金属片化霜温控器的控制, 当蒸发器的温度达到霜层全部化完时的预定温度, 化霜加热器才会停止加热。这样, 便克服了前述两种自动化霜方式中化霜时间固定的缺点。

温度熔断器串联在蒸发器加热器的电路中, 它卡装在蒸发器上, 直接感受蒸发器的温度。其调定断开温度约在 $65 \sim 70 ℃$, 以防止因某种故障使蒸发器过热, 管路压力过高, 造成管路爆裂, 损坏蒸发器。这种装置和一般电路使用的保险装置一样, 只能起一次保险作用。如果温度熔断器熔断, 应查出故障, 并更换 1 个新的接入电路。

在实际使用中, 如需要提前化霜或不按自动化霜周期时间进行化霜, 可将图 2-63 中的手控扭轴顺时针旋转一定角度, 使化霜定时器内的触点提前到达化霜位置, 达到提前化霜的目的。

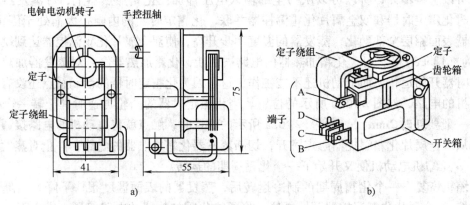

图 2-63 化霜定时器的外形图
a) 外形尺寸 b) 外形

2.5.6 加热防冻与门口除露装置

1. 加热防冻装置

加热防冻装置主要用在间冷式双门双温电冰箱上,以保证各控制系统工作的顺利进行。常用的加热防冻装置有接水盘加热器、风扇扇叶孔圈加热器,出水管加热器和温感风门温控器壳体加热器。它们的分布如图2-64所示。

加热防冻装置一般布置在蒸发器、蒸发器接水盘、接水盘出水管外表面和风扇扇叶孔圈周围。

出水管加热器处于经常加热状态,接水盘加热器和风扇扇叶孔圈加热器仅在蒸发器化霜时才工作。这类加热器功率约为5~6W。

对接水盘加热,主要是防止蒸发器的化霜水滴入接水盘后结冰积累过多而损坏周围的结构。对化霜出水管加热,是防止接水盘内的化霜水在流出箱外的过程中发生冰堵,从而导致接水盘内积水过多而溢出盘外,污染冷藏食品。

对风扇孔圈的加热,主要是防止蒸发器在化霜过程中,风扇孔圈周围结霜。结霜过厚,有可能将扇叶卡住,使箱内空气不能正常循环,甚至会烧坏风扇电动机。

温感风门温控器壳体加热器应处于经常接通状态,以保证温感风门温控器在正常工作时保持感温腔所在部位的温度高于感温管尾部的温度,确保温感风门温控器正常工作。

防冻加热器的结构示意图如图2-65所示。它是将加热线粘接在与待加热部位展开形状相同的平面铝箔上,然后将其贴在加热部位的外表面,用铝箔上面的粘结剂将其粘牢。

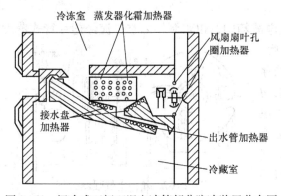

图2-64　间冷式双门双温电冰箱部分防冻装置分布图

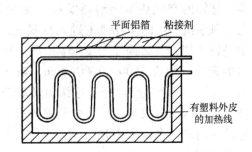

图2-65　防冻加热器的结构示意图

2. 箱体门口表面除露装置

电冰箱的制冷系统工作时,由于箱内的温度远低于环境空气温度,而电冰箱门四周的空气温度也低于环境空气的露点,这样空气中的水蒸汽就会在电冰箱箱体门封条的周围出现凝结现象,一般称为凝露或称为"出汗"。而水蒸汽在这些部位的凝结势必会加速电冰箱箱体外壳铁板的腐蚀,影响电冰箱的美观和使用寿命。为解决这个问题,通常在箱体门框部位的内表面加装一定的除露装置,以提高该部位的外表面温度,使其高于当时环境空气的露点温度。

常见的除露装置有以下两种形式。

（1）电热除露装置

电热除露装置是用很细的镍铬电热丝旋绕在多股玻璃丝上，外面包上丝纤维绝热层，再套上一层耐热塑料管，其外径约4mm左右。然后将其紧贴在箱门口周围的内表面，作为电热除露装置。接入电路时常串接一个开关，称为除露开关。当环境温度偏高时，将除露开关接通除露；环境温度低时，将除露开关断开。除露用的电热丝均用220V电源，功率一般在10~15W。这种电热除露装置结构复杂，手动操作，而且要消耗一定的电能，所以现在已不采用。

（2）高压管除露装置

高压管除露装置是装置在箱体门口周围的管路，它是将压缩机排出的高温高压制冷剂在进入冷凝器的前、后引入高压管，利用制冷系统的部分冷凝热量来加热电冰箱箱体门框四周，使该处的温度提高，从而防止凝露。它又能起到一部分冷凝器的作用，所以可以减小主冷凝器使用的材料，降低电冰箱的材料成本。这种方法除露，耗电量没有增加，而且可实现自动控制除露，提高了制冷系统的制冷效率。带有高压管除露装置的单门电冰箱的结构如图2-66所示。

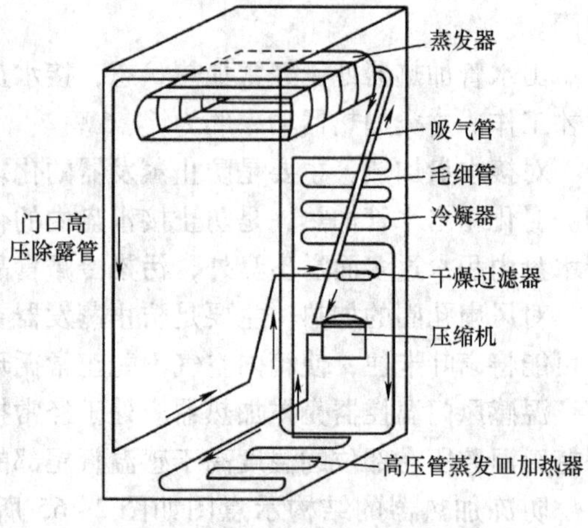

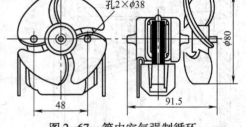

图2-66　带有高压管除露装置的单门电冰箱的结构示意图

2.5.7　箱内风扇电动机机组及照明灯

1. 风扇电动机机组

风扇电动机机组主要用在间冷式双门无霜电冰箱中，以强制箱内空气流经翅片管式蒸发器，把箱内空气热量传给蒸发器。温度下降后，通过风扇按一定的循环风道进入冷藏室，对贮存物进行冷却，其结构如图2-67所示。风扇电动机的转速一般在2500~3000r/min，输入功率在8W左右。由于它经常处于连续运转状态，又不便加入润滑油，故对轴承部位要求较高。通常其连续使用寿命在3万小时以上，运转时的噪声要小于35dB。

图2-67　箱内空气强制循环用风扇电动机机组的结构

2. 箱内照明灯

箱内照明灯一般装在箱内右侧壁上，双门双温电冰箱只在冷藏室部位装有照明灯。照明灯的开和关通过箱门的启闭来控制。门开灯亮，门关灯灭。其功率一般在15W以下。

2.5.8　家用电冰箱的典型电路

家用电冰箱的种类很多，控制电路按其档次的高低，有简单的，也有复杂的，但其电路结构大同小异。只要能把电动机起动方式、热保护装置和各种加热器的作用，以及加热器与化霜、制冷之间的关系弄清楚，电路的分析就会迎刃而解。下面介绍几种比较典型的电路。

1. 直冷式单门电冰箱电路

（1）具有过电流过温升保护装置的电路

具有过电流过温升保护装置的电路采用重锤式起动继电器和碟形双金属片过流过温升保护继电器分开的形式，起动方式也是电阻分相式，如图 2-68 所示。该电路不仅对电动机进行过载保护，而且进行过温升保护。它采用半自动化霜温控器或按钮除霜温控器。容积较大的电冰箱，多采用电容起动式，即在起动绕组与重锤式起动继电器定触点间串接一个起动电容。

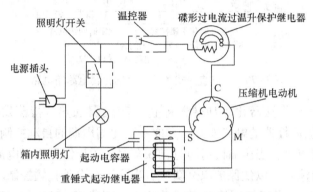

图 2-68　具有过电流过温升保护装置的电路

（2）采用 PTC 元器件和内埋式保护继电器的电路

如图 2-69 所示，这种电路起动继电器采用 PTC 元器件，起动方式为电阻分相式。内埋式热保护继电器串联在电动机电路中。

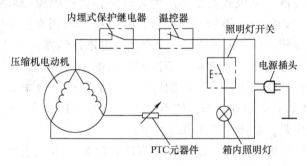

图 2-69　采用 PTC 元器件和内埋式保护继电器的电路

（3）具有全自动化霜控制的电路

如图 2-70 所示，在压缩机正常运转期间，化霜时间继电器的触点 a、b 闭合，双金属化霜温控器的触点开启。这时化霜时间继电器与压缩机同步运转。当压缩机累计运行 11h 后，化霜时间继电器的触点 a 和 b 相继断开，压缩机停止运转，同时化霜时间继电器也停止运转。此时，蒸发器化霜加热器立即对蒸发器加热化霜（因触点 a、b 闭合时，a、b 间电阻 R_{ab} 比蒸发器化霜加热器的电阻小得多，故在并联电路中蒸发器化霜加热器的电流可以忽略不计，因而起加热作用）。

当蒸发器表面凝霜全部融化，且表面温度达到 +5℃ 时，双金属化霜温控器的触点闭合。电路接通，这时化霜时间继电器立即恢复运转。几分钟后，触点 b 和 a 相继闭合，致使压缩

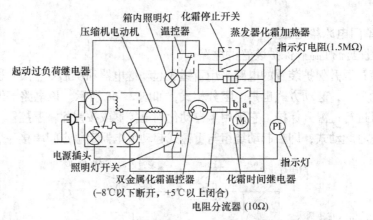

箱内照明灯　化霜停止开关

压缩机电动机　温控器　蒸发器化霜加热器

指示灯电阻(1.5MΩ)

起动过负荷继电器

b a

M

PL

电源插头

照明灯开关

双金属化霜温控器　化霜时间继电器

(-8℃以下断开，+5℃以上闭合)

电阻分流器 (10Ω)

指示灯

图 2-70　某牌直冷式单门全自动化霜电冰箱电路

机电动机起动运转，且蒸发器化霜加热器停止对蒸发器加热。待蒸发器的表面温度降到
-8℃时，双金属化霜温控器的触点断开，完成一个化霜周期的自动控制。

该电路的设计特点是：当压缩机运转时，双金属化霜控制器中无电流流过。同时，在电
路中串联一个电阻分流器，以便保护双金属片。当采用全自动化霜控制时，化霜停止开关断
开，氖指示灯 PL 熄灭。当天气干燥而无需采用全自动化霜控制时，可将化霜停止开关接
通。这时氖指示灯 PL 点亮，化霜停止开关的分流线路将化霜电路短路，自动化霜停止。

（4）具有温度补偿功能的控制电路

电冰箱在冬季室内温度较低的情况下（一般低于15℃），冷藏室内的温度回升的速度就
会变得很慢，造成温控器（机械式温度感应触点开关，通过感应冷藏室的温度高低来控制
压缩机的工作与停机）内的触点不能及时闭合，压缩机无法正常启动工作，影响电冰箱的
制冷，因此厂家在电冰箱冷藏室内加装了一个小功率的电加热器，通过开关控制，冬季把该
开关打开，电加热器就会通电工作加热，使冷藏室内的温度升高，温控器内的触点就会闭
合，使压缩机启动工作，以保证电冰箱的制冷效果良好。而其他季节（一般室内温度高于
15℃时），压缩机就可以自动启动工作，就不需要电加热器工作了，此时把温度补偿开关关
上就可，避免增加耗电量，具体的工作原理如下。

图 2-71 所示是一个具有温度补偿功能的直冷式电冰箱电气控制原理图，由图可以看
出，电路中采用了定温复位型带有 3 个接线插片的机械温度控制器，通过温度补偿开关控制
箱内加热器通电发热，以实现冬季使用电冰箱时压缩机正常工作。

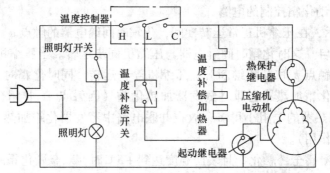

温度控制器

H L C

照明灯开关

温度补偿开关

温度补偿加热器

热保护继电器

压缩机电动机

照明灯

起动继电器

图 2-71　具有温度补偿功能的直冷式电冰箱电气控制原理图

加热器控制回路的作用：当冬季使用电冰箱时，由于箱内外温差较小，冷冻室最低温度为 -18℃，这是依靠冷藏室温度变化调节冷藏室温度控制器实现的。因冷藏室温度国家标准规定为 0~10℃，而冷藏室温度控制器感温管又贴压在冷藏室蒸发器表面，直接感受冷藏室内温度和蒸发器表面的温度，其开机温度为 5~6℃，故当箱外温度低于15℃或与箱内开机温度相等时，温度控制器的温控触头 L 与 C 就会永远断开，使压缩机长停不开。因此，这类直冷单系统单温控的电冰箱，都普遍设计有温度补偿加热器和冬季用开关，在停机时使加热器通电发热，来保证冬季压缩机能够正常工作。

当电冰箱接通电源，达到冷藏室温度控制器调定下限温度时，其触头 L 与 C 断开，压缩机停止工作。温度控制器 L 点→温度补偿开关（应在闭合状态）→温度补偿加热器→热保护继电器→压缩机电动机构成回路，这时温度补偿加热器通电发热。由于温度补偿加热器贴压在冷藏室蒸发器与温度控制器感温管上，能使感温管内感温剂遇热膨胀，提前使其温控触头 L 与 C 接通，压缩机起动运行，以实现压缩机正常的制冷循环，保证冬季冷冻室或冷藏室内的温度达到要求。当压缩机运转，其触头 L 与 C 接通时，温度补偿加热器被短路，就无法通电发热。

图 2-72 所示是另一种具有温度补偿功能的直冷式电冰箱的控制电路，它采用照明灯作补偿热源，当补偿开关闭合时，灯泡常亮，产生热量，起着温度补偿的作用，由于长时间工作容易损坏，串联一个二极管可以将电灯泡电压减半，起到保护灯泡的作用。

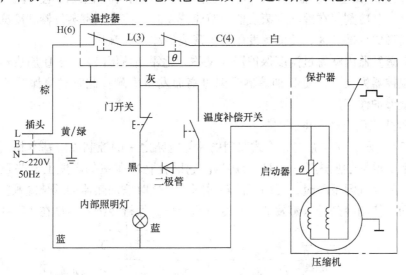

图 2-72 具有温度补偿功能的直冷式电冰箱的控制电路

2. 直冷式双门电冰箱电路

（1）直冷式双门电冰箱电路之一

图 2-73 所示为某牌直冷式双门电冰箱采用的有新1.2.0 控制方式的电路。该电路具有以下特点：

冷藏室温控器由双感温系统组成，有两个感温管（A 和 B）。当冷藏室温度达到3.5℃时，A 感温系统使冷藏室温控器触点断开，电磁阀电源被切断而关闭，制冷剂不能进入冷藏室蒸发器蒸发制冷。当蒸发器温度达到 B 感温系统控制值时，冷藏室温度控制器使电磁阀接通电源而开启，制冷剂流入冷藏室蒸发器蒸发制冷。

冷冻室温控器直接控制压缩机机组的开停。同时化霜开关也与温控器装在一起。手动控制化霜时，化霜开关触点 1～3 接通，冷冻室温控器断电，压缩机停转，化霜 D 加热器工作，冷冻室化霜。化霜结束后，化霜开关自动复位，1～2 触点闭合，压缩机运转。

FCS 加热器是低室温时用于补偿冷冻室温度的加热器，它装在冷冻室温控器感温管前部。外界气温下降后，压缩机组工作时间减少，这使得冷冻室内温度上升且不稳定。这时 FCS 加热器将温控器前部微微加热，以增加温控器的运行时间，使冷冻室内保持标定温度。

DS 加热器称为防止化霜误动作加热器，它是被包裹在冷冻室感温管上的电热丝。化霜时，DS 加热器同时对冷冻室感温管微微加热，以保证化霜完毕能自动复位，正常运转。

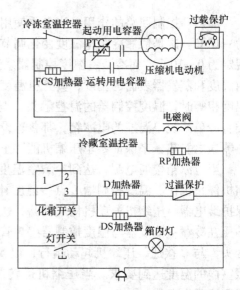

图 2-73 某牌直冷式双门电冰箱电路之一

RP 加热器是冷藏室蒸发器出口和冷冻室进口间连接管外所包裹的电热丝，它是防止结冰用的加热器。制冷剂仅在冷冻室蒸发器内节流蒸发时，使冷藏室蒸发器和冷冻室蒸发器连接管被加热而形成局部热区，使低蒸发压力下形成的冰堵被融化。

在冷冻室蒸发器内贴有过温度保护器（又称为化霜超热保险），与 D 加热器串联。一旦化霜开关和温控器失灵，会使 D 加热器升温过高而发生危险。此时过温保护器会将电源断开，起到安全保护作用。

（2）直冷式双门电冰箱电路之二

如图 2-74 所示，该电路与直冷式双门电冰箱电路之一的控制原理基本相同，不同的是增加了冷藏室低温补偿加热器——1L 加热器。它贴合在冷藏室的内壁上，并且靠近温控器的感温部分。外界气温下降时，压缩机停转时间长，这时该加热器会延长冷藏室温控器关闭电磁阀的时间，使制冷剂进入蒸发器的制冷时间延长，保持冷藏室温度在 3℃ 左右。

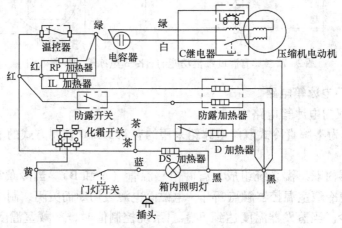

图 2-74 直冷式双门电冰箱电路之二

3. 间冷式双门电冰箱电路

图 2-75 所示是间冷式双门全自动化霜电冰箱的电路（与上菱电冰箱 BCD-165W 和 BCD-180W 的电气控制系统相似）。该电路的压缩机采用电阻分相、PTC 起动、电容运行，并有过电流过温升碟形双金属片保护器。电路中设有强制冷风循环用的风扇电动机 M1。风扇由门开关及温控器、化霜定时器触点控制。当箱门打开和化霜期间，风扇停转。当箱门关闭时，风扇与压缩机一同开始运转。

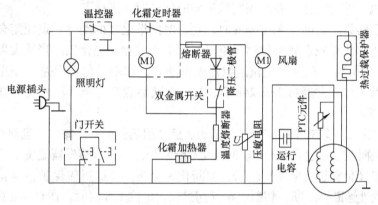

图 2-75　间冷式双门全自动化霜电冰箱电路图

该电气控制系统包括压缩机控制电路、自动化霜控制电路、风扇控制电路和照明控制电路。

（1）压缩机控制电路

压缩机控制电路的电气元器件主要包括温控器、化霜定时器、热过载保护器、压缩机、PTC 起动继电器及运行电容。

压缩机控制电路是指从电源插头→温控器→化霜定时器→过载保护器→压缩机→PTC 起动继电器及电容器→电源插头的一条回路。

压力式温控器装在冷藏室中，自动调节箱内温度，冷冻室的温度依靠手动调节风门大小来控制。

压缩机控制电路的工作过程如下：

当电冰箱箱内温度高于设定温度时，则电路处于接通状态，压缩机工作，因而制冷系统处于制冷循环状态，使箱内温度不断下降。当箱内温度达到设定温度时，温控器动作，其触点跳开，于是压缩机电路断开，压缩机停止工作，制冷电路恢复平衡。一旦箱内温度回升到温控器触点闭合温度时，温控器动作，其触点闭合，压缩机电路重新接通，制冷系统重新开始循环制冷，一直到再次使箱内达到设定温度。如此，压缩机电路时而接通，时而断开，控制着制冷系统时而制冷，时而不制冷，保持电冰箱箱内温度在一定的范围内。

一般情况下，化霜定时器在压缩机电路中的触点是闭合的。只有在电冰箱处于化霜状态时，化霜定时器动作，使该触点断开。此时压缩机电路也处于断开状态，一直到化霜结束，化霜定时器再动作，使该触点恢复到闭合位置，压缩机电路恢复正常。

（2）自动化霜控制电路

自动化霜控制电路具有全自动化霜功能。它的主要电气元器件有化霜定时器、熔断器、降压二极管、双金属开关、温度熔断器和化霜加热器。化霜加热器由化霜定时器控制，自动接通，化霜双金属温控器在化霜终止时自动断电。

自动化霜控制电路是指从电源插头→温控器→化霜定时器→熔断器→降压二极管→双金属开关→温度熔断器→化霜加热器→电源插头的一条回路。

化霜定时器由一个微电动机 M1 带动凸轮使触点通或断。微型电动机串联在温控器之后，与压缩机一起都受温控器控制，化霜加热器又与微型电动机串联。由于化霜加热器的阻值比电动机绕组阻值小很多，在温控器接通压缩机工作时，电压都加在电动机 M1 绕组的两端，所以电动机也随着工作，并对压缩机运转时间计时。

当压缩机运转累积时间达 8h46min 时，化霜时间继电器的动合触点便闭合，化霜加热器通过降压二极管和化霜双金属温控器供电，开始对蒸发器加热化霜。当蒸发器表面周围的温度上升到（8±3）℃时，双金属化霜温控器触点断开，切断了化霜电路，停止化霜。此时化霜定时器又开始工作，并经过 2min24s 后，它的动断触点又闭合，压缩机又开始运转，进入正常的制冷循环。

化霜电路中采取了较齐全的安全保护措施，例如超热保护，化霜中一旦双金属化霜温控器失灵，蒸发器表面温度超过（8±3）℃而触点不能断开，那么当蒸发器温度上升至（70±2）℃时，温度熔断器（化霜超热保险）熔断，切断化霜电路；又如过流保护，当化霜电路电流较长时间过大，惯性熔断器熔断，切断电路（超过额定电流 1.6 倍时，在 60min 内切断电路，大于 100A 时，经 10ms 便切断电路）；再如过压保护，当化霜加热器受到 400V 的峰值电压冲击时，通过与化霜电路并联的压敏电阻的旁路作用，使峰值电压降低，保护二极管不被击穿。

（3）风扇控制电路

风扇控制电路的主要电气元器件有风扇电动机 M1 和门开关。该电路是指从电源插头→温控器→化霜定时器→风扇电动机→门开关→电源插头的一条回路。

在压缩机电路正常工作时，风扇控制电路是由门开关控制的。当箱门全部关闭时，风扇电动机与压缩机同步运转。当任何一扇门打开时，由于门开关动作，使风扇控制电路断路，风扇电动机停止运转。

（4）照明控制电路

照明控制电路主要包括照明灯、门开关。

照明控制电路主要指从电源插头→照明灯→门开关→电源插头的一条回路。

照明控制电路由门开关的冷藏室门按钮控制。打开冷藏室门，则灯亮；门关上，则灯灭。

在上菱电冰箱 BCD-165 W 和 BCD-180 W 的电气控制系统中还增加了由温控器加热器组成的温控器加热器控制电路和由冷藏室加热器与多用开关组成的冷藏室加热器控制电路。

4. 电子温控电路

电子温控器不仅具有较高的温度控制精度，而且闭合和断开时的动作噪声低，同时电子电路具有较大的灵活性和扩展潜力，使得其电子温控器的控制功能较强。下面以东芝 GR-204E 电冰箱的电路为例，分析电路的组成和工作原理。

图 2-76 所示为东芝 GR-204E 电冰箱的电路图。该电路主要由直流电源电路、驱动电路、压缩机开停机控制电路及除霜电路等组成。

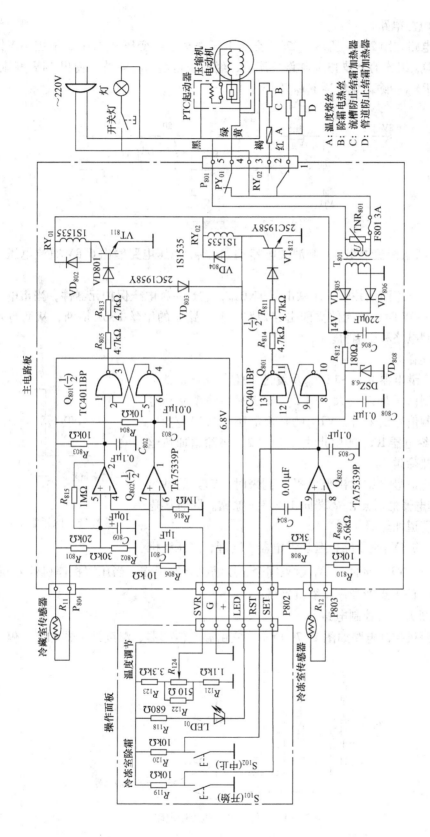

图 2-76 东芝 GR-204E 电冰箱电路

（1）直流电源电路

直流电源电路如图2-77所示。220V交流电压送至电源变压器T801，输出16V，经二极管 VD_{805}、VD_{806} 组成的全波整流电路整流后，经滤波电容 C_{806} 滤波，输出14V直流电压，供制冷继电器 RY_{01} 和除霜继电器 RY_{02} 工作。

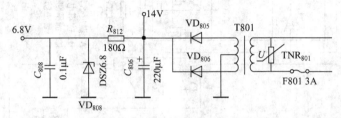

图2-77　直流电源电路

由稳压管 VD_{808} 限流电阻 R_{812} 和滤波电容 C_{808} 构成的稳压电路输出6.8V直流电压，供控制电路使用。

变压器一次绕组两端并联一压敏电阻 TNR_{801}，它是一种电压保护元器件，当市电超过压敏电阻的耐压240V时，该元件立即击穿短路，使电路中的熔丝F801烧断，从而有效地保护电冰箱的控制电路和压缩机。

（2）驱动电路

为了使两个继电器 RY_{01} 和 RY_{02} 及发光二极管LED正常工作，必须把控制信号加以放大。图2-78所示为除霜驱动电路。当除霜控制信号到来时，VT_{812} 的基极电压是0.7V左右，图2-76中除霜继电器 RY_{02} 的触点由1转向2，将除霜加热丝接通，开始发热除霜。

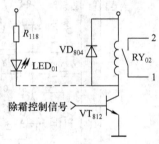

当除霜中止信号（即输出低电平）到来时，VT_{812} 的基极电压为0V，继电器的触点由2转向1，停止除霜。同时接通流槽加热器和管道加热器。

图2-78　除霜驱动电路

图2-76中的 RY_{01} 是压缩机起动继电器。同理，当压缩机起动信号到来时，VT_{811} 导通，RY_{01} 触点闭合，压缩机开始工作。当压缩机停机信号到来时，VT_{811} 截止，RY_{01} 的触点断开，压缩机停机。

（3）压缩机开停机控制电路

压缩机开停机控制电路如图2-79所示，它由温度传感器、温度调节器和开、停机信号检测电路组成。

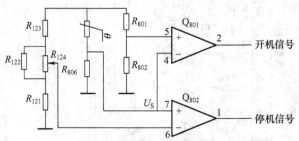

图2-79　压缩机开停机控制电路

某牌电冰箱采用的温度传感器是一种热容量较小的负温度系数的热敏电阻。传感器采用铝管封闭形式,具有良好的防潮性能。

冷藏室的温度传感器安放在冷藏室靠近蒸发器的部位,当温度达到 +3.5℃时压缩机开机;当温度达到 -22℃时压缩机停机。

当冷藏室温度升高时,传感器的电阻值相应减小,R_{806} 电阻上的电压(即 U_S)就升高;当温度降低时,U_S 就降低,这样就将温度的变化转化为电压的变化。

温度调节器位于操作面板上。改变电位器 R_{124} 的中心抽头位置就可以改变基准电压 U_R(U_6)的大小。U_R 的变化决定压缩机的开停。

当操作面板上的温度调节钮置于"1"挡时(弱挡),U_R 是 2.2V;置于"4"挡时(通常),U_R 是 2V;置于"7"挡时(较冷),U_R 是 1.8V;置于"HEAVY COOL"挡时(强冷),U_R 是 1.5V。

温度传感器检测信号 U_S 加到比较集成电路的 7 脚,基准电压 U_R 加到 6 脚。随着压缩机停机时间的延长,电冰箱冷藏室的温度升高,U_S 上升。当箱内温度继续升高,使 $U_S > U_5$ 时,2 脚输出低电平,作为开机信号,使 RS 触发器 Q801 输出端由 0 变为 1、晶体管 VT_{811} 导通,RY_{01} 继电器吸合,RY_{01} 接点闭合,压缩机通电运转。

压缩机运行一段时间后,箱内温度降低。随着压缩机开机时间的延长,冷藏室的温度越来越低,U_S 也越来越小。当 $U_S < U_R$ 时,1 脚输出低电平,发出停机信号;使 RS 触发器 Q801 输出端由 1 变为 0,晶体管 VT_{811} 截止。RY_{01} 继电器释放,RY_{01} 接点断开,压缩机停止运转。

(4)除霜电路

除霜功能也是由电子控制部分完成的。某牌电冰箱利用绕在蒸发器上的电热丝通电进行除霜。除霜结束时温度由冷冻室内的温度传感器检测,除霜结束温度是 8.5℃。除霜电路如图 2-80 所示。

除霜必须在冷藏室冰层较厚的情况下进行。除霜时,按下除霜开始按钮 S_{101},这时 Q801 的 11 脚输出高电平。晶体管 VT_{812} 导通,使继电器 RY_{02} 吸合,转换接点使除霜加热器电路接通,除霜开始进行。同时,当 VT_{812} 导通时,它的集电极

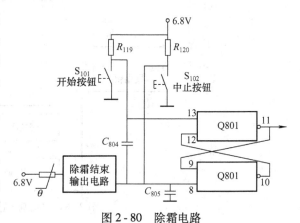

图 2-80 除霜电路

电位很低,由于二极管 VD_{803} 处于正向偏置状态。VD_{801} 正极的电位很低,VD_{801} 处于反向偏置状态,因此,VT_{811} 截止,继电器 RY_{01} 处于释放状态,压缩机停止运行。

经过一段时间的除霜后,箱内温度逐渐上升,冷冻室传感器的阻值不断减小,比较器 8 脚电位上升。当温度上升到 8.5℃时,8 脚的电压超过 4.4V,使 Q802 的输出端 14 脚呈低电平。由于 Q801 的 8 脚输入为低电平,故 Q801 的 11 脚输出低电平,晶体管 VT_{812} 截止,继电器 RY_{02} 无电流,除霜结束,压缩机开始制冷。

如果在除霜过程中需用人工强制停止,只需按下除霜中止按钮,则"除霜开始"按钮自动复位。这时 Q801 的 8 脚接地,Q801 的 11 脚输出低电平。因此晶体管 VT_{812} 的基极电位下降到 0V,处于截止状态,停止除霜。

※2.5.9 电冰箱模糊控制技术

采用了模糊控制技术的电冰箱具有温度自动控制、智能除霜和故障自诊等功能，同时还具有控制精度高、性能可靠和省电等优点，是电冰箱发展的方向。

1. 概述

在日常的生产和生活中，许多被控对象难以建立精确的数学模型，因而经典的控制难以应用，需要发展新的控制技术，模糊控制技术就是为满足这一需要而产生的。模糊控制的优势在于：

1）它不需知道被控制的对象或过程的数学模型，即不需要建立精确的数学模型。

2）对于不确定性系数，如随时间变化的和非线性系数能有效地进行控制。

3）对被控对象和过程有较强的健壮性，健壮性是指参数变化和受干扰时仍能保持控制效果的性能。

在实际控制中，由传感装置检测得到的是精确量，而不是模糊量。这些精确量要变成模糊量才能进行推理，称为模糊化。此外，模糊推理出来的结果，也就是模糊集，它是无法实际执行的。传输到操作系统执行的也是精确量。因此，要将推理结果的模糊集转换成精确量，这个过程称为精确化，也被称为去模糊或反模糊。因此，模糊控制是由图 2-81 所示的模块组成的。

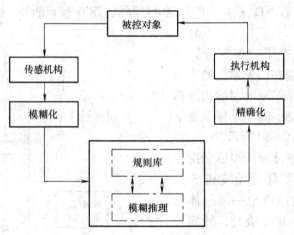

图 2-81 模糊控制组成模块

实现模糊控制，或者说开发模糊控制装置、模糊控制器，核心技术是用计算机来实现模糊规则的存储和模糊推理的运算。目前，以通用单片机加模糊控制软件的方法开发模糊控制装置是基本的方法，家用电器的模糊控制也如此。不少单片机生产厂家还生产了各种模糊控制软件开发工具。它一般有一个友好的人机界面，用户可以方便地输入语言变量、确定对应的隶属函数，建立控制规则，可以方便地修改、编辑规则库。同时这种工具软件还提供了模糊化、精确化和推理算法等各种方法供用户选择。它们一般还可将用户建立的模糊控制全部软件转换成某一特定的单片机汇编代码，以便于写入单片机。这类工具大多还有一个计算控制面板，也就是模拟输入、输出关系的算法，以便用户判断开发模糊控制器是否能满足预定的要求。

一个完整的模糊控制器，当然还需要有其他相应的电器满足相应的功能，如 A/D 和 D/A转换等。此外，传感装置是检测被控对象状态，用以模糊控制的输入，更是必不可少的部分，不同的被控对象必须有一套可靠的传感装置。

目前模糊控制与传统的 PID 控制和人工智能的专家系统相结合，形成了功能更灵活、控制效果更好的控制系统。此外与神经网络结合，特别是将人工神经网络的学习功能和模糊推理结合起来，形成了有在线自学功能的模糊控制器，使模糊控制器能适应被控对象的变化和状况或自动学习使用者的经验，改善了控制效果。

2. 模糊控制系统

家用电冰箱一般包括冷冻室和冷藏室，冷冻室温度一般为 -18℃ $\sim$ -6℃，冷藏室温度为 0℃ $\sim$ 10℃。显然电冰箱的主要作用是通过保持箱内食品的最佳温度，达到食品保鲜的目的。但电冰箱内的温度要受诸如存放物品的初始温度、散热特性及其热容量，物品的溢满率和开门的频繁程度等因素的影响。电冰箱内的温度场分布不均匀，数学模型难以建立，只有采用模糊控制技术才能达到最佳的控制效果。

为了适应家用电冰箱向大容量、多功能、多门体和多样化控制风冷式结构发展，达到高精度、智能化控制的目的，一些新型电冰箱采用了智能化温度控制和除霜控制。温度控制就是要根据电冰箱内存放食物的温度和热容量，控制压缩机的开停、风扇转速和风门开启度等，使食物达到最佳保存状况。这就需要传感器来检测环境温度和各室温度，并运用模糊控制推理确定食物和容量。智能除霜就是根据霜层厚度，选择门开启次数最少的时间段，即温度变化率最小的时候快速除霜，这样对食物影响较小，有益于保鲜。这就要运用模糊控制推理来确定除霜指令。另外该系统还具有故障自诊及运行状态的显示等功能，图 2 - 82 所示为控制电路框图，图 2 - 83 为系统程序流程框图。

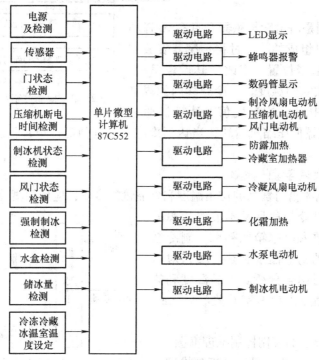

图 2 - 82　模糊控制系统的控制电路框图

模糊控制系统采用高性能的 8 位 87C552 单片机为控制器，传感器采用热敏电阻，主要有冷冻室、冷藏室、冰温室及环境温度等传感器。门状态检测电路采用多个状态开关共用一根输入线的方式，通过输入线状态变化和箱内温度变化来确定是冷冻室门打开还是冷藏室门打开。显示电路由 LED 显示和数码显示两部分组成。LED 显示电冰箱运行状态，数码显示则为维修人员检查电冰箱故障提供了手段。压缩机断电时间检查克服了传统的只要控制主板上断电，无论压缩机是否已延迟有 3min，都要再延迟 3min 后才能启动压缩机的缺陷，实现了无论是压缩机自动停机还是强制断电停机，只要压缩机停电时间超过了 3min，就可以启动压缩机。

图 2-83　模糊控制系统的程序流程框图

3. 温度模糊控制

电冰箱一般以冷冻室的温度作为控制目标。根据温度与设定指标的偏差，决定压缩机的开停。由于温度场本身是个热性较大的实体，所以系统是一个滞后环节。冷冻室温度和食品温度有很大的差别，因此电冰箱为了保鲜，仅仅保持电冰箱内的温度是不够的，还要有自动检测食品温度的功能，以此来确定制冷工况，保证不出现过冷现象，才能达到高质量的保鲜目的。

电冰箱模糊控制是由温度传感器和具有 A/D 和 D/A 转换器的单片机组成的，通过将传感器安放在冷冻室和冷藏室的适当位置，来改变其设定温度，可调节冷冻室和冷藏室的温度。当冷冻室内的温度上升到高于计算机中设定的温度值，计算机通过 D/A 转换器启动继电器使压缩机运转；当达到冷冻室温度值后，单片机就通过 D/A 转换器停止压缩机运转。

（1）食品温度及热容量的检测

为了检测放入电冰箱内食品的初始温度和食品量的多少，应用模糊控制推理来确定相应的制冷量，达到及时冷却食品又不浪费能源的目的，因此在食品放入电冰箱的初期，制冷系统应设法检测食品的初始温度和热容量，对食品的种类和数量进行综合分析。食品温度和热容量的检测是在食品放入冷冻室并关门后 5min 内进行的。

（2）确定食品温度的模糊控制推理框图

图 2-84 所示为判断食品温度的模糊推理框

图 2-84　判断食品温度的模糊推理框图

图。冷冻室温度传感器采集的信息与经推算的温度变化率，经模糊推理Ⅰ输出食品的温度的初步判断，还要根据开门状态及室温的情况加以修正。修正系数由模糊控制推理Ⅱ来确定，以乘法器运算得到推论食品温度。

（3）制冷工况的控制

若食品温度高、变化大，则压缩机开，风机高速运转，风门开启；若食品温度低、变化小，则压缩机关，风机低速运转，风门关闭。

4. 除霜模糊控制

传统的除霜控制装置是由除霜定时器控制的。定时器对压缩机开启时间进行计时，当计时超过设定值时，定时器由一个接入其电路的电阻接通电流后产生的热量来加热蒸发器，用以除掉结在蒸发器上及冷冻室内壁的霜层，当除霜加热器工作到设置的时间时，便断开电阻电路，并启动压缩机工作。

上述传统的除霜控制装置的缺点是其控制值是事先设定的，易使许多能量消耗在目的相异的各种动作及因缺少灵活性而发生的各种多余动作，并造成器件因频繁开启而导致的器件损坏，同时温度的起伏较大。而模糊控制的制冷除霜克服了这种确定性控制的缺点，同时它的控制是平缓的连续过程，解决了电冰箱内起伏较大的温度变化。

模糊控制的智能除霜采取了与传统除霜人为控制不同的策略。控制目标是除霜过程要对食品保鲜质量影响最小。为此，除了根据压缩机累计运行时间及蒸发器制冷剂管道进、出口两端温差来推断着霜量外，还要由凝霜及门开启间隔时间的长短来确定是否除霜。也就是说选取门开启间隔时间长的，也就是开门频度低的时段除霜，以达到最理想的保温效率。除霜控制推理框图如图2-85所示。

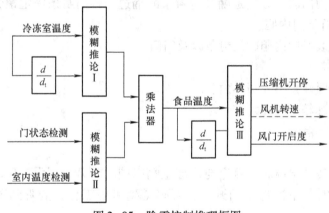

图 2-85　除霜控制推理框图

2.6　实训

2.6.1　实训 1 —— 认识电冰箱的结构

1. 实训目的

1）认识电冰箱箱体、制冷系统、电气控制系统的结构与原理。

2）学会拆装箱门、门封条以及电气系统零部件等可拆装的电冰箱部件。

2. 主要设备、工具与材料

直冷式、间冷式双门电冰箱（前者主要用于箱体与制冷系统认识，后者主要用于电气控制系统认识）、500 型绝缘电阻表、旋具、万用表。

3. 操作步骤

(1) 直冷式电冰箱

1) 操作步骤。

① 通电，观察直冷式电冰箱箱体组成和电冰箱工作状态。

② 观察制冷系统暴露在外的部分，至少应找到压缩机、干燥过滤器和毛细管等制冷部件。

③ 分析制冷系统走向，记录可观察到的焊接点的个数。

④ 将耳朵贴在电冰箱上部的侧面，听制冷剂的流动声。

⑤ 不脱鞋，把脚放到压缩机上，感觉压缩机正常工作时的颤动。

⑥ 20min 后，用手感觉电冰箱各部分温度，用"烫"、"热"、"常温"、"凉"和"冷"等词汇填写完成表 2-6。

表 2-6 电冰箱

部位 温度	压缩机	冷凝器中间	回气管	排气管	干燥过滤器

⑦ 断电，用螺钉旋具拆下电冰箱的冷藏室箱门，方法是先拆中铰链，后拆下铰链。

⑧ 拆门封条及门内胆。方法是翻开门封条的翻边，将门封条固定螺钉分别旋松，门封条即可抽出，最后拆下门内胆。

⑨ 照原样依次装好门内胆、门封条以及箱门。

2) 注意事项。

① 拆装门封条时注意不要损坏内胆。

② 通电触摸电冰箱时应注意安全。

(2) 风冷式电冰箱

1) 操作步骤。

① 通电，将风冷式电冰箱冷藏室与冷冻室箱门同时打开，用手按压冷藏室门开关，可观察到箱灯亮，同时按下冷冻室门开关，可感觉到风扇工作，能听到风扇电动机转动的声音。

② 断电（以下均断电），打开冷冻室箱门，拆下装有感温风门温控器的蒸发器绝热板，观察翅片式蒸发器、风扇、双金属化霜停止温控器和温度熔断器等部件。

③ 分析风冷式电冰箱的风路系统；分析感温风门温控器的控制原理。

④ 在翅片式蒸发器的下方凹槽内装有化霜电加热器，可慢慢将其撬出观看。

⑤ 打开冷藏室箱门，拆下冷藏室温控器的控制板，观察温控器、定时器等电气部件。

⑥ 在电冰箱后面拆下压缩机上的接线盒，观察压缩机启动与保护组件。

⑦ 根据电冰箱电路图，分析电气控制系统的工作原理。

⑧ 将电冰箱复原，用绝缘电阻表检查电冰箱的绝缘性能，绝缘电阻应大于2MΩ，通电

检查电冰箱应能正常工作。

2）注意事项。

① 拆出化霜电加热器时要用巧劲，小心手被蒸发器上的翅片划伤。

② 拆冷藏室温控器控制板时，当心将箱内胆碰坏。

③ 拆装电冰箱零部件时一定要在断电的情况下进行，确保人身安全。

2.6.2　实训2 —— 全封闭式压缩机电动机绕组的判定

1. 实训目的

掌握全封闭式压缩机3个接线端子性质的判别方法，掌握电动机绝缘电阻的测量方法，如图2-86所示。

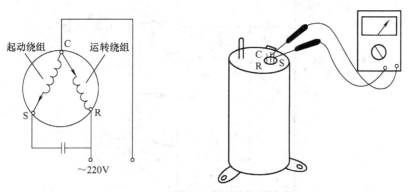

图2-86　压缩机绕阻测量、判断

2. 主要设备、工具与材料

全封闭式压缩机、万用表、500V级绝缘电阻表等。

3. 操作步骤

1）卸下压缩机的接线盒，拆下保护器和启动器。

2）在压缩机电动机的3个接线端旁标以A、B、C标记。

3）将万用表的量程选定为 $R \times 1$ 挡，并调零。

4）用万用表测3个端子间的电阻值，并记录电阻值 R_{AB}、R_{AC}、R_{BC}。

5）据测得的阻值判断电动机绕组的阻值是否正常。

6）据测得的阻值判断电动机3个端子的性质。

7）用兆欧表测3个端子中任意一个与压缩机机壳间的电阻值，并判断绝缘电阻是否正确。

4. 注意事项

1）3个端子间某两个电阻值相加等于另一个电阻值时为正常。但应注意某些国外电冰箱中采用的是电容启动方式的压缩机，启动绕组的电阻值反而小于运行绕组。

2）最大阻值为启动绕组和运行绕组阻值之和，阻值次之的为启动绕组，阻值最小的为运行绕组。据此可判定3个接线端子的性质。

3）某牌电冰箱的压缩机与一般的压缩机不同，它将启动绕组接在运行绕组的中点上，不能以此法判断接线端的性质。

4）绝缘电阻大于 2MΩ 为正常。

2.6.3　实训 3 —— 电冰箱电气件的拆装

1. 实训目的

熟悉电冰箱电气线路的结构，掌握电气件的拆装方法（见图 2-87）。

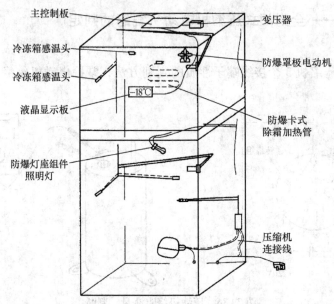

主控制板

变压器

冷冻箱感温头

防爆罩极电动机

冷冻箱感温头

-18℃

液晶显示板

防爆卡式
除霜加热管

防爆灯座组件
照明灯

压缩机
连接线

图 2-87　典型微型计算机控制电冰箱电气元器件布置图

2. 主要设备、工具与材料

直冷式电冰箱或风冷式电冰箱、螺钉旋具、电烙铁、扳手、尖嘴钳、焊锡和松香等。

3. 操作步骤

1）用十字螺钉旋具拆下温控装置。

2）拆下压缩机外壳上的接线盒护盖。

3）拆除启动保护装置的连接线。

4）从启动保护装置中拆下过载保护器。

5）从启动保护装置中拆下启动继电器。

6）拆除外罩，卸下灯泡。

7）拆除开关连接线并拆下箱门开关。

8）拆下液晶显示器。

9）拆主电路板、变压器。

10）拆化霜加热器。

11）拆感温头。

12）将电气件按原来的形式连线并安装好。

13）整机检测用万用表在电冰箱的电源线插头处测量整机电阻，并判断接线是否有误。

14）试运行，接通电源，开启电冰箱，判断压缩机电动机、照明灯、门灯开关及温控器等的工作是否正常。

2.6.4 实训 4 —— 电冰箱电气件的检测

1. 实训目的

掌握重锤式启动继电器、PTC 启动继电器、碟形过电流过温升保护继电器、温度控制器和化霜定时器等电气件的检测方法。

2. 主要设备、工具与材料

交流调压器、万用表、电流表、大功率负载电阻、开关、重锤式启动继电器、PTC 启动继电器、碟形过电流过温升保护继电器、温度控制器（半自动化霜型）和化霜定时器等。

3. 检测方法

（1）重锤式启动继电器的检测

1）用万用表的欧姆挡测量启动继电器线圈的电阻值。

2）将启动继电器直立放置，用万用表检查其常开触点是否断开。

3）将启动继电器倒立放置，用万用表检查其常开触点是否闭合。

4）将启动继电器的线圈和电流表、负载电阻及开关串联后，接入调压器。

5）闭合电路开关，调节调压器的输出电压，使输出电压从零开始逐渐增大，并观察电流表的读数。

6）当启动继电器吸合时，记录电流表所指示的启动继电器的吸合电流。

7）启动继电器吸合后，将调压器的电压逐渐调低，并观察电流表的指示数值。

8）当启动继电器释放时，记录电流表所指示的启动继电器的释放电流。

9）重复步骤 5）~8）若干次，求出吸合电流和释放电流的平均值。

10）据检测结果判断启动继电器的性能是否正常。

（2）PTC 启动继电器的检测

1）用万用表的欧姆挡测出并记录 PTC 启动继电器在室温下的电阻值。

2）将 PTC 启动继电器、电流表及电路开关串联后接入调压器。

3）闭合电路开关，调节调压器的输出电压，使输出电压从零开始逐渐增大，观察电流表的指示数值。

4）当电流表的指示数值突然下降时，立即断开电路开关，测出并记录 PTC 启动继电器的热态电阻值。

5）重复步骤 3）~4）若干次，求出热态电阻的平均值。

6）据检测结果判断 PTC 启动继电器的性能是否正常。

（3）碟形过电流过温升保护继电器的检测

1）用万用表的欧姆挡检测过电流过温升保护继电器的通断情况。

2）用打火机加热过电流过温升保护继电器的安装面，同时用万用表检测其通断情况。

3）将过电流过温升保护继电器和电流表、负载电阻、电路开关串联后接入调压器。

4）缓慢调节调压器的电压，使电压从零开始逐渐升高，观察过电流过温升保护继电器的动作电流。

5）据检测结果判断过电流过温升保护继电器的性能是否正常。

（4）半自动化霜型温度控制器的检测

1）将温控器的旋钮分别置断开位和中间位，用万用表检查温控触点间的通断情况。

2）将温控器的旋钮置中间位置，按下化霜按钮，用万用表检查温控触点间的通断情况。

3）将温控器的旋钮置中间位置，把温控器放入制冷正常的电冰箱冷冻室内冷冻数分钟，用万用表检查温控触点间的通断情况。

4）取出温控器，等温控器温度回升后，检查温控触点的通断情况。

5）据检测结果判断温控器的性能是否正常。

（5）化霜定时器的检测

1）用万用表测化霜定时器电动机绕组 A、C 端的阻值（正常值为 7000Ω 左右）。

2）将化霜定时器的手控转轴按顺时针方向旋至化霜点，当听到触点动作声后，测 C、B 和 C、D 的通断情况（正常时：C、B 不通，而 C、D 接通）。

3）将手控转轴按顺时针方向旋转一个很小的角度，使转轴旋离化霜点，测 C、B 和 C、D 的通断情况（正常时：C、B 接通，而 C、D 不通）。

4）在化霜定时器手控转轴所处的位置做好标记。

5）由调压器向化霜定时器的 A、C 端通以 210V 的交流电。

6）通电 1 ~ 2h 后，观察转轴是否顺时针转动了一个角度。

7）根据检测的结果判断化霜定时器的性能是否正常。

2.7 习题

1. 家用电冰箱有哪几种类型？它们的结构是怎样的？
2. 家用电冰箱的等级是如何规定的？
3. 家用电冰箱的型号表示方法是怎样的？试举例说明。
4. 电冰箱的主要技术指标有哪些？
5. 电动机压缩式电冰箱主要由哪几部分组成？各部分的功能是什么？
6. 电冰箱的箱体部件是由哪几部分构成的？对电冰箱箱体的要求是什么？
7. 电冰箱箱体的热损失表现在哪些地方？
8. 为什么聚氨酯发泡是目前电冰箱上使用最广泛的绝热材料？
9. 箱门的结构是怎样的？箱门为什么要用门封条？对门封条有什么要求？
10. 单门电冰箱和双门电冰箱的箱体结构各有什么特点？
11. 直冷式双门电冰箱和间冷式双门电冰箱箱体结构有哪些区别？
12. 压缩式电冰箱的制冷系统主要由哪几部分组成？
13. 压缩式电冰箱的制冷过程是怎样的？
14. 电冰箱压缩机的作用是什么？它有哪几种结构形式？
15. 冷凝器的作用是什么？它有哪几种结构形式？
16. 什么叫组合式冷凝器？有何作用？
17. 蒸发器出口的积液管有何作用？
18. 什么叫节流？影响毛细管节流的主要因素有哪些？
19. 毛细管有何作用？毛细管与回气管构成气液热交换器的作用是什么？
20. 为什么毛细管节流的制冷机的制冷剂充注量要准确？

21. 什么叫分子筛？它为什么能吸收水分？

22. 干燥过滤器有什么作用？它的结构如何？

23. 什么叫蒸发器？常用的蒸发器有哪几种形式？

24. 直冷式单门电冰箱制冷系统的结构是怎样的？

25. 直冷式双门电冰箱的制冷系统与单门的有何不同？

26. 压缩式电冰箱控制系统主要作用是什么？它主要由哪几部分组成？

27. 电冰箱压缩机中的电动机有什么作用？它的结构如何？

28. 电冰箱电动机有哪几种类型？各有什么特点？

29. 对电冰箱压缩机使用的电动机有哪些特殊要求？

30. 常见的电冰箱起动继电器有哪几种类型？

31. 重锤式起动继电器在电路中应如何连接？简述其起动原理？

32. 重锤式起动继电器在安装时，它的位置应如何放置？

33. PTC起动继电器的主要特点是什么？它的居里温度与流过的电流大小有无关系？

34. PTC起动继电器在电路中应如何连接？简述其起动原理？

35. 什么是模糊控制？根据图2-83阐述模糊控制的工作原理。

第3章　家用电冰箱的故障与维修

电冰箱由制冷系统、控制系统、箱体及箱内许多附件组成。一旦出现故障，应做全面、认真和细致的检查，综合分析产生的原因，逐步消除疑点，找到故障部位，才能又快又准确地将电冰箱中出现的故障排除。检查电冰箱故障时应遵循下述基本原则：

结合构造，联系原理，搞清现象，具体分析。

从简到繁，由表及里，按系统分段，推理检查。

先从简单的，表面的分析起，而后检查复杂的、内部的；先按最可能、最常见的原因查找，再按可能性不大的、少见的原因进行检查；先区别故障所在的系统，例如电气控制系统、制冷系统，而后按系统分段依一定次序推理检查。简单地说就是遵循筛选及综合分析的原则。了解故障的基本现象后，便可根据电冰箱构造及原理上的特点，全面分析产生故障的可能；同时根据某些特征判明产生故障的原因，再根据另一些现象进行具体分析，找出故障的真正原因。

分析故障必须根据电冰箱的构造和工作原理来进行。故障发生后，首先要掌握先想后动的原则，严禁盲目乱拆乱卸。因此，拆卸只能作为在经过缜密分析后而采用的最后步骤。

3.1　电冰箱故障的检查

3.1.1　对电冰箱正常工作状态的了解

要检查一台电冰箱或判定电冰箱是否已修理好，需要了解电冰箱的正常工作状态。电冰箱的正常工作状态，可以从以下几方面判定。

1. 电冰箱的起动性能

一台完好的电冰箱，当压缩机的电源接通时应能起动。若采用重锤式起动继电器，可听到触点动作时的轻微响声，并发出轻微的运转声。一般电冰箱要求在 180~240V 供电电压范围内，在环境温度32℃的情况下，人为地开、停机3次，每次运行3min，停机3min，均应能顺利起动。

压缩机每次起动时间不应超过2s，其工作电流在额定值之内。

2. 电冰箱的制冷效果

电冰箱起动运转5min后，压缩机和冷凝器应发热，吸气管发凉。当压缩机连续运行1~2h后，压缩机外壳温度最高不超过80℃。用手触摸外壳时，夏季应感到烫手，冬季较热。在电冰箱运转的情况下，若把耳朵靠近蒸发器，应能听到轻微的气流或水流似的声音。

电冰箱运转30min后，打开箱门观察，会发现蒸发器结有均匀的薄霜；用手指蘸水触摸蒸发器四周，手指应有被"粘"住的感觉。这说明电冰箱制冷性能良好。

3. 电冰箱的温度控制性能

环境温度在15~43℃，温控器调到"停"的位置，压缩机应能停止运转。温控器调到

"弱冷"的位置，压缩机应能起动运转。温控器调到"强冷"或"不停"的位置，压缩机应能运转不停。温控器调到中间位置，电冰箱运行 1~2h 后，应能自动停机，并在停机一段时间后，又自动开机，即按一定的时间间隔开停。此时电冰箱冷藏室的温度应不高于 5℃，冷冻室温度应达到其星级规定。一般来说，压缩机的起动次数每小时不应多于 6~9 次。

4. 电冰箱的化霜性能

在环境温度（32±1）℃下，单门电冰箱的冷藏室温度稳定在（5±1）℃，双门电冰箱的冷冻室温度符合星级的规定。运行稳定后，在冷藏室放置盛有水的容器，待蒸发器表面结霜 3~6mm 厚时进行化霜。对于半自动化霜电冰箱，在正常运转的情况下，按下化霜按钮，压缩机应停止运转，开始化霜。化霜结束后，压缩机应能自动起动，蒸发器及排水管路中不应残留冰霜。无霜电冰箱应加入冷冻试验负荷（冷冻试验负荷在电冰箱国家标准中有详细说明。为方便起见，一般都用瘦牛肉代替。放置量可根据冷冻室的容积约放 500g/L 瘦牛肉。放入前应将瘦牛肉冷却到规定星级的温度）进行结霜和化霜试验，测定化霜开始及结束时的冷冻负荷温度。化霜结束时冷冻负荷温升不应高于 5℃。

5. 电冰箱的运行噪声

压缩机运转的时候，电冰箱会微微颤动，并听到运行噪声。压缩机的噪声不应高于 45dB。在安静的环境中，可以听到压缩机轻微的"嗡嗡"声。人在离电冰箱 1m 处应不能听到压缩机的运行声音。手摸电冰箱箱体，不能有明显的振动。

6. 电冰箱的降温速度

在环境温度为（32±1）℃下，待箱内外温度大致平衡时关上箱门（箱内不放食品）。压缩机连续运转，冷藏室的风门温控器调定在最大位置。冷藏室温度降到 10℃、冷冻室温度降到 -5℃ 所用时间不应超过 2h。

7. 电冰箱的照明灯

打开冷藏室箱门时，箱内照明灯亮。箱门关闭，照明灯应熄灭。

8. 电冰箱的箱门紧闭状况

箱门磁性门条要有一定的磁力，开箱门时要施加一定的拉力才能拉开箱门；关箱门的时候，箱门靠近箱门框就会因磁性条的吸力而自动关闭。箱门关好后没有明显的缝隙。用一片宽为 50mm、厚为 0.08mm、长为 200mm 的纸条垂直插入门封任何一处，不应自由滑落。门封四角的缝隙宽度不大于 0.5mm，缝隙长度不超过 12mm。

3.1.2　常见假性故障

有很多新购买电冰箱的用户，由于缺乏对电冰箱基本知识的了解，把电冰箱工作时的正常现象，误认为是电冰箱的故障而招来烦恼，甚至送修理部门修理。常引起用户误认为是电冰箱故障的正常现象有以下几种。

1. 新电冰箱，长时间不停机

刚买的新电冰箱，通电工作很长时间，压缩机仍不停机，这不是故障。因为新买的电冰箱箱内箱外的温度相同，要使电冰箱箱内温度降低，压缩机必须连续运行 5~8h（视环境温度和温度控制器旋钮的位置不同而有差别）。因此，要冷冻的食品最好在电冰箱压缩机运行 3h 后，再放入冷冻室为好。

夏季环境温度较高或箱内堆放食物较多时，压缩机工作时间较长也为正常现象。

2. 新电冰箱运行时有较大的"嗡嗡"声

电冰箱在初次使用或起动时，由于运行状态没有稳定，故会发出较大的"嗡嗡"声。运行稳定后，声音就会减小。

3. 电冰箱经常发出"咔嗒"的声音

电冰箱在开停时，主控板、继电器等电气件会由于动作而发出"咔嗒"声，这是发出的正常响声。但有时由于电冰箱放置不稳固，或箱内食品放置不平稳，伴随着这种响声，还会听到较大的震颤声。遇到这种情况，只要把电冰箱或箱内食品放置平稳，即可消除这种震颤声。

4. 偶尔听到"咔咔"或"啪啪"声

在电冰箱压缩机开始运转或停止运转几分钟后，有时能听到"咔咔"或"啪啪"声。这是由于电冰箱在工作时，由于温度高低的变化，蒸发器、冷凝器和管路会由于热胀冷缩发出"咔咔"或"啪啪"的声音。这种声音不会影响电冰箱的正常使用和使用寿命。

5. 轻微的"滴嗒、滴嗒"的响声和吹风似的声音

有的电冰箱在上部可以听到轻微的"滴嗒、滴嗒"的响声和吹风似的声音。发出"滴嗒、滴嗒"声的是设有自动化霜装置的电冰箱，其除霜定时器转动时会发出这样的声音。吹风似的声音是间冷式电冰箱蒸发器小风扇运转时的吹冷气声，这两种声音是电冰箱在正常工作时必然要发出的声音。

6. 电冰箱工作时有过液声

从电冰箱压缩机开始起动，一直到电冰箱压缩机停止运转后 $1\sim2min$，电冰箱上部的蒸发器内会发出"咕噜、咕噜"似流水的响声。这响声是电冰箱工作时，制冷剂在制冷系统中循环的过液声。在压缩机停机 $1\sim2min$ 后，制冷剂仍会在制冷系统中流动一段时间。这种声音有的电冰箱听起来大一些，有的电冰箱听起来小一些，但如果在标准范围内，是电冰箱正常工作中必然产生的一种声音，不会影响制冷性能。

7. 电冰箱工作时，箱后背发热

电冰箱箱后背是冷凝器，是专门用以散热的部件，其工作温度一般可达到55℃。它的作用是保证制冷剂在制冷系统中能正常地进行工作。如果电冰箱工作时，冷凝器不热，那才是电冰箱发生故障了。

8. 电冰箱箱口四周和上、下两门之间的中前梁处发热

在这些部位，由于仅用门封隔热，而温度又较低，每遇阴雨潮湿季节，空气中的相对湿度较高时，水蒸汽接触到冷金属表面，便会凝结出露珠，严重时露珠会流到地面上（这是正常的自然现象）。

为了防止凝露，在箱口四周和中前梁处内表面，装设了一套门框防露管，以提高这些部位外表面的温度，使其不低于箱外空气的露点温度。所以，电冰箱箱口四周和中前梁处发热是正常现象。

空气湿度较大时电冰箱外部可能出现水珠，用软布擦干即可，这是正常现象。

9. 电冰箱工作时，压缩机外壳烫手

压缩机连续运转时，电动机的定子铁心和运行绕组的温度可达 $100\sim110℃$；压缩机的活塞对制冷剂进行压缩时会产生压缩热，其温度也可达到100℃。这些热量大部分是通过压缩机外壳向空气中散发的，所以，在夏天压缩机的外壳温度可达到90℃，这是电冰箱工作时的正常现象。

10. 压缩机停止工作时，电冰箱仍在耗电

压缩机停止工作时，电冰箱仍在耗电（如其他家用电器和照明灯都停用，家里电表转盘仍在转动）。这是由于在电冰箱电路中，防冻、热补偿电热丝，除霜定时器等，在电冰箱压缩机停止工作时仍在工作，需消耗电能，故电表转盘仍在转动，这并不是电冰箱的故障。

3.1.3 简单故障的分析与处理

如果电冰箱不能正常工作或出现一些异常情况，可以按以下方法自行处理，如表 3 - 1 所示。

表 3 - 1　电冰箱简单故障分析与处理

故障现象	分析及处理
电冰箱不能工作	检查电源是否有故障
	检查电源插头是否接触良好
	检查温度控制器调温旋钮数字位置是否在"关"点
冷藏室的食物冻结	检查温度控制器调温旋钮数字位置是否设置过高
	检查存放的食物是否接触后壁冷源
冷藏室后壁结露严重	检查温度是否设定不当
	检查门是否未关严或食品将门顶住未能关上
	检查门是否开启太频繁
	检查天气是否炎热
	检查温度是否过高
冷冻室冷冻不充分	如环境温度低于10℃，检查是否未将温度补偿开关置于"开"位置
	检查食品存放量是否过大，放置是否拥挤，冷气流通是否不畅；检查箱门是否未关好
	检查门封条是否有损伤或变形，密封是否不严
	检查电冰箱外部是否通风不良
化霜水溢流于箱内或地板上	检查出水孔有无阻塞
	检查接水盒安置的位置是否适当
噪声异常	检查安置是否不平稳
	检查是否碰到墙壁
	检查接水盒是否脱落
	检查外部制冷管道是否相互碰触或制冷管道与箱壁是否碰触
冬天不开机	环境温度低于10℃时，检查是否未将温度补偿开关置于"开"位置
	检查温度控制器调温旋钮数字位置是否设置太低
夏天高温不停机	检查温度控制器调温旋钮设置的数字位置是否过高
	检查是否误将温度补偿开关打到"开"位置
	检查外部是否通风不良
	检查门是否未关紧或门封是否不严
	检查开门是否过于频繁
	检查冷藏室放入热的食物是否过多

故障现象	分析及处理
按键操作无效	检查电冰箱是否处于断电状态
	检查电冰箱是否处于锁定状态，若是，解除锁定后再操作
	检查按键操作是否有误
主控屏自动跳挡	温度显示跳挡：请检查是否有中间断电或电压波动现象
	速冻显示跳挡：属速冻功能的自动运行，为正常现象
	人工智慧下温度显示跳挡：环境温度变化时，电冰箱自动进行温度调节，为正常现象
箱内有异味	有气味的食品是否严密包住
	检查有无变坏食品
	检查电冰箱内部是否需要清洁
灯不亮	检查灯泡是否损坏

3.1.4 检查电冰箱故障常用的方法

电冰箱的结构较复杂，出现某种故障的原因可能多种多样。实践证明，正确地运用"一看、二听、三摸"的方法，就能较有效地分析判断出故障的原因。

1. "看"

"看"是指用眼睛去观察或用仪表去测量电冰箱各部分的情况。用万用表检查电源电压的高低、电动机绕组电阻值是否正常；用兆欧表测量电冰箱的绝缘电阻是否在 $2M\Omega$ 以上。若各项指标正常，则可以通电试运行。

用电流表测量起动电流和运行电流的大小，然后打开箱门看蒸发器的结霜情况。如果电流数值不符合规定或蒸发器结霜不均匀（或者不完全结霜），则是不正常现象。用温度计测量电冰箱内的降温速度，如果降温速度比平常运转时有明显的减慢，则是反常现象。检查制冷系统管道表面（特别是各接头处）有无油污的迹象，如果有油污，说明有渗漏。

2. "听"

"听"是指用耳朵去听电冰箱运行的声音。例如电动机是否运转、压缩机工作时是否有噪声、蒸发器内是否有气流声、起动器与热保护继电器是否有异常的响声等。若有下列响声则属不正常现象：

"嗡嗡嗡"，是电动机不能正常起动的声音。

"嗒嗒嗒"，是压缩机内部金属的撞击声，说明内部运动件因松动而碰撞。

"嘶嘶嘶"，是压缩机内高压缓冲管断裂而发出的高压气流声。

"当当当"，是压缩机内吊簧断裂后发出的撞击声。

若听不到蒸发器内的气流声，说明制冷系统有堵塞。

3. "摸"

"摸"是指用手触摸电冰箱各部分的温度。电冰箱正常运转时，制冷系统各个部件的温度是不同的。压缩机的温度最高，其次是冷凝器，蒸发器的温度最低。

（1）摸压缩机运转时的温度

一般室温在 +30℃ 以下时，用手摸感到烫手，则属压缩机温度过高，应停机检查原因。

（2）摸干燥过滤器表面的冷热程度

正常的温度应与环境温度差不多，手摸上去有微温的感觉。若出现显著低于环境温度或结霜的现象，说明其中滤网的大部分网孔已被阻塞，使制冷剂流动不畅，而产生节流降温。

（3）摸排气管的表面温度

排气管的温度很高，正常的工作状态时，夏季烫手，冬季也较热，否则就不正常。

（4）摸冷凝器的冷热程度

一般一台正常的电冰箱在连续工作时，冷凝器的温度在+55℃左右。其上部最热，中间稍热，下部接近室温。冷凝器的温度与环境温度有关。冬天气温低，冷凝器温度低一些，发热范围小一些；夏天气温高，冷凝器的温度也高一些，发热范围大一些。

此外，低压吸气管温度低，夏天管壁有时结满露水，用手摸发凉，冬天用手摸则冰凉。

经过上述的"看"、"听"、"摸"之后，就可以进一步分析故障所在部位及故障程度。由于制冷系统彼此互相连通又互相影响，因此要综合起来分析，一般需要找出两个或两个以上的故障现象，由表及里判断其故障的实际部位，以减少维修中不必要的麻烦。平时多看、多听、多摸，体会不同季节、不同环境下的不同感觉。当电冰箱出现故障时，就容易根据这3方面的感觉判断出电冰箱的故障部位。

3.1.5 检查电冰箱故障一般的步骤

1. 检查电冰箱的使用电压

检查使用电压与电源电压是否相符。用万用表或兆欧表进行绝缘测量，其电阻值不得小于2MΩ。若小于2MΩ，应立即作局部检查，看电动机、温控器和继电器线路等部件是否有漏电现象。

2. 检查电动机绕组的电阻值

将机壳上接线盒拆下，检查电动机绕组的电阻值是否正常。如果绕组短路、断路或电阻值变小，则打开机壳重绕电动机绕组。

3. 其他方面的检查

经过上述检查后若未发现故障，可接通电源运转。如果起动继电器没有故障，而电动机起动不起来，并有"嗡嗡嗡"的响声，则说明压缩机抱轴卡缸，需打开机壳修理。如果压缩机能起动运转，则应观察其能否制冷。

4. 压缩机运转10min后的检查

1）用手摸，如果冷凝器发热、蒸发器进口处发冷，则证明系统中有制冷剂存在。

2）用手摸，如果冷凝器不热，并听到蒸发器"嘶嘶嘶"的气流声，则说明制冷系统中的制冷剂几乎漏光，应查看各连接口处是否有油迹存在。

3）用手摸冷凝器不热，也听不到蒸发器"嘶嘶嘶"的气流声，但能听到压缩机由于负载过重而发出的沉闷声，则说明制冷系统中的过滤器或毛细管有堵塞现象。

4）蒸发器如出现周期性结霜，说明系统中有水分，在毛细管的出口处出现冰堵的现象。

5）吸气管结霜或结露，说明充加的制冷剂过量。

6）蒸发器结霜不均匀，说明制冷剂充加量不够。

7）用手摸蒸发器的出口部位10cm左右处，在夏季稍微有点凉，冬季稍微有点霜，说明充气量合适。

3.1.6　电冰箱检查维修中的注意事项

1) 对电冰箱通电检查前，应用绝缘电阻表或万用表检测电冰箱的绝缘电阻。正常值应在 2MΩ 以上。绝缘电阻不合格的电冰箱切不可进行通电试验，以防电冰箱漏电危及人身安全。

2) 在气焊操作时，要严格遵守气焊操作规程，穿戴好工作服、手套及防护眼镜等劳保防护用具、防止烧伤。

3) 在泄放 R12 制冷剂时，应注意防止 R12 与明火接触，因为 R12 与明火接触时产生的光气会危害人体健康。

4) 维修电冰箱的制冷系统时，在未做好准备前，不应打开管道；制冷系统各部件（特别是压缩机）拆下后若不立即使用，都应封口，进行密封处理，以免因长时间放置，而使水分杂质进入管路中，造成故障隐患。

5) 在维修过程中需要更换的部件，例如压缩机、干燥过滤器、蒸发器等部件必须在烘箱中（100～105℃）烘干 24h 以上。

6) 在拆焊电冰箱的高、低压管及工艺管时，要选择好火焰的方向和位置，防止烤坏箱体和电气部件，必要时要用隔板隔离。

3.1.7　电冰箱两种典型故障的检修流程

1. 压缩机不启动检修流程

电冰箱压缩机不能起动，可能是电动机、电器线路或压缩机机械部分出现故障。要确定是哪一部分的问题，就需要逐步检查。这类故障的检查程序如图 3-1 所示。由于电冰箱的温控器、起动器、保护器和电动机串联后再与照明灯并联接入电源，所以可以从检查照明灯入手。当打开箱门时，会看到照明灯亮或不亮两种情况，然后按图示逐级检查，找出故障部位。

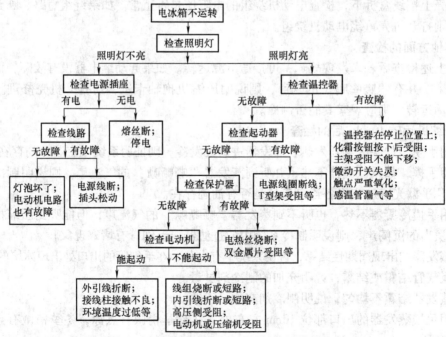

图 3-1　电冰箱不能起动运转故障的检查程序

（1）照明灯不亮

照明灯不亮有两种可能性：一种是灯泡坏了；一种是没有电。这时可用交流电压表或试电笔测试电源插座。如果电源插座有电，再检查电冰箱的线路。如果线路故障，可能是电源线断路或插头松动接触不良。如果线路没有故障，那可能是灯泡损坏或电动机电路有故障。

（2）照明灯亮

照明灯亮，说明有电。则可能是温控器、起动继电器、保护器和电动机等串联电路中有故障，这就需要逐一检查。

1）检查温控器。

温控器的故障集中到一点是快跳微动开关的动、静触点不能接触导通。这时，有以下几种可能：温控器旋钮被置于停止，化霜按钮按下后受阻不能复位，主架受阻不能下移，移动开关失灵，触点严重氧化，感温管内感温剂泄漏。要准确判定温控器是否有故障，需要把它拆下来，用万用表电阻挡测量温控器的触点是否导通，如果不导通，证实温控器有故障。这时，用导线将连接温控器的两根导线短接，电冰箱应能起动，如果温控器没有故障，就要检查起动继电器。

2）检查起动继电器。

用一根导线短接重锤式起动继电器的两个静触点（要注意导线短接的时间不要超过2s，时间长了会烧毁起动绕组）。如果电冰箱能够起动运转，说明起动继电器有故障，可能是电流线圈断路或T形架受阻不能上移。如果用导线短接不能起动，就要检查保护器。

3）检查保护器。

可用短接的方法检查保护器，即用一根导线把过流、过热保护器的两个接线铜片短接起来。如果电冰箱能够起动运转，说明保护器有故障，可能是电热丝烧断，或碟形双金属片受阻不能下翻。如果冰箱仍不能起动，就要检查电动机。

4）检查电动机。

检查的时候，把起动继电器和保护器拆下，露出电动机的三根接线柱。用万用表电阻挡测量接线柱之间的电阻值。如果每两根接线柱之间有一定的电阻值，且满足 $R_{MS} = R_{MC} + R_{SC}$ 和 $R_{MS} > R_{SC} > R_{MC}$，说明电动机绕组没有故障。如果测得电阻值很大，则可能是绕组烧断或内部引线折断。如果测得的阻值很小，则可能是绕组短路，或内部引线短路。绕组出现断路、短路等现象，都需要开壳修理。

如果测得的阻值同正常值相差不多，但不能起动运转，这时不要急于拆开压缩机，可以采用直接接通电源的方法进行检查。具体的方法是：用带有电源插头的两根电源线接在 M、C 接线柱上，也就是接在运行绕组上，再用螺钉旋具作为导线同时碰触 M 和 S 接线柱，如图 3 - 2 所示。然后把插头插在电源插座上。如果电动机和压缩机没有故障，就会起动。起动 2s 左右，把螺钉旋具移开，电动机转入正常运转。注意通电时间不要超过 15s，因为这时候没有过流保护装置，若时间过长遇到过流情况发生，容易烧毁电动机。

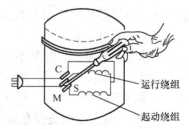

图 3 - 2　直接接电源检查电动机

如果检查证明能起动运转，说明电动机没有故障，故障发生在电动机外部，可能是外引线折断，或接线柱接触不良，也可能是环境温度过低等。

2. 压缩机不停止检修流程

电冰箱运转不停，可能是电路系统或制冷系统有故障。要迅速准确地检查出故障部位，可以从制冷效果（例如过冷、不制冷、效果差）入手。检查程序如图3-3所示。

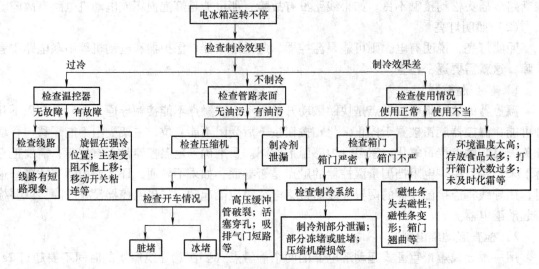

图3-3　电冰箱运转不停故障的检查程序

（1）箱内温度过低

箱内温度过低，说明制冷系统没有故障，是电路系统不能自动控制压缩机的开、停所造成的。可能是温控器或线路有故障。

1）检查温控器。

如果将温控器旋钮旋到强冷位置，微动开关动、静触点不能分离，就会出现电冰箱运转不停、箱内温度过低的现象。如果温控器旋钮并不是在强冷位置，可把温控器拆下来，使接线开路。如果这时电冰箱不运转，说明故障是在温控器里，可能是主架受阻不能上移，微动开关粘连在一起，温控器感温管卡装松动造成温感失调。如果把温控器拆下来后，电冰箱仍然运转不停，说明线路有短路或压缩机效率降低。

2）检查线路。

打开压缩机旁边的接线盒，拆出通往电冰箱内部的导线。这时如果电冰箱不运转，说明箱内导线有短路现象；如果电冰箱仍然运转不停、说明起动器盒内有短路现象。

（2）电冰箱不制冷

电冰箱运转不停，但是不制冷，冷凝器不热，蒸发器不凉。这种故障的原因一般在制冷系统。可能是制冷剂泄漏，冰堵、脏堵，压缩机有故障。由于制冷系统是封闭的，所以可通过观察管路表面有无油污、用手触摸各部分的温度、耳听运行声音来检查。

1）检查管路表面是否有油污。

仔细检查冷凝器、过滤器、毛细管、蒸发器、吸气管、压缩机外壳及管路结合处。如果发现有油污，说明制冷剂泄漏。这时可切开压缩机的工艺管。如果没有制冷剂喷出，或只有少量的制冷剂喷出，就进一步证明是制冷剂泄漏。

如果没有油污，则需要进一步检查压缩机的温度。

2）检查压缩机的温度。

用手摸压缩机，如果压缩机的温度不太高，同正常运转时差不多，说明管路畅通，没有堵塞现象，而可能是高压缓冲管破裂、活塞穿孔和排气阀同吸气阀短路等。这时可切开高压排气管，排出制冷剂，用手指按住压缩机排气管口，起动压缩机。如果手指不感到有压力或者压力很小，证实压缩机内部有故障，需要拆开压缩机作进一步检查和修理。

如果压缩机的温度很高，特别是高压排气管部位很烫手，说明压缩机超负荷运转，管道发生堵塞。但究竟是冰堵还是脏堵，还需要检查压缩机开机时的情况。

3）检查压缩机开机时的情况。

切断电冰箱的电源，打开箱门，使制冷系统各个部件恢复到室温。然后接通电源，电冰箱起动运转。如果开始时蒸发器结霜良好，冷凝器发热，低压吸气管发凉，在电冰箱上部能听到气流声和水流声，但过一会儿，蒸发器结霜融化，只在毛细管同蒸发器结合部位结有少量霜，冷凝器不热，低压吸气管不凉，用耳朵贴近电冰箱上部听不到声音，说明出现了冰堵。这时如果用热毛巾敷在毛细管同蒸发器的结合处，又能重新制冷，则进一步证实是冰堵。

如果开机的时候不见蒸发器结霜，冷凝器不热，低压回气管不凉，用耳朵贴近电冰箱上部听不到声音，则可以初步认为发生了脏堵。这时，可以切断高压排气管，排出制冷剂，用手指按住排气管，起动压缩机，如果手指感到有较大的压力，说明管路发生脏堵。

（3）电冰箱制冷效果差

电冰箱运转不停，但箱内温度达不到要求，制冷效果差。这可能是使用不当造成，或箱门关闭不严，或制冷系统故障引起的。一般应先检查使用情况和箱门情况，再检查制冷系统。

1）检查使用情况。

首先要了解环境温度。如果高于43℃，制冷效果差一些是正常的。如果环境温度不高，要打开箱门检查。如果箱内食品太多，特别是放入了温度高的食品，食品释放出大量的热量；或者打开箱门次数太多，外界热空气不断进入箱内；或者未及时化霜等，所有这些都会使电冰箱长时间运转不停，制冷效果差。

2）检查箱门。

电冰箱箱门关闭不严，热空气会从缝隙处不断进入箱内。这可能是磁性门封条失去磁性、老化变形，或是箱门翘曲造成的。

3）检查制冷系统。

如果使用情况正常，箱门又能关闭严密，那么制冷效果差的故障就出在制冷系统。由于制冷系统仍能工作，因此，可能是制冷剂部分泄漏、部分冰堵或部分脏堵，也可能是压缩机内部故障（活塞磨损、阀门漏气等）。检查的顺序是首先观察管路表面有无油污。如果有油污，说明制冷剂部分泄漏。这时可以切开工艺管，灌入适量的氟利昂制冷剂，再次起动运转。如果运转正常，证明是制冷剂部分泄漏。

如果管路表面没有油污，可检查开机时的情况。如果开机时制冷正常，蒸发器结霜良好，在电冰箱上能听到气流声和水流声，但过了一会儿制冷效果变差，只能听到微弱的气流声和流水声，说明是部分冰堵。

如果开机时制冷效果就差，用耳朵贴近冰箱上部只能听到微弱的气流声和水流声，这可能是脏堵或压缩机内部故障，需要进一步检查。这时，可切开工艺管，灌入适量的氟利昂制冷剂，并接入气压表，起动压缩机。如果气压表所示气压下降到正常值（0.06～0.08MPa）以下，说明压缩机内部没有故障，只是管路有部分脏堵。如果气压下降到正常值以上，说明压缩机性能下降，严重时需要拆开压缩机详细检查和修理。

如果制冷系统混入空气，或者制冷剂充加过多或不足，都可能影响制冷效果。

制冷系统若混入了空气，由于空气是不凝气体，在一般的低温下不会凝结为液体，因而会影响冷凝器的传热，使冷凝压力和冷凝温度相应升高，同时，蒸发压力和蒸发温度也相应提高。这样，电冰箱内的温度也不会往下降。其故障现象是：压缩机排气管温度特别高，冷凝器的温度高于正常值，蒸发器不降温，回气管温度也偏高。这时必须重新抽空处理。

制冷系统中充加过多的制冷剂会使过多的制冷剂在蒸发器内不能很好地蒸发，液体制冷剂返回压缩机中。这样压缩机的吸气量减少，制冷系统低压端压力升高，又影响蒸发器内制冷剂的蒸发量，造成制冷能力下降；同时，过多的制冷剂会占去冷凝器的一部分容积，减少散热面积，使冷凝器的冷却效率降低，吸气管压力和蒸发温度也相应提高，吸气管出现结霜现象。遇到这种情况，必须及时将多余的制冷剂排出制冷系统，否则不但不能降温，而且压缩机有液击冲缸的危险。

制冷系统充加的制冷剂过少时，会使蒸发器的蒸发表面积得不到充分利用，制冷量降低，蒸发器表面部分结霜，吸气管温度偏高。遇到这种情况，可以补充适量的制冷剂。

3.2　电冰箱常见故障与维修

电冰箱的故障多发生在制冷系统或电气控制系统。电冰箱常见的故障现象、可能的原因及检修方法见表3-2。

表3-2　电冰箱常见故障和检修方法

故障现象	故障原因	检修方法
通电后电冰箱压缩机不运转，没有声音	1）电源线、插头、熔断器等线路中断或接头处松脱 2）电动机运行绕组烧断 3）温控器失效，触点未闭合或接触不良 4）重锤式起动继电器T形架受阻不能上移，电流线圈断线 5）过流、过热保护器碟形双金属片受阻不能复位闭合，电热丝烧断	1）检查线路，更换相应容量的熔丝，若松脱需插紧或焊牢 2）拆开压缩机，重新绕制绕组 3）调整开关，使其闭合，若损坏，需更换新温控器 4）拆下重锤式起动继电器，修理或更换 5）检查并调整至双金属片接点复位，如电阻丝烧断可换新的
通电后电冰箱压缩机不运转，只能听到"嗡嗡"声	1）电源电压过低，起动电流小，起动继电器不能动作，使保护器反复跳开，或电源电压过高，起动后工作电流过大，保护器反复跳开 2）起动继电器未闭合，或接头有尘埃，接触不良 3）环境温度过低 4）电动机起动绕组断路 5）电容器断路或短路	1）用电压表测量电源电压，看是否在使用说明书所规定的范围内（我国为187～242V）。可配置一个1kV·A的调压器，把电压调到220V 2）用细砂布打磨接点，清除尘埃或调整继电器 3）环境温度低于15℃难以起动，低于10℃不能起动不算有故障。电冰箱应放在高于15℃、低于43℃的室内使用 4）更换绕组或压缩机 5）检修或更换电容器

故障现象	故障原因	检修方法
通电后电冰箱压缩机不运转，只能听到"嗡嗡"声	6) 温控器断路 7) 电冰箱长期放置，使压缩机转动不灵活 8) 过载保护器断路 9) 压缩机负荷过重，或冷却系统内部制冷剂过多，致使压力过高 10) 压缩机高压阀片漏气或抱轴卡死 11) 压缩机磨损或润滑不良	6) 将接线端子短路，如果运转，检查发现仅触点接触不良时，用细砂纸磨平后修复或更换温控器 7) 把电源插头拔下，再插上，反复几次。如果压缩机运转情况有改善，一般能恢复正常；如果没有改善，需要拆开压缩机修理 8) 更换保护器 9) 降低电压或减少制冷剂 10) 检修或更换压缩机 11) 检修或加润滑油
压缩机运转不停，箱内温度过低	1) 温控器旋钮置于"不停"或"急冷"位置 2) 温控器触点粘连 3) 温控器感温管尾部安放位置不当，不能感受蒸发器的温度变化 4) 压缩机效率降低	1) 将旋钮转向中间位置 2) 切断电源后，将温控器旋钮反复旋转，通电后应恢复正常，如仍不停，则应检修或更换 3) 调至适当位置，一般要求紧贴蒸发器表面 4) 检修或更换压缩机
电冰箱运转时，压缩机过热	1) 压缩机工作压力过高或系统内有空气 2) 压缩机润滑不良 3) 轴承磨损 4) 冷凝器出口处过滤器堵塞 5) 制冷剂充加过多 6) 电动机绕组短路 7) 电动机绕组接地 8) 电动机电源电压太低 9) 电容式电动机的电容损坏	1) 检查压力高低，若过高要放掉少量制冷剂或排除空气 2) 添加冷冻机油 3) 更换轴承 4) 疏通或更换过滤器 5) 排出过多的制冷剂 6) 拆除重绕 7) 将电动机拆开修理或重绕 8) 查明和纠正电压 9) 更换电容器
压缩机起动、运行后，过载保护器周期跳开	1) 电源电压过低 2) 过载保护器出故障 3) 电动机线圈短路或接地 4) 电动机冷却不好 5) 排气阀片漏气或断裂	1) 安装自耦调压器，稳压到额定值 2) 检修、更换。若接触不良，用细砂纸修复 3) 检查线圈阻值或接地 4) 检查制冷系统 5) 更换阀片
压缩机运转不久，过载保护器断开	1) 电源电压高 2) 过载保护器不良，跳脱过早 3) 起动继电器触点粘接 4) 电动机内部有短路 5) 压缩机内部机械有故障 6) 压缩机附近温度太高	1) 安装自耦调压器，稳压到额定值 2) 检查或更换 3) 用细砂纸修复或更换 4) 重绕或更换压缩机 5) 检修或更换压缩机 6) 增加散热空间
电冰箱箱体漏电，接触箱体或开门时手发麻	1) 电冰箱未接地 2) 温控器因受潮而短路 3) 照明灯头、门开关因受潮而短路 4) 继电器接线螺钉碰壳造成短路 5) 压缩机接线柱碰壳 6) 电冰箱电气系统各器件受潮后绝缘性能下降，造成漏电 7) 压缩机与地绝缘电阻小于2MΩ	1) 电冰箱电源插座地线端应接地 2) 检修，去潮，擦干 3) 检修，擦拭 4) 调整适当位置 5) 调整更正 6) 逐项检查，绝缘损坏严重应更换，将受潮部件拆下放入干燥箱烤干 7) 用万用表或绝缘电阻表检查漏电处，修复

故障现象	故障原因	检修方法
电冰箱噪声大	1）放置电冰箱的地板松动或不平 2）压缩机、冷凝器、排气管、毛细管未固定好 3）压缩机内吊簧折断，机壳振动大，发出"当当"响声 4）压缩机润滑不足 5）接水盘振动 6）电冰箱外壳接触墙壁 7）轴封表面干燥或腐蚀	1）调节电冰箱底脚螺钉或垫上木块、橡胶，使电冰箱4脚平稳 2）紧固固定螺钉，并使毛细管吸气管等与箱体离开一定距离或垫上橡胶垫 3）拆开压缩机，更换吊簧；然后焊接，检漏，干燥抽空 4）查修漏油处，补充润滑油 5）应装紧 6）移动电冰箱位置 7）注入润滑油或修整轴封装置
压缩机运转不停，但不制冷	1）制冷剂全部泄漏 2）严重冰堵 3）严重脏堵 4）压缩机内高压缓冲管破裂，活塞穿孔，吸、排气阀片损坏，使吸、排气阀门短路等	1）仔细检漏和焊补，然后对制冷系统干燥抽空，充灌适量的制冷剂 2）对制冷系统重新干燥抽空，充灌适量的制冷剂 3）更换毛细管和过滤器，然后检漏，干燥抽空，充灌适量的制冷剂 4）拆开压缩机检查修理。如果阀片座出现凹凸不平，要进行研磨。然后检漏，干燥抽空，充灌适量的制冷剂
压缩机运转不停，但制冷效果差	1）存放食品过多，打开箱门次数太多，未及时化霜 2）环境温度过高 3）磁性门条失去磁性或变形，箱门翘曲 4）制冷剂部分泄漏 5）部分冰堵 6）部分脏堵 7）压缩机的活塞和气缸磨损，气门阀片和阀片座封闭不严	1）正确使用电冰箱即能恢复正常运转 2）环境温度高于43℃运转不停，不算有故障 3）更换磁性门条，修理箱门 4）仔细检漏和焊补，然后对制冷系统干燥抽空，充灌适量的制冷剂 5）对制冷系统重新干燥抽空，充灌适量的制冷剂 6）更换毛细管和过滤器，然后检漏，干燥抽空，充灌适量的制冷剂 7）如果压缩机已使用8年以上，是正常磨损，应换新压缩机。如果不到8年，可拆开检查和修理
压缩机起动频繁，或运行时间过长，但箱内温度下降很慢	1）温控器的温度控制范围过小 2）温控器动、静点接触不良 3）温控器的感温管与蒸发器距离较远 4）温控器失灵 5）箱门门封不严，保温不好或门与箱体歪斜 6）箱内放置物品过多 7）环境温度太高、湿气太大、附近空气不疏通 8）蒸发器表面结霜太厚 9）制冷不足或泄漏 10）箱门打开次数频繁，开门时间过长 11）毛细管或干燥过滤器堵塞	1）把温控器旋钮向"冷"点适当调整，或更换温控器 2）拆下温控器，用细砂布把动、静触点打磨光滑 3）调整至接近蒸发器表面 4）若将温控器钮盘置于"停止"位置，压缩机仍运转不停，则应更换温控器 5）更换门封，或在有缝隙处加垫，修正门与箱体的相对位置 6）箱内物品的存放量不超过电冰箱有效容积的80%为合适 7）把电冰箱置于适当位置，使空气易于流通循环 8）定期除霜 9）检漏或补充制冷剂 10）尽量少开门，缩短开门时间 11）更换新的毛细管或干燥过滤器

3.3 电冰箱制冷系统故障的维修

电冰箱制冷系统的常见故障主要涉及制冷系统的堵塞、制冷剂泄漏等方面，包括冷凝器、蒸发器、毛细管、干燥过滤器和常用闸阀等部件。

3.3.1 堵塞故障的维修

制冷系统堵塞分别为脏堵、油堵和冰堵3种。

1. 脏堵故障的检修要点

制冷系统发生脏堵的主要部位在毛细管进口处或干燥过滤器的滤网处。制冷系统的脏堵会直接影响制冷剂的循环。系统发生脏堵后，压缩机连续运转不停；轻微的脏堵时，冷凝器下部会集聚大部分的液态制冷剂，流入蒸发器内的制冷剂明显减少，蒸发器结霜时好时坏，箱内降温不明显。严重的脏堵时，蒸发器内听不到制冷剂的流动声，蒸发器不结霜，冰箱完全不制冷。

进一步检查，在堵的部位可发现有凝霜或结霜，或在其两端有明显的温差。

脏堵故障可按下列工艺过程进行维修。

（1）排除毛细管内脏物

先断开毛细管和干燥过滤器，从压缩机上焊下低压回气管，再将毛细管伸直，然后从低压管一端充入0.6~0.8MPa的高压氮气，同时用气焊碳化焰从毛细管的断口开始，依次烘烤毛细管，使毛细管中的脏物油污化为炭灰，被高压氮气冲出。

如果实在吹不出毛细管中的脏物，则可连同低压回气管一起更换。更换新管时，应用湿布将蒸发器上的铜铝接头包住，以免在焊接时烧坏。在焊接时，应将毛细管插入铝铜接头4~5cm，以防焊堵。从制冷系统中焊下毛细管时，应记下其长度和内径，以便更换新的同规格的毛细管。

（2）清洗制冷系统

出现脏堵故障，说明制冷系统中杂质的含量已远远超过了对系统净度的要求，因此在排除毛细管脏物后，应对系统管路进行全面的清洗。清洗方法详见7.3.1节（如图7-39、图7-40所示）。清洗干净后，应将冷凝器、毛细管、蒸发器和低压回气管分别放入电热干燥箱内烘干。烘干后将蒸发器和冷凝器安装好待焊。

（3）更换干燥过滤器

油污阻塞或水分吸附过多，会引起干燥过滤器表面凝露或结霜。修理时，应将干燥过滤器拆下，用四氯化碳或汽油清洗，过滤器经干燥活化处理后，可以重新使用；若不能修复则应予更换。更换干燥过滤器过程中，干燥过滤器必须经过严格的活化处理。

活化处理的方法如下：将干燥过滤器放入真空干燥箱内加热至180~200℃，稳定20min，使温度均匀，然后开启真空管路阀门，开启真空泵，加热抽真空6h以上。出箱前要充入0.05~0.1MPa表压力的干燥氮气，保持1~2min，然后取出。对锡箔抽真空封存的干燥过滤器，锡箔启封后，要立即焊入制冷系统。

（4）检查冷冻机油

拆下压缩机，从工艺管将冷冻油倒出检查。若含杂质或颜色变深，黏度变稠，应更换新油，并将压缩机重新安装好。

（5）焊接

先将干燥过滤器接冷凝器，然后将毛细管插入干燥过滤器 1.5～2cm 后焊好。再将 0.3MPa 氮气从高压冷凝管充入，观察是否有氮气从低回气管排出。有氮气排出，则说明管路畅通。最后将低压管、高压管分别与压缩机相应管口焊好。

（6）检漏、抽真空、充注制冷剂

管路焊好后，从接有真空压力表的工艺管充入 0.8～1.0MPa 高压氮气。然后用肥皂水检查各焊口是否泄漏，同时也应观察压力表上读数是否下降。如果泄漏，则需重新补焊。最后抽真空、充注制冷剂（具体操作见 7.3 节中的有关内容）。

（7）试车、封口

起动压缩机、观察真空压力表上读数，应从 0.3MPa 降至 0.05MPa 左右为正常。随后用手摸冷凝器应感到逐渐变热，打开冷冻室门，能听到蒸发器内的气流声，并且冷冻室温度逐渐下降，直至蒸发器表面均匀结霜。待冰箱正常工作数小时后，即可进行封口。

2. 油堵故障的检修要点

如果电冰箱的制冷能力下降，检查故障原因时又发现压缩机运转时间增长，并且能听到蒸发器内发出"咕咕"的吹油泡声，则为油堵。

油堵主要是压缩机从排气管排油过多（活塞与气缸磨损或排气阀片密封不严）造成的，因此需更换新的压缩机。另外在制冷系统管路特别在干燥过滤器中也一定积存了很多的油污，因此必须清洗制冷系统管和更换干燥过滤器。清除管路中的冷冻机油及以后的维修工艺与脏堵故障维修相同。

3. 冰堵故障的检修要点

冰堵的主要原因是制冷系统内含水分过多。当干燥过滤器吸水量饱和时，多余水分进入毛细管，在出口处由于温度较低而使水结冰，堵塞毛细管道。冰堵都发生在毛细管出口处。

毛细管冰堵时，可使制冷系统出现周期性的制冷与不制冷，蒸发器结霜也呈周期性。电冰箱开始通电时，蒸发器结霜正常，过半小时或几小时后，随着系统内水分在毛细管出口处冻结，蒸发器内制冷剂流动声逐渐减弱，最后消失，蒸发器的霜融化掉，待霜化尽又恢复制冷，而后又失去制冷能力，呈现周期性制冷现象。

进一步检查，可在蒸发器中的气流声消失时，即用热棉纱加热蒸发器进口处的毛细管，若很快便听到蒸发器中重新有气流声，冷凝器温度升高，则可判断为冰堵。

若故障判定为冰堵，应将制冷系统各部件拆下，在 100～105℃ 温度下加热干燥 24h，以驱除部件中过量的水分。若在加热的同时，对部件抽真空，则可以加速水分的排除。制冷系统的干燥处理也可采用 7.3.4 中介绍的双侧抽真空方法。

制冷系统各部件干燥处理后即可进行组装焊接。以后的维修工艺过程也与脏堵故障维修相同。

不能使用向制冷系统内充入甲醇的方法来排除冰堵。因为甲醇虽然降低冰点，但与水及 R12 混合，会生成盐酸、氢氟酸，腐蚀铝蒸发器和压缩机零件，腐蚀电动机的绝缘材料，将造成一系列严重的隐患。因此这种方法是不可取的。

3.3.2 泄漏故障的维修

制冷系统产生泄漏将使压缩机长时间运转，而箱内不降温。现具体地介绍电冰箱维修中最为常用的查漏方法。由于电冰箱的结构形式各不相同，其查漏方法有所不同。

1. 整体打压查漏

对电冰箱的查漏，一般先进行整体查漏。此法是在压缩机工艺管切口处焊上带真空压力表的三通阀，从三通阀接口处注入 0.6MPa 的高压氮气，用小毛刷将制好的肥皂水涂抹在可能发生泄漏的部位，凡鼓起肥皂泡的地方即为泄漏点。

采用上述检漏方法对于外露式的蒸发器或冷凝器的冰箱来讲，可方便地查出泄漏点。若电冰箱的蒸发器或冷凝器为内藏式的，则需充入高压氮气后保压 4h 以上（必要时可保压 24h，以排除环境温度变化对系统压力的影响）。观察真空压力表指示是否降低来判断是否产生内漏。如确认为是内漏，则需进行分区查漏、以确定具体泄漏点。

2. 分区打压查漏

制冷系统按压力的高低可分为高压和低压两个区。分区打压查漏就是把系统分成两区或更多部分来进行打压查漏，以逐步缩小故障的寻找范围。

（1）高压区查漏和修复

高压区包括副冷凝器（水蒸发加热器）、主冷凝器（外露式或内藏式）及门口防露管构成的冷凝管路。打压前先将压缩机的高压排气管口和干燥过滤器处的焊口焊开，再将干燥过滤器口封死，在冷凝器入口处接上三通阀，即可从阀的接口处注入 1.2MPa 的高压氮气（见图 3-4）。保压 24h 后观察表压力是否下降，如果下降，则说明高压区泄漏。这时可用肥皂水检查副冷凝器是否泄漏。若副冷凝器不泄漏，则再视管路的具体连接方式分段进行打压查漏，直至查出泄漏点。

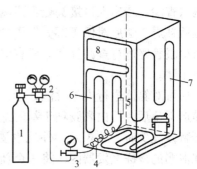

图 3-4　高压区打压查漏示意图
1—氮气瓶　2—减压器　3—真空压力表
（带修理阀）　4—充气管　5—干燥过滤器
6—左侧冷凝器　7—右侧冷凝器　8—门口除露管

若查出故障为副冷凝器或外露式主冷凝器泄漏，则可用银焊或铜焊焊好；若仅是门防露管泄漏，则可将门防露管甩掉不用；若是内藏式主冷凝器和门防露管内漏，则可将内藏式主冷凝器和门防露管都甩掉，用与电冰箱容积相匹配的外露式冷凝器代替，安装时将冷凝器固定在电冰箱后背，然后将冷凝器的进气管接副冷凝器的出口，而冷凝器的出口接干燥过滤器即可。组装完毕后经打压，确认不再泄漏后再进行抽真空、灌气、试车和封口等操作，电冰箱即可修复。

（2）低压区查漏与修复

对于单门电冰箱和间冷式电冰箱，当蒸发器泄漏时，可设法将蒸发器拆卸下来查出泄漏点。而直冷式双门（或多门）电冰箱，由于冷冻室蒸发器都为内藏式的，冷藏室蒸发器有的外露（例如富渝–将军、东芝等），有的内藏（例如五洲–阿里斯顿、华意等），故需用此法来进一步查漏。

这类电冰箱的低压区包括冷冻室蒸发器、冷藏室蒸发器及与之相连的低压回气管和毛细管。打压前先焊下压缩机上的低压回气管，接上三通阀，并将毛细管入口端封死。然后由三通阀口通入 0.5 ~ 0.6MPa 氮气，如图 3 - 5 所示。随即可用肥皂水检查外露的管路是否泄漏。当确认外露部分管路不泄漏后，可保压 4h 以上，观察表压力是否下降，若表压下降，则说明是蒸发器内漏。

蒸发器内漏（或蒸发器与内藏式主冷凝器同时内漏）需开背检修。由于双门直冷式电冰箱蒸发器多为铝蒸发器，在其两端多有铜铝接头、铜焊接头和铝管接头，而内漏又大多发生在各个接头上，所以开背修理首先就是寻找接头。

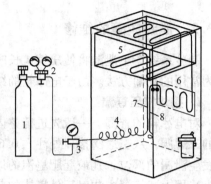

图 3 - 5　低压区查漏连接示意图
1—氮气瓶　2—减压器　3—真空压力表
（带修理阀）　4—充气管　5—冷冻室蒸发器
6—冷藏室蒸发器　7—低压回气管　8—毛细管

为便于开背修理，可视情况将顶面板及上下箱门拆掉，再将箱体放倒在旧麻袋片上，后背向上，然后用凿子在箱体的边缘处将点焊凿开，将钢板卸下（有的电冰箱后背为活动铁皮）。这时可挖去蒸发器出入口处的聚氨酯泡沫，待露出接头时，可重新向低压区充氮气并用肥皂水查漏。若出入口接头处不泄漏，再挖去蒸发器管路部分的聚氨酯泡沫后查漏。查出泄漏点后补焊，随后对低压部分保压检查。若制冷系统同时还伴有冷凝器内漏的故障，则应同时对冷凝管路进行查漏补漏。所有泄漏点补好后，即可进行组装、抽真空、灌气、试车和封口等工序。

最后可对箱体进行人工发泡处理，或将绝热材料回填。箱体发泡充填完毕后，将后背钢板经整形平整后，用白乳胶粘于新的绝热层上，并用自攻螺钉固定四周即可。

开背修理费时、效果差，外观也受到一定程度的影响。在维修中比较经济实用的方法是：在泄漏的冷冻蒸发器内，将一个新的、比它稍小的蒸发器套在里面，并将其两根连接管从原蒸发器的后面穿出，接到原蒸发器连接管所接的位置。该法称为嵌入法；比较简单实用。

3. 补漏

（1）冷凝器及其他管路的补漏

若泄漏点是位于冷凝器盘管或低压回气管和毛细管等管路部位，需对管路表面进行适当的清洗，若泄漏点的材质为铜管，则采用低银磷铜焊补焊；若泄露点的材质为钢管，则采用银焊进行补漏。冷凝器补漏后，还应涂以黑漆以恢复其原貌。

（2）铝蒸发器的其他补漏

如果是铝蒸发器泄漏，则除了可采用铝焊补漏方法以外，还可采用胶粘法进行补漏。

胶粘剂补漏是一种简单、可靠、操作容易并且行之有效的铝补漏方法。可采用 SA102 快速胶粘剂、CH -31 胶粘剂、JC -311 胶粘剂和北京椿树橡胶厂生产的 CX212 胶粘剂等进行粘接补漏。补漏时，应将漏孔表面用砂纸打光，再用酒精或丙酮擦洗干净，并按说明书的比例将胶粘剂混合均匀后涂在裂缝或漏孔部位，固化后可用 0.5 ~ 0.6MPa 的高压氮气进行查漏试验。为使胶粘效果更为理想，在补漏时可用薄铜片或薄铁皮制成适合胶补点外形的加强片、加强管或加强夹来增强胶粘的强度。

3.3.3 压缩机故障的检查及更换

家用电冰箱的压缩机都是采用全封闭压缩机。被外壳封闭的压缩机组，在壳内与冷冻油、制冷剂长期接触，又处于高温高压下，当电动机冷却条件恶化或制冷系统出现故障时，压缩机也往往会出现故障或导致电动机烧坏。电冰箱所配压缩机的故障分为机械性和电气性故障两类。

1. 压缩机的基本结构

蒸气压缩式电冰箱中使用的压缩机为蒸气压缩式全封闭制冷压缩机，是由压缩机和电动机组成的，通常简称为压缩机，压缩机是制冷系统的心脏。图3-6所示为压缩机在电冰箱中的安装使用情况，图3-7所示为往复活塞式压缩机的外形图。

图3-6 压缩机在电冰箱中的安装与使用情况

电冰箱所使用的压缩机都采用钢体封装式设计，压缩机被安装在壳体内，在壳体上的适当位置引出3根管路和3个接线端子，如图3-8所示。

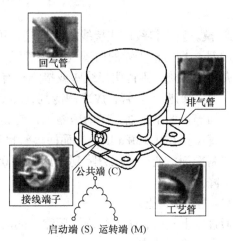

图3-7 往复活塞式压缩机的外形　　　　图3-8 常见压缩机的引管与接线端子

压缩机的3根管路分别是排气管、回气管和工艺管。其中，较细的一根管路是压缩机的排气管，被压缩后的高温高压过热蒸气就是由这根管路排出送往冷凝器的，因此这根管路也称为高压管。较粗的一根管路是压缩机的回气管。在蒸发器里进行热交换后的干饱和制冷剂蒸气从这根管路回到压缩机中，进行下一次制冷循环。除此之外，还有一根较细的管路为工艺管。该管路在进行压缩机检修时使用，因此也被称为检修管。工艺管在压缩机正常工作时是密封的，只有在进行压缩机检修时才会使用。

压缩机的 3 个接线端子分别为公共端（C）、起动端（S）和运转端（M），从图 3-8 中可以看出这 3 个端子呈正三角形排列。在正常情况下，运转绕组 CM 的阻值最小，起动绕组 CS 的阻值较大，M、S 端子之间的阻值是运转绕组 CM 和起动绕组 CS 的阻值之和。

2. 压缩机机械故障的检查

（1）故障现象

1）由于使用时间长，机械零件磨损，使压缩机的效率降低，引起电冰箱制冷性能下降。

2）由于润滑油路堵死，造成压缩机抱轴"轧煞"。

3）由于制冷剂充注过多，造成缸垫被冲破、高压 S 管断裂或高低压阀片被击碎，造成压缩机只运转不制冷。

4）由于材质不良，装配不严，使吊簧钩脱落或吊簧断落，引起压缩机的撞击声。

5）由于材质选择不当或装配间隙过小，压缩机在冷态下能起动运转，但使用一段时间后，由于机体温度上升，使机件受热膨胀，运动件的摩擦两表面相互抱合而不能运动。待机件恢复至冷态时，又能运转，发生所谓的"热轧"。

6）电动机引出接线柱处漏气，造成制冷剂渗漏，引起压缩机只运转不制冷。

（2）检查方法

1）初步检查。

对压缩机故障的检查可在电冰箱上进行，也可拆下压缩机单独进行检查。

① 听。起动压缩机，仔细听压缩机机壳内的声音，如若听到"嘶嘶"（高压缓冲 S 管断裂）、"嗡嗡"（抱轴）、"突突"（吊簧断或吊簧钩脱落）等异常声音就说明压缩机出现了故障。

② 摸。发现接线座或接线柱有油迹，可用回丝蘸上汽油，将接线座或接线柱周围擦干净。过 1h，用清洁干燥的白纸（如擦镜纸、道林纸）或用手指接触可能漏油的地方。如果发现有新的油迹，则说明接线座或接线柱有漏气。

③ 测。剪断工艺管，放净制冷剂，然后在工艺管上焊接一个修理阀。对制冷系统抽真空后，加等量的制冷剂，起动压缩机，使其连续运转 1h 左右，观察其低压压力。若降不下去，一直保持在 0.1MPa 以上，而回气管也不挂霜，手摸冷凝器，其温度比正常时低，再放掉一些制冷剂，使低压压力降到表压力 0.05MPa 左右，蒸发器结霜不全，说明压缩机排气效率下降。

2）进一步检查。

通过以上检查，仍不能确认压缩机的故障，则可以拆下压缩机作进一步的检查。通常采用以下方法进行检查。

① 手指法。将压缩机通电运转，用大拇指按住高压排气口，低压吸气口通大气。如高压排气口处排气量很小，甚至没有排气，说明高压气缸纸垫击穿或气缸体纸垫击穿，或高低压阀片被击碎。如果有排气，但量不足，说明压缩机效率较差。如果没有排气，能听到"嘶嘶"声，若"嘶嘶"声较响，且停机后还有几秒钟的延续，说明高压 S 管与机壳连接处断了；若"嘶嘶"声较轻，且停机后就消失，则说明高压缓冲 S 管与出气帽处断裂或出气

帽垫被冲破而漏气。

② 实测法。有条件的检修站可把压缩机放到压缩机测试台上测试。

3. 压缩机电气故障的检查

（1）故障现象

1）电动机绕组间短路故障。

在电源电压、起动继电器等电气控制部件都正常的情况下，起动继电器连续过载，热保护继电器触点跳开，压缩机不转动。用万用表检查时，发现起动绕组阻值比正常值明显减少，这说明故障是由压缩机电动机起动绕组短路造成的。

压缩机电动机勉强起动和运行，但运行电流比正常值（一般为 1.1～1.2A）大一倍以上；响声明显比原来大；运行几分钟后，热保护继电器触点跳开。用万用表检查时，发现运行绕组的阻值比正常值小几欧，这是电动机运行绕组匝间短路造成的故障。

电冰箱通电后熔丝连续熔断。用万用表检查时，发现电动机运行或起动绕组与封闭机壳之间发生短路，即阻值很小或阻值为 0（在正常情况下，封闭机壳 3 个接线柱与封闭机壳之间的阻值应在 5MΩ 以上）。

2）电动机断路。

在电源电压正常，电路各部分完好的情况下，电冰箱通电后一点儿响声也没有，压缩机不运转。用万用表检查时，发现运行和起动绕组之间的阻值无限大，这种情况大多数是由于电动机绕组接线或电动机引线断开，以及电动机引线与封闭机壳 3 个接线柱脱落而造成的电动机断路故障。

3）漏电。

压缩机电动机能起动和运行，但在电冰箱接地良好的情况下，处处漏电。用万用表检查，发现封闭机壳接线柱公共端与封闭机壳直通，这就说明公共端对地短路了。

（2）电动机接线端子的辨别方法

压缩机电动机与电冰箱制冷系统其他控制元件的线路连接，是通过压缩机封闭机壳上的 3 个接线端子实现的。3 个接线端子分别为运行端、起动端和公共端，如图 3-9 所示。三者的位置必须判别准确后才能接线。电冰箱压缩机国内外产品规格众多，3 个接线端子位置各不相同。国外压缩机一般都有标志，通常以 M 代表运行端，S 代表起动端，C 代表公共端。国产压缩机目前尚无标志。下面介绍判断电动机接线端子的具体方法。

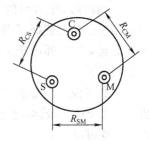

图 3-9　压缩机电动机的接线端子

1）拔下电源线。

2）从压缩机上拆除继电器。

3）将万用表调至 $R \times 1$，校零。

4）用万用表分别测出各端子之间的阻值即 R_{CM}、R_{CS}、R_{SM}。

5）若 R_{SM} 阻值最大，则端子 C 为公共端；剩下的两个端子若 $R_{CM} < R_{CS}$，则说明 S 为起动端，M 为运转端。正常情况下，各阻值应符合：$R_{SM} = R_{CS} + R_{CM}$。

（3）电动机典型故障的检查方法

1）电冰箱压缩机绝缘性能（漏电）检查步骤。

① 将万用表调至 $R \times 10k$ 挡，校零。

② 当把万用表一端接于任一端子，另一端接在压缩机外壳上进行测量时，若电阻值大于2MΩ，说明电动机无漏电现象，可以使用；若电阻值小于1MΩ，表明电动机绝缘性能较差，有漏电现象，不能通电使用，但经烘干处理后，往往可继续使用；若测得的电阻值很小，甚至为零，则说明电动机绕组被烧坏、绕组与机壳相通。

2）电冰箱压缩机电动机绕组断路检查步骤。

① 将万用表调至 $R \times 10k$ 挡，校零。

② 将表笔接到任意两个绕组的接线端测其阻值。若阻值为无穷大，则说明绕组断路。

3）电冰箱压缩机电动机绕组短路检查步骤。

① 将万用表调至 $R \times 1$ 挡，校零。

② 电动机绕组短路有绕组匝间短路、绕组与绕组间局部短路和全部烧毁3种情况，它们都会使测得的绕组电阻值变小。由于正常情况下绕组电阻值本来就较小，只有几十欧，所以测量时要特别细心。测量是否短路用万用表 $R \times 1$ 挡，测量每两个接线柱之间的电阻值，然后把测得的电阻值与电动机绕组标准电阻值作比较。若测得的电阻值比标准值明显偏小，则表示存在短路情况。

应该指出，对于绕组与绕组间的局部短路，尤其是匝间短路，很难用此方法作出正确的判别。此时，可通过测定压缩机电动机运转时的电流值来判断。压缩机空载运行时电流应为额定电流值的80%~90%，若测定的运行电流比额定电流大，说明确有短路现象。

（4）常见电冰箱压缩机的各绕阻的阻值

普通压缩机电动机运行绕组的阻值一般为8~10Ω，起动绕组的阻值一般为20~26Ω。旋转式压缩机电动机运行绕组的阻值一般为20~35Ω，起动绕组的阻值为40~100Ω。3个接线端子与封闭机壳之间的电阻值大于2MΩ。无论是往复活塞式压缩机的电动机还是旋转活塞式压缩机的电动机，其运行绕组和起动绕组的电阻值之和应等于总绕组的电阻值。

（5）压缩机接线端子呈正立三角形和倒立三角形的区别

3个接线端子所呈的形状是电动机的特有标记。实际上，从出厂的各国压缩机资料来看，其都已经安装好了固定形式的起动继电器，不可去任意更换起动继电器形式。但是有些压缩机起动继电器已经丢失，又不知道原先使用的是PTC还是重锤式起动继电器时，这就需要判断了。

一般来说，压缩机接线端子是正立三角形的，原来安装的可能是重锤式起动继电器，但也可能是PTC式起动继电器；若接线端子是倒立三角形的，则只有一种可能，即安装的是PTC起动继电器。

4. 压缩机的更换

电冰箱所配压缩机出现故障后，虽然可以开壳维修，但由于电冰箱压缩机容易发生故障的部位较多，修理较复杂，而且这类压缩机功率小、造价低，修后成本接近新机，又加之很多维修站点不具备厂家维修条件，因此通常都不开壳维修而更换新的压缩机。

（1）拆卸压缩机

将电冰箱断电，拆下压缩机上的电气连接线；用锉刀将压缩机的工艺管锉开一个小口，从原装配的管接头处用割管器割开压缩机高压排气管和低压回气管；用扳手拧下底板上压缩机的安装螺母或固定爪，拆下压缩机。

（2）选配压缩机

最好能选用相同型号的压缩机，如若找不到相同型号的压缩机，选配其他型号的压缩机时要注意以下问题。

① 压缩机的结构。

② 制冷剂（R600a、R134a、R12）的使用。

③ 电源（115V/60Hz、220~240V/50Hz 和 230V/60Hz）的要求。

④ 装配（固定孔、接线端子、连接管和连接线）的要求。

（3）安装新压缩机

装新压缩机时，在未拔下橡胶堵塞前，先将压缩机减振和衬管套入垫孔内，再快速拔下橡胶塞堵，按压管口倒油验证机内是否装油并在确定吸气管、排气管和工艺管后，再按原装机位置先焊吸气管，后焊工艺管与修理阀连接处，最后焊排气管。

在安装使用易燃制冷剂的压缩机时，应按 R600a 电冰箱维修工艺先用氮气吹冲后再进行。对 R134a 压缩机，拔下塞堵时，应认真倾听是否有明显气流声。如果塞堵已损坏或拔下塞堵后无气流声，则说明塞堵泄漏，压缩机内已吸入水分，此压缩机不能使用；拔下塞堵如有气流声要立即装机，不能存放。装机时，应按 R134a 电冰箱维修工艺快速操作，以防水分被吸入。对 R12 压缩机，如拔下塞堵无气流声，则仍可以使用，但要对机内冷冻油作干燥处理，并要严格区分是塞堵泄漏，还是压缩机壳体泄漏引起。

5. 压缩机检修装配时的注意事项

（1）旋转式压缩机检修时的注意事项

旋转式压缩机的机壳温度高达 99~110℃，较往复活塞式压缩机高 20~30℃，但二者排气管温度相差无几。在抽真空时，最好是制冷系统高、低压侧同时进行。如单侧抽真空，宜在高压侧进行。

（2）装新压缩机时的注意事项

1）固定地脚和减振装置的安装。

2）各连接管的焊接表面要清洁，插接间隙尺寸要适当，以保证焊接质量。

3）各连接管焊接时要注意焊缝的质量，尤其是不容易直接看到的地方。焊好后要充入氮气检漏，确认无泄漏后，将各个焊口涂漆防锈。

（3）压缩机装配时的"三防"

1）防止焊堵。特别注意焊接压缩机排气管与系统管路时，插接深度不宜过浅；避免任意扩大外管；不要用大火长时间地加热；避免焊料熔化后从焊接间隙流下造成排气管焊堵。

2）防止焊接时烘烤不当。焊接火焰不要长时间烘烤压缩机外壳，以避免高热使压缩机内的塑料消声器及绝缘材料变形、熔化。

3）防止吸潮气或杂质。压缩机拔去橡胶塞堵后，应尽快焊接，包括对因箱体问题拆下的压缩机。避免让压缩机管敞口时间过长，避免用大气做工质试运行，尤其是 R134a 压缩机或在潮湿环境中。否则容易造成潮气或杂质侵入，造成冷冻油吸潮变质、符合 R134a 要求的组件被污染、阀组积碳等缺陷，使制冷系统不能正常工作。

（4）压缩机更换前制冷系统的清洗

更换新的压缩机以前，要根据受污染程度确定是否需对制冷系统进行清理，以防原压缩机电动机被烧毁时产生的大量氧化物和酸性物质对新的压缩机及制冷系统造成腐蚀、堵塞等不良影响。制冷系统的清洗详见 7.3 节。

6. 压缩机的振动与噪声异常故障的检修

压缩机的异常噪声往往会与制冷系统引起的噪声相混淆，同时旋转式和往复活塞式压缩机的异常噪声也有一定的差别。对噪声异常的判断，看起来是一种最简单的工作，但在实际判断中并非就能很容易确定。

（1）故障原因

振动与噪声主要来源于以下几方面。

1）压缩机内部机械运行部件的质量不平衡引起的噪声。

2）吸气、排气时的气流冲击声及振动声。

3）电动机的磁场振动声和旋转振动声。

4）高频率旋转冷冻油的搅动声。

5）主轴承的响声、轴及滑动部位的响声。

6）排气管路及压缩机机壳内空间气柱的共振声。

7）压缩机与壳壁的撞击声、壳体自身的响声以及支持弹簧的撞击声。

（2）检修方法

对于以上各种原因产生的压缩机噪声，可以从以下几方面采取措施进行消除或调整。

1）当压缩机插电运行时，如发现噪声异常，先稳定箱体，如噪声不能降低，再仔细倾听异常噪声源，配合用手触摸鉴别。若声源来自于压缩机，再用手压在机体上验证。如异常噪声消失，多数是塑料垫或内衬垫、压片松动引起，重新调整固定后即可排除；反之则为压缩机本身老化故障引起。

2）若异常噪声源来自接水盘等，用手触摸异常噪声会消失，调整其间的接触间距并固定，就可排除，反之则是别的原因引起。若噪声源来自冷藏室，多数是其搁架上放的盛有食品的容器晃动引起，应打开箱门调开距离，加以排除。

3）往复活塞式压缩机由于既有机内悬簧减振，又有机外橡胶垫减振，与旋转式压缩机只有机外橡胶垫减振或排气管上装有橡胶减振块的情况不同。鉴别时要注意检查是否是减振块脱落而引起的异常噪声。

4）选择合理的进、排气管路，尤其是进气管的位置、长度、管径对压缩机的性能和噪声影响很大，因气流容易产生共振。

3.3.4 冷凝器故障的维修

1. 冷凝器常见故障及现象

通常以空气自然对流方式散热的冷凝器，在电冰箱进行降温和制冷过程中，其温度一般不超过 60℃，而电冰箱在稳定运行状态下，其温度不超过 55℃，强制对流冷却式冷凝器的温度会低一些。冷凝器的一般故障有如下几种。

1）在电冰箱使用过程中，电冰箱放置不当，如离墙太近、周围温度过高、通风不良，或电冰箱使用年限已久，冷凝器外壁污垢较厚，引起传热性能降低，都会使冷凝器的热量不能及时向外排出，都会影响电冰箱的制冷效果。这种故障是外部因素造成，只要针对不同情况搬动或清扫一下，电冰箱就会恢复正常。

2）另一种故障是由于压缩机活塞与气缸匹配不良，高低压阀片密封不严，造成压缩机上油太多（奔油），以致冷凝器内存油太多，从而影响散热效果。冷凝器散热效果不好，将引起冷凝压力过高，制冷效果不好，此时压缩机的低压和温度也随之升高，排气温度也会升高，电流也会增大，严重的会引起热保护继电器触点跳开，导致电动机和压缩机发生故障。

3) 第3种故障就是泄漏。外挂式冷凝器的漏点多在焊缝、管口处；内藏式冷凝器一旦发生泄漏，漏点相当难找。冷凝器出现泄漏会使制冷系统中的制冷剂逐渐漏完，导致电冰箱不能制冷。

2. 冷凝器故障的检查方法

（1）看

检查冷凝器是否有泄漏时，首先可以用眼睛仔细观察其管路上是否有油渍。如果管路上有油渍，则该处很有可能存在泄漏情况。通常，冷凝器的管口焊接处是最容易出现泄漏的部位，因此这里是检查的重点。另外，也可通过查看冷凝器外壁的污垢等方法来判断。

（2）肥皂水检漏法

对于冷凝器的检漏，也可采取肥皂水检漏法。用毛刷蘸肥皂水在冷凝器管"∩"形处涂抹，看是否有气泡产生。如果有气泡，则证明该处存在泄漏。

如果漏孔较小，可先用砂纸将漏孔周围打磨干净，然后采用黄铜焊条进行补焊；如果漏孔较大，可将该段管路切割下来，然后用同规格的铜管取代并焊接。

以上操作主要针对外露式冷凝器，如果是内藏式冷凝器出现故障，修理往往比较麻烦。

（3）分段压力检漏

分段压力检漏是在制冷系统的高压侧，充注一定压力（1.2MPa）的干燥纯净氮气作保压试验，以判断高压侧（主冷凝器、门框防露管和辅助冷凝器）是否存在泄漏。

3. 冷凝器的拆卸与安装

下面以外挂式冷凝器为例，介绍冷凝器的拆卸与安装方法。

1) 使用气焊工具对冷凝器进气口与压缩机排气管的焊接处进行加热，使其分离。同样，使用气焊工具对冷凝器和干燥过滤器的焊接处进行加热，使其分离。

2) 待冷凝器与整个制冷系统分离后，用螺钉旋具将冷凝器两侧的4个固定螺钉卸下，即完成了冷凝器的拆卸。

3) 接下来就可以对冷凝器进行检修或更换。安装冷凝器的过程与拆卸正好相反，将冷凝器的进气口与压缩机的排气管焊接在一起，另一端与干燥过滤器焊接在一起即可。

4. 冷凝器典型故障的检修

（1）门框防露管内漏及接头在外的改修

冷凝器内藏门框防露管串联接头外露的电冰箱制冷系统，当经分段压力检漏确定高压侧内漏时，先摘开串联接头再单独对门框防露管做充注氮气（1.2MPa）的保压试验。若确定泄漏，只拆除门框防露管。其检修方法是：如属双门电冰箱，可见图3-10a，选择外径为5~6mm、长为3m的纯铜管；若是三门、四门电冰箱，可见图3-10b，选择外径为5~6mm、长为4m的纯铜管，然后将其弯成盘管固定在箱背或压缩机室后，再与摘开接头的系统管口端插焊，然后进行检漏、抽真空、充注制冷剂制冷，观察正常后封口。

（2）门框防露管内漏及接头在内的改修

冷凝器内藏、门框防露管串联接头内藏的电冰箱，当经分段压力检漏确定高压侧内漏且外露部件、管路不漏时，则判定冷凝器内漏。无论是主冷凝器内漏还是门框防露管内漏，均

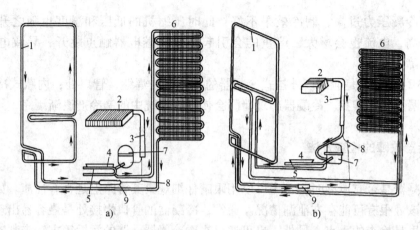

图 3-10　多门电冰箱制冷系统的结构

a）双门电冰箱制冷系统结构　b）三门、四门电冰箱制冷系统结构

1—门框防露管　2—蒸发器　3—回气管　4—蒸发盘　5—辅助冷凝器

6—主冷凝器　7—毛细管　8—压缩机　9—干燥过滤器

无法将串联接头摘开再试压确定，只能将内藏式冷凝器和门框防露管一同废除。其改修方法是：参考同容积电冰箱悬挂钢丝盘管式冷凝器的冷凝面积和门框防露管的长度，选择一个与箱背尺寸相同的钢丝盘管式冷凝器，然后将其用 4 个托架配合自攻螺钉固定在箱体背后，再将其两管口与摘开的制冷系统两管口进行焊接。

（3）内藏式冷凝器内漏的改修

内藏式冷凝器与门框防露管串联，若经分段压力检漏（保压试验）确定高压侧泄漏，而复查外露部件、管路不泄漏时，则判定冷凝器内漏。无论冷凝器还是门框防露管内漏，改修方法均与上述相同，不再重复。

5. 注意事项

门框防露管由于直接夹压在门框板内壁，往往因箱体移位、受外力撞击、振压、扭曲或腐蚀等原因，造成其穿孔泄漏、内漏，这些占电冰箱总内漏量很大比例。一旦确定门框防露管内漏，不能仅仅拆除了之，还应外敷相同长度的门框防露管，以免造成冷凝温度升高，而减少压缩机使用寿命、影响制冷效果。

3.3.5　蒸发器故障的维修

1. 蒸发器常见故障及现象

蒸发器常见故障主要有泄漏、堵塞。

（1）泄漏

电冰箱蒸发器内漏是经常发生的故障，导致蒸发器泄漏的原因主要有如下几个。

1）制造蒸发器的材料质量存在缺陷。例如，蒸发器材料局部有微小的金属残渣，在使用时受到制冷剂压力和液体冲刷的影响，容易出现微小的泄漏；或者制造蒸发器的材料本身就有砂眼。

2）电冰箱长期被含有碱性成分的物品侵蚀而造成泄漏。

3）由于除霜不当或被异物碰撞而造成蒸发器泄漏。例如，蒸发器长时间不除霜，其表面霜层结得很厚，这时使用锋利的金属物进行铲霜操作，极易扎破蒸发器表面。

蒸发器内漏会使电冰箱制冷系统内的制冷剂减少甚至消失，引起电冰箱制冷效果差或不制冷。

（2）堵塞

导致蒸发器堵塞的原因如下：

1）电冰箱内霜层太厚，食物与蒸发器冻在一起，这时若强行将食物取出，容易造成蒸发器制冷盘管变形而使制冷剂无法正常顺畅地流通，从而造成堵塞。

2）冷冻油残留在蒸发器内。

蒸发器内积油堵塞会使蒸发器挂霜不实、不全。

由于内藏式蒸发器采用铜管，外露式蒸发器采用钢丝盘管式，其故障率较低，其中钢丝盘管式蒸发器内漏多发生在与压缩机回气管连接处。

一般电冰箱的蒸发器藏于箱体内，不可拆卸和修理。少数电冰箱采用外露式蒸发器，可拆下来修理。电冰箱蒸发器的漏点多发生在蒸发器与压缩机回气管接口部位，原因在于此处是钢、铜两种材料焊接，所以长时间使用后会因氧化腐蚀而漏气。维修时把这段回气管去掉，改用铜管代替即可。

2. 蒸发器故障的检查方法

蒸发器故障的检查方法与冷凝器故障的检查方法大致相同。

（1）看

对于蒸发器泄漏的检查，首先可以看其外表是否有白色腐蚀点或孔洞。如果蒸发器盘管上有白色腐蚀点，则表明可能存在泄漏。其次是看蒸发器的挂霜情况，判断是否残留有冷冻油。

（2）肥皂水检漏法

对怀疑泄漏的地方可以采用肥皂水检漏法，即把肥皂水涂在怀疑泄漏的地方，若有气泡冒出，则表明该处泄漏；若无气泡，则表明该处密封良好。

（3）分区压力检漏

3. 蒸发器典型故障的检修

（1）蒸发器盘管内有冷冻油

1）故障分析。在制冷循环过程中，有些冷冻油残留在蒸发器管路内。经过较长时间的使用，蒸发器内残留油较多时，会严重影响其传热效果，出现制冷差的现象。

2）判断方法。判断蒸发器管路内冷冻油的影响是较困难的，因为这种现象同其他几种故障易于混淆。一般来说，可以从蒸发器挂霜情况来判断。若蒸发器上结霜结得不全，也结得不结实，此时若未发现有其他故障，可判断是蒸发器盘管带油所致的制冷效果劣化。

3）排除方法。断开压缩机就近的吸气管。将靠近压缩机一侧管口临时密封，另一侧管口敞开。利用修理阀充入氮气并保持正压力。起动压缩机，使氮气通过压缩机排气管→冷凝器→干燥过滤器→毛细管→蒸发器，将积油从吸气管喷出，反复操作多次。停机，随后焊接好吸气管，抽真空合格后，充注制冷剂。开机运行，观察电冰箱制冷效果正常后，故障排除。

（2）加装外露式蒸发器

双门或三门、四门直冷式电冰箱的主、副蒸发器与间冷式或间直冷混合式电冰箱的蒸发器不同。间冷式电冰箱翅片盘管式蒸发器为外置，不存在内漏；间直冷混合式电冰箱的副蒸发器虽属直冷式结构，但多为明装也不存在内漏。

内藏式蒸发器吸热部件的主、副蒸发器及串联接头内藏部位，在生产时均与箱内板内壁、保温层固定成为一个整体，一旦泄漏（俗称为内漏），其修理难度比内藏式冷凝器散热部件内漏的维修更大。

内藏式蒸发器发生泄漏故障后不易更换，需将箱体破坏，取出保温材料后方可拆卸。这样不仅损坏外观、费工费时，而且二次发泡保温又很难达到要求。如绕制盘管时一旦与内胆有间隙或发泡剂进入管体表面，将会使制冷效果变差，所以内藏式蒸发器内漏后通常不拆卸，而改装外露式蒸发器。

内漏的直冷式电冰箱的主、副蒸发器改为套加蒸发器时，既涉及单系统又涉及双系统。双系统采用双根毛细管，与单系统单一毛细管不同。这两种系统如不设检修口改为套加蒸发器时，其单根或双根毛细管也就无法利用。安装套加蒸发器时除单根或双根毛细管串接不同外，其他大致相同。

1）主蒸发器的选配。电冰箱冷冻室原装的内藏式主蒸发器，多将外径 8mm 的铝管（个别为铁管）直接绕制在冷冻室内胆内壁上内藏，其绕管长度根据冷冻室容积大小而定，一般为 6 ~ 10m。

当主蒸发器改为套加蒸发器时，应选用外径 8mm 的纯铜管。纯铜管强度高、耐腐蚀，不仅能保证修后质量，而且利于焊接和加工。对套加主蒸发器盘管总长度的选配，也是根据冷冻室容积大小来确定的。

电冰箱冷冻室的正常容积多在 40 ~ 110L，它是根据其高度、宽度和深度求得。由于电冰箱冷冻室深度基本固定在 400 ~ 450mm，故其容积大小主要与其高度和宽度有关。据此反复验证，得出的经验是：配管的总长度为 5 倍的冷冻室上、下、左、右四壁周长。使用这种方法选配主蒸发器盘管的总长度，与原装长度基本相符。当配管总长度确定后，可用握管器将其弯曲成图 3-11 所示的形状。

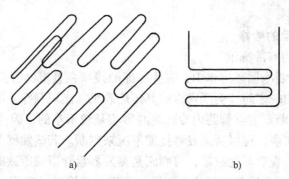

a)   b)

图 3-11　套加主、副蒸发器的加工图
a）冷冻室蒸发器　b）冷藏窜蒸发器

如电冰箱水平深度为 400mm，应将盘管宽度缩短 50mm（即盘管成形宽度为 350mm）较为合理。这样可以防止其碰到个别冷冻室箱门向内突出部分。盘管间距即 "∩" 形弯管的宽度，应根据敷设在冷冻室上壁和左右两壁（三壁）的长度，合理选择握管器轮槽的直径，以达到盘管能铺满三壁。

2）副蒸发器的选配。电冰箱冷藏室原装的内藏式副蒸发器与主蒸发器盘管外径和材质一样，选配时要用外径为8mm的纯铜管，绕管长度根据冷藏室容积大小而确定。冷藏室容积一般总是大于冷冻室容积，绕管长度多在2~3m，即可达到冷藏温度为0~10℃。选配副蒸发器绕管长度时，除凭经验外，也可参考同类箱型、同类容积冷藏室明装蒸发器的绕管长度。当配管长度确定后，用弯管器将其弯曲成图3-11b或图3-12中冷藏室蒸发器的形状。图中的盘管宽度、间距和两接头管应与冷藏室的内胆尺寸相符合，同时需将其接头管与冷冻室套加蒸发器穿出的上下接头相对应，以方便焊接。

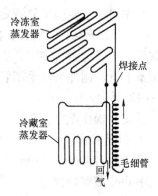

图3-12　主、副蒸发器的连接图

3）更换蒸发器时，需要重新测定毛细管的流量。设计制造制冷系统时，一般要根据压缩机的实际排气量、冷凝压力和蒸发压力，先计算出毛细管的尺寸（内径和长度），再以实测流量为准。在维修中，如果更换蒸发器，则要重新测定毛细管的流量，确定毛细管的尺寸。简单方法如图3-13所示。

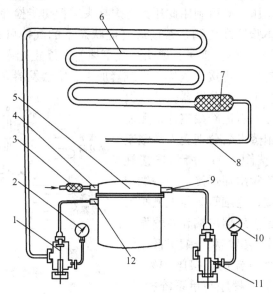

图3-13　毛细管的流量测定示意图

1—高压修理阀　2—高压压力表　3—修理用干燥过滤器　4—吸气管口
5—压缩机　6—冷凝器　7—系统干燥过滤器　8—毛细管　9—低压管口
10—低压压力表　11—低压修理阀　12—排气管口

压缩机的低压吸气口不接蒸发器，直接与干燥空气相连，冷凝器末端连接试验用毛细空，长度可略长一些，同时在冷凝器上接上一高压表（可接在双尾过滤器的高压盲管上），然后启动压缩机，使低压吸气口吸入干燥空气，并通过低压表观察其压力与外界大气压力相等，运行一段时间后，应使高压表的读数稳定在0.8~1.0MPa（若为空调系统，可稳定在1.0~1.2MPa）。如高于相应压力，说明毛细管的阻力过大，长度过长，截去一段再测；若低于相应压力，则说明毛细管过短，可更换后重新测定。这种方法操作简便，但精度不高，在维修中可探索经验反复测定。

4）套加蒸发器的安装。据冷冻室、冷藏室上置或下置以及制冷系统选定打孔穿管连接位置后，再进行弯管加工，事先应预留管接头以与上下接头对应胀管连接。如冷冻室上置、冷藏室下置、制冷剂经毛细管先进入主蒸发器而后进入副蒸发器被压缩机吸回时，其连接如图 3 - 12 所示。

其安装操作顺序如下：

① 打孔和穿管。当主、副蒸发器弯管成形后，如不设检修口，就先在冷冻室后底部内胆一侧角处打透两个 φ10mm 孔口。将加工好的主蒸发器套入冷冻室，并将两接头管插入孔口内引到冷藏室焊接点处（也可将两孔口打透在冷冻室后底部内胆两侧角与副蒸发器两接头管对应处）。然后在冷藏室后部内胆一侧对应压缩机回气管处打一个 φ12mm 孔。先将选好的毛细管由外部引入冷藏室，再将副蒸发器套入冷藏室。副蒸发器一端与毛细管相连，另一端插入孔口伸到冷藏室外面，与压缩机回气管对应连接。

② 焊接。打孔、穿管完毕后，先将穿入管头开封疏通，接着用胀管器对插头端胀管插入，然后用气焊（低银焊条）施焊。先焊图 3 - 12 中的两焊接点，再焊回气端与压缩机低压管连接处，暂不焊毛细管进端与干燥过滤器出端连接口。用压缩机低压工艺管连接的修理阀充入同类制冷剂气体至正压，既可利用此压力对焊接头进行初步检漏，又可利用此压力通过干燥过滤器出端排出气体验证高压侧是否畅通（此状态下的气体可顶开压缩机排气阀片流出）。当敞开的两管口排出气体正常时，说明系统不堵塞，停止充入气体。然后再将毛细管进端与干燥过滤器出端连接口焊接，这样单系统套加主、副蒸发器焊接完毕。

对电冰箱双系统安装主、副蒸发器，除双根毛细管一同由回气孔口穿入引进冷藏室外，无需变动打孔位置。当主、副蒸发器分别套入冷藏室和冷冻室并经穿管后，按图 3 - 14 所示连接施焊。毛细管 1 一端与电磁阀出端焊接，另一端与冷藏室副蒸发器进端焊接；毛细管 2 与电磁阀另一出端焊接，另一端与副蒸发器出端和主蒸发器进端焊接。冷冻室主蒸发器出端和压缩机低压管焊接。这样套加主、副蒸发器的连接施焊完毕。除上述这些区别外，其操作程序与单系统相同，不再另行说明。

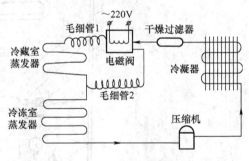

图 3 - 14　双系统电冰箱蒸发器与
毛细管的连接示意图

③ 压力试验和整形固定。当焊接完毕后，再由修理阀充入氮气至压力为 1.2MPa。经 8h 或 24h 保压试验，同温下压力不下降，则证明高、低压系统不泄漏，即保压试验合格，可带压固定整形。其操作顺序可参考图 3 - 12，先将套入的主蒸发器盘管均匀分布在冷冻室上壁和左右两壁，用金属卡套在盘管的"∩"弯曲部位，再用自攻螺钉穿入加工好的金属卡孔口内将其与内胆固定。三壁全部固定后，用木锤或塑料锤子对盘管进行整形，以使管体与内胆接触。对主蒸发器整形固定后，再将副蒸发器盘管分布在冷藏室内胆适中部位，同样用金属卡配合自攻螺钉将其固定在盘管的"∩"弯及连接管部位，分别整形固定。重复观察试验压力有无变动，如无变动，即压力试验和整形固定全部完毕。

④ 抽空充注制冷剂。压力试验、整形固定完毕后，放出系统中的氮气，然后进行抽真

空、充注制冷剂观察，制冷正常后封口。

3.3.6 毛细管和干燥过滤器故障的维修

1. 毛细管常见故障及现象

1）堵塞。堵塞分为油堵、脏堵和冰堵。堵塞是毛细管最常见的故障。由于毛细管的内径很细，系统内的杂质、油等很难通过，一旦杂质或有大量油进入毛细管就会引起其堵塞，从而引起电冰箱制冷不正常或不能制冷的现象。冰堵引起的现象有点不同，刚开始还能制冷，但马上就不能制冷了，停机等上一段时间再开机又会出现上述情况。

2）泄漏。毛细管外露磨损、打弯而产生泄漏，引起不能制冷的现象。

3）过度折弯或压凹。毛细管折弯应尽量保持较大的弯曲半径，若折成直角状则容易引起制冷效果差的现象，折到死角则毛细管堵塞。

2. 毛细管的拆卸与安装

（1）拆卸毛细管

用割管钳将毛细管与干燥过滤器、蒸发器截断，取下毛细管。

（2）毛细管的选择

毛细管发生堵塞、断裂、漏气时必须予以更换。毛细管的选用是比较重要的，因为毛细管的供液能力对电冰箱的制冷效果有很大影响。若供液量很小，则蒸发器内的制冷剂会偏少，从而制冷效果差；若供液量过大，制冷剂的蒸发压力会很高，从而蒸发温度高，箱内温度达不到相应的温度等级，严重的还会造成压缩机无法停机的故障。

新选用的毛细管必须与原有毛细管的长度、粗细一样，而且流量要相同。若无法知道原有毛细管具体尺寸，或买不到原规格的毛细管，又需更换毛细管时，一般可用经验法和查表法配用毛细管，见表3-3。

表3-3 毛细管选配时的尺寸参考值

压缩机功率/W	冷凝器冷却方式	蒸发温度/℃					
		−23~−15		−15~−6.7		−6.7~2	
		内径/mm	长度/mm	内径/mm	长度/m	内径/mm	长度/m
62	自然对流式	0.66	3.66	0.79	3.66		
93	自然对流式	0.66	3.66	0.79	3.66		
125	自然对流式	0.79	3.66	0.91	3.66		
125	强制对流式	0.91	4.58	0.91	3.05		
147	自然对流式	0.91	4.58	0.91	3.05	1.07	3.66
184	自然对流式	0.91	3.66				
373	强制对流式	0.73	3.05	1.37	4.58		
559	强制对流式	1.5	3.05	1.63	3.66		

在维修中常常选择一种简易的方法来测量毛细管的长度。具体操作方法是：取一根内径与原配毛细管相同的毛细管，长度略长一些，在压缩机的吸、排气侧连接低压、高压修理阀和压力表，低压修理阀处于全开状态，把新配置的毛细管一端焊接在冷凝器末端的过滤器

上，另一端放空甩开，暂不与蒸发器相接，蒸发器也不与压缩机的吸气口相接。启动压缩机运行，使空气通过低压修理阀被压缩机吸入，直到低压吸气压力与外界大气压相等时，此时高压修理阀上压力表的读数应稳定在 0.8 ~ 1.0MPa（若为空调系统，可稳定在 1.0 ~ 1.2MPa）。如果高压压力过高，说明流量过小，可试着截去一段毛细管，继续观察测试。这样边截边试，直到压力合适为止。如其高压压力过低，说明流量过大，要更换长一些的毛细管或减小毛细管的内径，以增大毛细管的阻力，对多路的几根毛细管，测试时应同时取舍，保持长度一致，调整合适后，再将毛细管与蒸发器焊接好。连接形式如图 3 - 13 所示。

（3）毛细管与干燥过滤器的焊接

采用套管法，其方法如下。用刀形整形锉将干燥过滤器上剩下的毛细管外圆的断头顶面锉平，找一根长为 50mm，内径与毛细管外径相同的纯铜管，将需连接的两端插入纯铜管中，并使管头顶紧，然后在套管的两端用焊锡将套管与毛细管两端焊接牢固。在修理中要注意三点：①套管与毛细管之间不要有缝隙；②毛细管两头各插入套管一半深度；③两管接头的顶面一定要顶紧，避免在焊接过程中焊锡从缝隙流入毛细管接头处，将毛细管堵塞。

（4）毛细管的连接方式

为了提高制冷系统的制冷效率，在实际使用中常将毛细管螺旋状绕制或锡焊在制冷系统的低压回气管外壁上，或将毛细管穿入回气管内引出后与蒸发器进口端焊接，这样可以利用蒸发器回气管的低温对毛细管内的制冷剂进行降温，使得毛细管内的制冷剂充分液化。

（5）毛细管与套加蒸发器接头管焊接

一般，毛细管与原蒸发器的焊接管口焊接时无需采用夹扁工艺，因为原蒸发器进端管口另焊有与毛细管外径配套的连接管口。但毛细管插入大口径铜管内连焊时，必然要先将小管径口插入大管径口，用手钳夹扁紧固后才可以施焊。

3. 毛细管典型故障的检修

（1）毛细管脏堵

1）判断毛细管脏堵。毛细管脏堵有两种情况。一种是微堵，其现象是冷凝器下部会集聚大部分的液态制冷剂，流入蒸发器内的制冷剂明显减少，蒸发器内只能听到"嘶嘶"的过气声，有时听到一股一股的制冷剂流动声，蒸发器结霜时好时坏。另一种是全堵，其现象是蒸发器内听不到制冷剂的流动声，蒸发器不结霜。若将毛细管与干燥过滤器连接处剪断，制冷剂喷出，这就可判断出毛细管脏堵。

2）脏堵的排除方法。毛细管脏堵后，一种方法是可以更换同型号的毛细管，另一种方法就是凭经验处理。毛细管和干燥过滤器的接口处最易堵塞，可以切开毛细管和干燥过滤器的接口处，把回气管切开后接上快速接头后打压，然后采用分段截除法在切开了的毛细管上每次截下 1 ~ 2cm，直到有气流冲出毛细管口时为止。一般截下十几厘米毛细管对制冷效果无影响，截下过多时要用同规格的毛细管按原长度接回即可。

（2）毛细管冰堵

1）判断毛细管冰堵。如果制冷剂或者冷冻油中含有水分，在毛细管的出口部位就会引起冰堵。冰堵一般发生在压缩机工作后的一段时间内。开始时蒸发器结霜正常，一段时间后蒸发器化霜，冷凝器不热，之后蒸发器又结霜，一段时间后蒸发器又化霜。如此反复，则表明毛细管发生了冰堵。

检修毛细管冰堵故障时，应根据冰堵的原因区别对待，否则不能完全排除故障。对于制冷系统的制冷剂中含有水分而引起的冰堵，最好的处理方法是更换制冷剂。对于冷冻油中含有水分而引起的冰堵，最好的处理方法是放净冷冻油，然后加入新的冷冻油。换新冷冻油前，应用干燥洁净的铁盆加热冷冻油以蒸发掉其中的水分，否则会再次出现类似的堵塞故障。

快速检修毛细管冰堵的方法如下。用功率较大的电吹风机对着干燥过滤器和毛细管接口处加热一定时间（3～5min），然后用木锤不停地轻轻敲打加热部位，接着迅速打开电源，倾听蒸发器部位有无喷发声。如有断续声音，则说明冰堵有所好转。反复加热和敲打，直到故障现象消失为止。

2）排除冰堵的方法。首先将系统内的制冷剂全部放出，然后拆下干燥过滤器，更换新的干燥过滤器。采用两次抽真空的方法抽真空，即先抽真空20min，然后向制冷系统内充注一定数量的制冷剂，再将其全部放出。这样可将系统内的部分空气和水分一起带出。接着再抽真空至133Pa以下，最后再向系统内充注制冷剂至规定数量即可。

4. 如何判断干燥过滤器脏堵

干燥过滤器脏堵是制冷系统中有水分、冷冻油过脏而形成积炭、焊接不良使管内壁产生氧化皮脱落、压缩机长年运转机械磨损产生杂质和制冷系统在组装焊接之前未清洗干净等原因造成。

其判断方法如下。压缩机起动运行后，冷凝器开始发热但逐渐变冷；蒸发器内听不到正常的制冷剂循环发出的"嘶嘶"声；手摸干燥过滤器感觉温度低于正常值，并且表面会有结露或结霜；压缩机发出沉闷过负荷声。为进一步证实干燥过滤器脏堵，可将毛细管靠近干燥过滤器处剪断，如无制冷剂喷出或喷出压力不大，则说明干燥过滤器发生脏堵。此时，如用管子割刀在干燥过滤器另一端割开一条小缝，制冷剂就会喷射出来，故操作时必须注意安全，防止制冷剂喷射伤人。

5. 干燥过滤器的拆卸与安装

检修电冰箱时，一旦打开了制冷系统，因为干燥过滤器与空气接触会吸收其中的水分而降低性能，所以无论干燥过滤器先前是否有故障，均要更换干燥过滤器。

1）分别剪断干燥过滤器两端的连接管道，拆下旧的干燥过滤器。

2）选配干燥过滤器。选配的新干燥过滤器应与拆下的旧干燥过滤器型号相同。

3）将干燥过滤器开封。拆开干燥过滤器锡箔包装，拔下密封塞。新干燥过滤器打开包装后，必须马上使用，以免进入空气和水分。尤其R134a系统用的干燥过滤器，一旦进出口开封就无法使用。

4）焊接干燥过滤器。干燥过滤器进出端位置确定后，即可采用气焊配合低银焊条将其与系统对应的管段进行焊接。单系统电冰箱先连焊干燥过滤器进端与冷凝器出端，后焊接其与毛细管进端，毛细管的插入量如图3-15所示。由图可以看出图3-15a毛细管插入深度合适，即毛细管进端与干燥过滤器出口端相距为15mm，或毛细管进端距细铜丝滤网面为5mm均为合适；图3-15b毛细管插入过深，也就是毛细管进端插入细铜丝滤网表面或穿透，这样容易使滤网内分子筛或污物进入毛细管引起脏堵；图3-15c毛细管插入深度过浅，插入过浅时不仅细铜丝滤网外污物易流入毛细管内引起脏堵，同时又易焊堵。

验证插入深度的方法如下。焊接前用一段细钢丝轻轻插入干燥过滤器出口，至接触细滤网有阻挡时拔出。测定出的空间位置的1/2，就是毛细管插入量（深度）的合适位置，然后即可插入毛细管管头施焊。

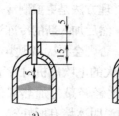

a)   b)   c)

图 3 - 15　毛细管与干燥过滤器的焊接安装位置
a) 插入深度合适　b) 插入深度过深　c) 插入深度过浅

对于双系统电冰箱，铜片圆孔滤网侧与冷凝器出口侧焊接；细铜丝滤网侧与电磁阀进口侧焊接。

5）更换新件或利用原系统干燥过滤器在焊接过程中，应注意的是焊接干燥过滤器进出端口时，要将其外壳用湿布包围作冷却保护，施焊要迅速，连焊后让其自然冷却，不能用水击提前冷却，否则会造成脱皮引起后患。

6）焊接完毕还要检查焊接部件是否有泄漏现象，以免制冷剂泄漏，至此干燥过滤器的更换操作完成。

3.3.7　常用闸阀故障的维修

1. 单向阀常见故障及现象

单向阀的故障现象有始终接通和始终截止两种。始终接通时电冰箱制冷正常，但压缩机运转时间过长；始终截止会导致制冷剂不流通，电冰箱不制冷。

单向阀的故障主要是失灵（阀针或钢球与进端密封出现故障）。当旋转式压缩机制冷系统出现故障打开系统维修时，一般要先对单向阀进行验证。如在停机一瞬间触摸单向阀进端有温感或听到气流声，则说明阀针或钢球与进端密封不严，可焊下单向阀进一步验证；如果密封不严，可用酒精清洗配合氮气吹冲干燥排除，一旦无效应更换新单向阀。对新换的或系统原有的单向阀的密封性和极性的检验方法是：垂直摇晃单向阀体（有碰击声），阀针或钢球落下后，吸气畅通端口则为上端口；下端口吸气不通则单向阀正常，反之为失灵，应更换新件。

2. 电磁阀常见故障特征

二位三通电磁阀正常工作时，应该能听见阀心吸合与释放时发出的清脆撞击声，同时进气管与两个出气管有通断转换。二位三通电磁阀电气部分损坏后，会使阀心不能吸合，这样冷藏室达到设置温度后，不能转换成冷冻室单独制冷。

二位三通电磁阀损坏的常见原因是压敏电阻被击穿和熔丝熔断，其次是整流二极管被击穿、线圈开路或短路、不能切换和阀心内部损坏等。

二通电磁阀在通电前，进端与出端关闭。此时，电磁阀的进端与出端之间不应有漏气现象，否则说明性能不好。

3. 三系统电冰箱上的新式电磁阀

为提高电冰箱性能，部分厂家对三系统电冰箱的制冷系统作了设计优化，图 3 - 16 所示为对其进行的改进。改进前的电磁阀由两个电磁阀组成，可单独更换；改进后的电磁阀是一个阀心控制两个阀体，发生故障只能更换整体。这样用新式电磁阀实现的三循环制冷方式，既可以保证冷藏室和软冷冻室同时制冷，又可以确保电冰箱的各间室在高温等情况下正常工作。

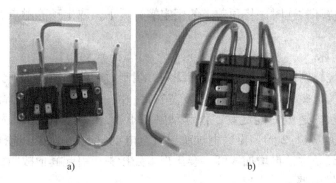

图 3-16   三系统电冰箱电磁阀的改进
a）改进前   b）改进后

电磁阀连接的各室毛细管，一般红色表示冷冻室，黄色表示软冷冻室，冷藏室不标（或标白色）。

4. 注意事项

更换电磁阀时，请注意电磁阀配用何种制冷剂。

单向阀装配时，应注意方向性，必须按原方向放置。与系统焊接时应用湿布包住外壳进行冷却，以免造成其内部尼龙材料因高温变形而损坏。单向阀外部用黑色胶料保温且与回气管管径相同，不仔细检查很难区别。

3.4   电冰箱电气系统故障的维修

3.4.1   起动继电器故障的维修

目前我国电冰箱所采用的起动继电器有两种，即重锤式起动继电器和 PTC 起动继电器。

1. 起动继电器常见故障及现象

1）重锤式起动继电器常出现的故障为触点烧坏、粘连和电流线圈烧坏。

2）PTC 起动继电器常出现的故障为受潮、破损等。

起动继电器发生故障时的现象有：①电源电压正常，无起动电流，热保护继电器断续通断而发出"咔咔"声，导致压缩机不运转。②电源电压正常，电冰箱通电后，压缩机"嗡嗡"响，或压缩机一点响声也没有。③一台电冰箱原来起动运转都正常，后来搬动了电冰箱位置，电冰箱就不起动了。

2. 起动继电器故障的检查及维修

（1）重锤式起动继电器

1）起动继电器触点烧坏、粘连。

触点粘连可用万用表 $R \times 1$ 挡进行检测。将两表笔的探针插入起动继电器的两个插头内，起动继电器的平面向上，线圈向下垂直放置。若万用表指针指示阻值为零时，表明触点粘连；若表针不动，表明其阻值为无穷大，将起动继电器反过来倒立放置，即平面向下、线圈向上，若表针仍然不动，表明触点已烧坏。氧化层过厚或接触不良。正常完好的起动继电器正放置时，表针不动；倒放置时，表针指示为零。

如果出现触点烧坏粘连时，将顶盖上的固定螺钉拆下，取出动静触点，用细砂纸磨光后即可装入使用。

2）电流线圈烧坏。

如果电流线圈烧坏则需对线圈进行重新绕制。绕制时，将原线圈拆下去漆皮，测出直径和长度，采用同径的电磁线，长度增长 10% 左右，一圈一圈绕好。然后将绕好的起动继电器接在压缩机上试验。通电后能起动，但起动触点不断开，表明磁力过大，应立即切断电源，将新绕的线圈拆下 1～2 圈，再通电试验，直至电动机起动正常。选择线圈时不要将线选短，否则，不能起动时，再增加线圈，会出现多处接头，引起其他故障。

（2）PTC 起动继电器

PTC 元器件是掺入微量稀土元素、用陶瓷工艺法制成的钛酸钡型的半导体热敏电阻，在常温下呈低阻抗，即在电路中成通路状态；通过电流时，PTC 元器件发热，阻抗急剧上升，呈断路状态。图 3-17 所示为 PTC 起动继电器电路图。通电前，PTC 元器件的温度处于常温，阻值较低，处于通路状态。接通电源的瞬间，电源电压全部加在起动绕组上，使元器件自身发热，温度急剧上升，进入高阻状态，PTC 元器件处于断路状态。PTC 从起动进入稳定工作状态仅需 3min，流经 PTC 元器件的电流为 10～20mA，利用 PTC 元器件起动时间很短，仅为 1～2s。

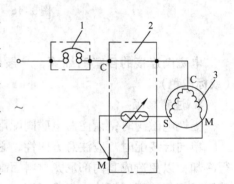

图 3-17　PTC 起动继电器电路图
1—碟形热保护器　2—PTC 起动继电器
3—压缩机电动机

PTC 起动继电器的特点是：性能可靠，寿命长，结构简单，没有运动零件，不会受潮生锈，能有效地保护压缩机电动机。由于 PTC 元器件的热惯性，起动继电器每次起动后需隔 4～5min 等元器件降温后才能再次起动。另外，PTC 起动继电器无触点和运动件，可减少电磁干扰。电压波动较大时，PTC 起动继电器不会烧坏，也不会出现触点和运动件的损坏。

1）PTC 起动继电器检查。

① 在常温（25℃左右）情况下，用万用表电阻挡（$R \times 1\Omega$）测量 PTC 的电阻，其阻值范围为 10～50Ω，即为正常。

② 将 PTC 加热，随着温度的升高，PTC 的电阻值应呈升高趋势，即为正常。

2）PTC 起动继电器故障维修。

① PTC 起动继电器受潮。

PTC 起动继电器受潮后，其电阻值迅速下降，并失去其起动作用。这时可将 PTC 起动继电器放入烘箱内干燥处理，烘箱温度控制在 140～150℃，时间 3h 左右即可。

② PTC 起动继电器破损。

如果 PTC 起动继电器的工作电流超过了它的额定电流，PTC 将因过于发热而破损。这时只能更换 PTC 起动继电器。

3.4.2 过载保护器故障的维修

蝶形双金属片式过载保护器紧压在压缩机外壳上，它串联在电路中有过载、过电流保护作用。电流过大或压缩机外壳温升过高时，双金属片弯曲使触点断开，直至电流恢复正常或降温后，双金属片恢复原状，触点再次接通。过载保护器常见的故障有：双金属片不能复位、线圈烧坏、触点粘连等。

1. 过载保护器检查

常用的双金属片式过载保护器的检查方法如下。

（1）触点检查

在常温下，过载保护器的触点是动断触点，当用万用表电阻挡测定其触点时应为通路状态，其阻值应为零。当过载保护器发生动作后，其触点将断开。

（2）加热元器件检查

加热元器件一般为一个加热电阻，其阻值较小，当用万用表电阻挡测量时，应有较小的电阻。否则，加热元器件为不正常。

2. 过载保护器故障维修

（1）过载保护器不动作

触点接触不良时，应清除触点表面灰尘或氧化物；触点端子接线不良时，应紧固接线；电流整定值偏大时，应调整螺钉，减小电流；动作机构受卡时，调整后加适量润滑油。

（2）过载保护器动作过快

动作电流值过小，应重新调整动作电流；加热元器件螺钉松动，连接处电阻增大发热，应紧固连接螺钉；过载保护器散热不好，应调整其安装位置，改善散热条件。

（3）加热元器件损坏

应更换过载保护器。更换过载保护器时，应选择与原有型号、规格相同的过载保护器。安装时要使过载保护器的底部紧紧地压在压缩机外壳上，这样有利于增加双金属片对机壳内温升的敏感性。

3.4.3 除霜定时器故障的维修

1. 除霜定时器故障现象

除霜定时器故障主要分为电动机烧坏和机械故障。

2. 除霜定时器故障检查及维修

（1）电动机烧坏

用万用表测量除霜定时器电动机的进出线，若阻值变小或无穷大，表明电动机绕组短路或断路。若是除霜定时器电动机烧坏，应更换除霜定时器。

（2）机械部件故障

当测量除霜定时器电动机阻值正常时，电动机通电后，发出"嗡嗡"声，电动机不运转，表明定时器机械传动部件发生故障。

打开定时器的盖板，查看各机械部件处有无脏物、磨损等现象。若有脏物存在，应将脏物小心去掉，用酒精清洗各机械部件处。若有磨损存在，应用细砂纸将磨损处打磨光滑，去掉毛刺；若磨损严重时，应更换相应的机械部件。

定时器修好后，应转动定时器调节杆，看其旋转是否灵活，并用万用表的电阻挡测量各接线端子间是否正常。一切正常后，即可装入电冰箱使用。

3.4.4　温度控制器故障的维修

电冰箱中的温控器大体上有 3 种，即感温波纹管式、双金属片式和电子式。

1. 电冰箱温控器维修

（1）感温波纹管式温控器

感温波纹管式温控器主要故障有：触点接触不良或烧坏，造成动、静触点不能闭合而失去其控制作用。检查方法是：电冰箱接通电源后将温控器旋钮按正、反方向旋转几次，观察压缩机能否起动，若压缩机不起动应检查触点是否损坏；如果是温控器温度调节螺钉调节不当而引起控制失效，应重新进行调整；若感温包、毛细管破损，可进行外观检查，也可用热毛巾包住或靠近感温包，看其触点是否闭合，压缩机能否起动。若触点不动作，压缩机也不起动，则表明感温包内制冷剂已漏光，应重新充注制冷剂或换上一个新的温控器。

（2）双金属片式温控器

双金属片式温控器主要由线圈、双金属片、触点和控制旋钮等组成。

双金属片温控器常见故障有：内部断裂、触点不良和脱焊等。损坏的双金属片式温控器应更换一只同型号同规格的新温控器。

（3）电子温控器

电子温控器是根据惠斯通电桥原理制成的。将热敏电阻装在电桥的一个桥路上，作为感温元件。热敏电阻具有随温度变化而明显改变电阻值的特性，热敏电阻与可变电阻器一起连接在电路中，通过电路进行比较放大，再通过继电器来控制压缩机电动机的开停。电子温控器的常见故障有：热敏电阻损坏或失灵、电路脱焊和元器件损坏。若发生以上故障必须更换有关元器件并予以修复。

2. 温控器的调整

温控器一般情况下是不需要调整的，使用时只要旋动旋钮，即可改变电冰箱内的温度。当温控器达不到使用要求时，则应进行调整，调整方法如下。

1）当温控器旋钮转到接近"停"（OFF）或"0"位置时，压缩机还不停止运行，可用螺钉旋具调节温度调节螺钉。顺时针方向转动，温度升高。

2）当温控器旋钮转到最冷点位置时，压缩机还不起动，也需调节温度调节螺钉。逆时针方向转动，扩大温控范围，温度降低。

3）假如压缩机工作时间过长或过短，这是由于温控器灵敏度过低或过高造成的。可调整温度差额螺钉。顺时针方向调整，灵敏度增高；逆时针方向调整，灵敏度降低。

3.5　无氟电冰箱故障的维修

3.5.1　R134a 电冰箱制冷系统的维修

1. R134a 电冰箱系统的特点

1）压缩机。与 R12 制冷系统中的压缩机相比，R134a 制冷系统中的压缩机需增加 10% ~

15%的气缸容积以保证相同的制冷能力；用于R12制冷系统中的压缩机的零部件可以代用在R134a制冷系统中的压缩机上；与R12制冷系统中的压缩机相比，R134a制冷系统中的压缩机的噪声略有增加；在电动机设计上，R134a制冷系统中的压缩机要求采用效率更高的电动机以适应更恶劣的系统工作环境；矿物油或烷基苯油与R134a的亲和力不好，须用酯类油代替。

2）干燥过滤器。用于R12制冷系统的干燥过滤器的干燥剂为XH-5或XH-6，R134a制冷系统的干燥过滤器的干燥剂必须用XH-7或XH-9，或与之相近的干燥剂，并且干燥剂用量应增加20%。

3）毛细管。毛细管需要调整以增加制冷剂流阻，必须防止不相溶残余物和水分的进入。

4）制冷剂充注量。同容积下R134a的充注量应比R12减少5%~10%，用于R134a的充注设备必须专用。

5）热交换器。用于R12制冷系统的冷凝器和蒸发器同样适用于R134a制冷系统。

2. R134a系统的规定

（1）关于R134a制冷系统压缩机的润滑油

1）R134a与酯类油相溶，与R12制冷系统压缩机所用矿物油或烷基苯油亲和力差。

2）酯类油不允许与其他润滑油混合，酯类油比R12制冷系统压缩机所用的润滑油吸水性更强，所以，在任何情况下均不允许压缩机敞口时间超过15min。压缩机拔堵后，首先应马上插管，并且避免强制空气循环。

3）R134a制冷系统压缩机内部水的质量≤100mg，酯类油中水的质量分数≤6×10^{-5}。

4）酯类油刺激眼和皮肤，应避免接触，并保证工作环境通风。

5）R134a制冷系统的真空泵专用，其也应使用粘度与R134a制冷系统压缩机润滑油相当的酯类油，以防止真空泵油雾倒灌使制冷系统受到污染。

（2）关于毛细管堵塞故障的原因

1）系统内部件或生产过程中的硅、石蜡、硫磺、油脂、润滑油或其他高粘性物质造成的堵塞。

2）零部件的碱性物质（抗氧化剂和焊剂）造成的堵塞。

3）金属的腐蚀及干燥剂和润滑油的变质，残余氯化物和过多水分造成的堵塞。

4）冷冻油中有残余的矿物油造成的堵塞。

由于R134a制冷系统毛细管很容易堵塞，故设计时在保证其流量的前提下，内径应尽可能粗。

（3）关于干燥过滤器

实践证明，水分产生的腐蚀要比冰堵的危害更为严重。因此，R134a制冷系统电冰箱对制冷系统中的含水量要求相当高，除制造时用特殊工艺严格干燥、脱水外，在制冷系统中均设置干燥过滤器，利用分子筛吸附剩余的残留水分。与R12制冷系统所用干燥过滤器相比，R134a制冷系统分子筛用量增加20%，分子筛为XH-7或XH-9；充注制冷剂时必须同时更换干燥过滤器。

（4）关于检漏

R134a分子小于R12分子，更易于泄漏，所以使用R134a制冷系统时焊接和检漏应提高到一个新水平，应包括部件泄漏控制。

（5）关于水分、矿物油、氯的控制

1）由于水会降低酯类油的化学稳定性，酯类油水解生成的醇与酸，会引起系统腐蚀，所以 R134a 制冷系统含水量的控制比 R12 制冷系统更加严格，全部零部件水分含量≤50mg/m³。

2）氯和矿物油分别以盐和胶体状态存在，易造成毛细管堵塞。因此制冷设备的生产制造、安装、使用等过程中，绝不允许使用矿物油和含氯的产品。零部件生产时建议使用碱性清洁池，而不是酸洗，另用酯类油防护。

（6）关于材料相容性

1）常用金属类（如钢、纯铜、黄铜、铝、铸铁等）与 R134a 及酯类油相容。合成橡胶则须检查，丁腈橡胶、丁苯橡胶、氯丁橡胶与酯类油相容；而氟橡胶则应禁止，因为 R134a 和酯类油将会使之膨胀，使其抗拉强度降低。

2）避免制冷系统和生产设备管路中存在以上不相容材料（包括连接部件和灌注设备密封件）。

（7）关于系统件防护

所有系统件的防护堵在焊接之前丢失，均应拒绝使用，尤其是压缩机。压缩机从拔堵至插管应不超过 1min，从拔堵至抽真空时间最多不超过 15min，压缩机拔堵时无喷气的应挑出不用。

（8）关于焊剂的使用

焊剂一方面易造成遗留碱性物质堵塞毛细管，另一方面易吸潮而使水分进入管路，故使用时应保持干燥并防止用量过多。由于干燥助焊剂采购较困难，一般在维修时用铜银焊条或低银焊条环绕施焊，可以不用焊剂。

3. R134a 电冰箱系统的维修

用 R134a 制冷剂替代 R12 的应用技术日趋成熟。这两类电冰箱的箱体结构、主要组成部件、制冷系统和电气系统基本相同，因而常见故障特征与维修技术方面有很多相同或相似之处。但是，二者也存在一些差异，主要是制冷剂特性所引起的相关材料及维修方法不同。下面介绍 R134a 制冷剂电冰箱在故障维修时应注意的一些问题。

1）制冷部件的要求。R134a 的压缩机、冷凝器、蒸发器、门框防露管、工艺管和电磁阀要专用，不能混用或替代。

2）维修工具的要求。凡维修 R12 电冰箱制冷系统时用过的修理阀、充冷管、接头和钢瓶以及与 R12 系统有关的工具，不能直接用于 R134a 系统。如需使用，则必须用 R134a 制冷剂进行清洗处理后再用。

3）使用材料的要求。凡 R12 或 R22 制冷系统使用过的铜管和与系统有关的配件，不能用于 R134a 系统。如果必须使用，则应用三氯乙烯冲洗处理后再使用。

4）维修时间的要求。检修时在打开制冷系统后，已断开的管口要及时密封，要做到断、焊迅速。维修时所有管路器件暴露时间要尽量短（不超过 15min），干燥过滤器及小管件拆封后应尽快装配。当电冰箱管路敞口时间过长时应先用氮气吹干系统。

5）抽真空操作。抽真空时，真空泵必须更换为使用酯类油的真空泵。若采用非酯类油真空泵或利用报废的 R12 电冰箱压缩机修复改制的抽真空设备（冷冻油为矿物油），则必须用酯类油对其进行彻底清洗，并换上酯类油，同时更换连接软管、接头和密封圈等。压缩机断口到抽真空之间的时间应低于 10min，抽真空时间应不小于 20min（应达到合格要求）。维修实践中，常采用二次抽真空的方法：第一次抽真空 5min，充注 10gR134a 制冷剂；第二次抽空 20min。这样可缩短抽真空时间，效果也比较好。

6）检漏操作。R134a 制冷剂不含氯原子，检漏时卤素检漏仪应改为电子检漏仪。如果用肥皂水检漏，应在停机压力平衡后进行。清洗制冷系统管道时，均应使用不含氯的清洁剂清洗。若发现制冷系统泄漏或冰堵，则应更换压缩机，泄漏焊接前先用氮气吹干制冷系统。若制冷系统脏堵，若能用氮气吹通，可不更换压缩机，否则箱体报废（蒸发器报废）；只要打开制冷系统必须更换干燥过滤器。

7）更换压缩机。更换下来的压缩机，应作返厂处理。压缩机不得直接吸入空气进行检验。压缩机打开前应检查有无气压。

3.5.2　R600a 电冰箱制冷系统的维修

1. R600a 电冰箱系统的特点

1）压缩机。由于 R600a 与矿物油或烷基苯油能完全相溶，故压缩机的制造工艺无需更改。R600a 压缩机气缸容积在 R12 基础上需增大 65% ~ 70%，而弯头尺寸基本不变，所以对压缩机的泄漏必须进行更为严格的监控。同 R12 相比，功率相同电动机所配压缩机的制冷量基本相同。鉴于 R600a 的易燃性，电器元件必须进行改动，压缩机的电动机应采用 PTC 起动继电器且密封，R600a 压缩机铭牌上须有黄色火苗易燃标志。

2）毛细管。用于 R12 制冷系统的毛细管同样适用于 R600a 制冷系统，只是流量稍有区别。

3）干燥过滤器。用于 R12 制冷系统的干燥过滤器中的干燥剂均可用于 R600a 制冷系统中。生产维修中考虑到 R600a 的结构性质，要求使用专用干燥过滤器 XH - 9。

4）制冷剂充注量。R600a 的充注量应为 R12 的 40% 左右，因此需要有高精度的制冷剂充注设备、校准设备。

5）材料相容性。R600a 与钢、纯铜、黄铜、铝、氯丁橡胶、尼龙和聚四氯乙烯相容，这些相容的材料均可用于 R600a 系统；硅和天然橡胶与 R600a 不相容，故不能用于 R600a 系统。

6）热交换器。用于 R12 系统的冷凝器和蒸发器同样适用于 R600a 系统，但需要做必要的匹配调整。

2. R600a 电冰箱系统的维修

（1）维修设备及工具

R600a 抽真空灌注机、电子秤、洛克环压接钳、排空钳、封口钳、洛克环堵头（密封压缩机工艺管）和洛克环密封液等。

（2）场地要求

1）维修场地要空旷，不能设在地下室及其他较闭塞且通风不良的地方，以保证场地的空气流通，而且附近 10m 内不能有助燃和易燃易爆物存在。

2）维修场地应装设一套排风系统，场地内不能有沟槽及凹坑等，以防止相对密度较大的 R600a 气体积聚。维修时通风次数至少 10 次/小时，维修量大时通风次数应随之增加。通风换气要均匀，防止气体局部积聚。

3）维修场地的电源总开关应设在场地之外，并有防护装置。场地内的电气设备和通风设备应使用防爆型的，条件不允许时要求抽风机一定为防爆型的。

4）维修场地内要备有足够的灭火设备。

5）要求维修人员进入场地时，先进行火源检查、通风换气，然后才能进行维修操作。

（3）R600a 电冰箱更换压缩机的标准维修步骤

1）首先检查周围环境有无火源，并保持良好的通风。

2）将维修专用设备及配件准备好。

3）检查维修设备及电源的安全性。

4）检查排空钳是否泄露、松动，并调至合适位置。

5）将排气管引至室外，把排空钳卡在干燥过滤器处。起动压缩机，运行 5min 后停止，振动压缩机以使与润滑油相溶解的部分异丁烷排放出来。暂停 3min 后，再插电运行 5min，使管路系统内异丁烷含量降至最低。

6）关掉电源，将干燥过滤器的排气孔密封，将专用排空钳卡在压缩机的低压管处，用 R600a 真空泵抽真空，运行 10min。

7）用割管器拆掉压缩机、干燥过滤器，用氮气将管路吹 5s 以上。

8）更换 R600a 压缩机、干燥过滤器，用气焊焊接各接口。

9）吹氮气检漏，氮气压力不超过 0.8MPa，用肥皂水检漏。

10）放掉氮气，抽真空 20min 以上，使真空度达到规定值。

11）为保证制冷剂充注量的精确性，充注时应用电子秤称量，电冰箱插电运行。

12）无异常用洛克环封口。

13）封口处用肥皂水检漏。

14）电冰箱插电运行，检测性能。

上述是根据 R600a 电冰箱更换压缩机的标准维修工艺要求制定的操作步骤。在更换压缩机时若条件不允许，可采用如下工艺。在宽敞、通风良好的车间或室外，打开干燥过滤器处毛细管并密封毛细管口，然后起动压缩机，排放 5min 后关掉压缩机，用手振动压缩机，暂停 3min 后再插电运行 5min。用割管器割断压缩机回气管和高压排气管，用氮气吹冷凝器和蒸发器不少于 30s。换上新的压缩机、干燥过滤器，焊接检漏。充注制冷剂后插电运行。确认制冷正常后，用洛克环封口。

更换下的 R600a 压缩机，储存或运输时应事先将压缩机冷冻油倒掉并密封各管口。返修时若更换压缩机，制冷剂充注量为规定值；如不更换压缩机，充注量为规定值的 90%。

（4）相关维修操作

1）关于检漏。检测 R600a 是否泄漏可用氮气打压、肥皂水进行检查，方法同 R12 电冰箱。如果采用异丁烷检漏仪来检测，必须注意管路压力问题。该类型电冰箱在运转时，低压侧处于负压，这对运行时检漏是不利的，应在停机状态下对低压侧进行检漏。注意卤素检漏仪不能用于异丁烷检漏。

2）关于制冷剂的排放。R600a 的性质决定了其制冷系统内制冷剂充注量比 R12、R134a 电冰箱少，系统平衡压力也比 R12、R134a 电冰箱低，且 R600a 易燃易爆，因此，排放制冷剂时应按以下步骤进行。

① 将打孔钳与压缩机工艺管连接，用软管连接排放口，并经真空泵排到室外大气中，

严禁排放在室内。

② 检查真空泵后开始抽真空，打开电冰箱门加速制冷剂蒸发，以提高排放速度。

③ 摇晃压缩机，检查真空泵，当抽到101kPa（或接近当地的大气压力）时结束，禁止抽至负压，以避免空气进入。

④ 若需打开系统，可切开管路，决不能用气焊或电焊。

3）关于制冷系统的抽真空。由于R600a在压缩机润滑油中具有高溶解性，故抽真空的步骤有所变化，具体步骤如下。

① 使用新压缩机的系统，抽真空可用一般方法，真空泵必须适用于易燃易爆气体。

② 如果维修中还继续使用原来的旧压缩机，系统抽真空步骤为：用真空泵抽真空10min，起动压缩机运行10min，再用真空泵抽真空5min，起动压缩机运行1min，再用真空泵抽真空3min。

4）关于封口。R600a压缩机工艺管封口需采用专用洛克环机械封口或超声波焊接。

封口是在制冷系统充注制冷剂插电运行确认制冷良好后进行的。R600a压缩机工艺管封口与R12或R134a不同，因R600a易燃，故多采用机械密封接口或超声波焊接，机械密封接口又多采用洛克环封口。洛克环封口的连接工艺是：用粒度大于320号的砂纸或专用纱团清洗管路接头，后用毛巾轻擦干净，确保接头无油漆、水分、杂质和划痕后，在接头处管子上加一滴密封液，插上洛克环转口圈并转动，使紧固剂均匀分布于管路接头表面，再用专用钳子慢慢夹紧洛克环两端，使洛克环的两端面对接，静置3min使之固化即成。

5）关于管路连接。在维修R600a电冰箱时，其管路连接不允许焊接，而是采用特殊的连接——锁环连接。按材料锁环可分为黄铜锁环和铝材锁环两种。黄铜锁环适用于铜与铜、铜与钢、钢与钢之间的连接；铝材锁环适用于铝与铝、铝与铜、铝与钢之间的连接。锁环连接步骤如下：

① 管口处理时，用钢丝绒或纱布擦净待接管的端口。注意擦磨时应围绕管路端口旋转，避免管路横向的擦伤。

② 滴涂锁环密封液时，将处理好的两根待接管分别插入锁环衬套口，分别在两个单接头尾部滴一至两滴锁环密封液，慢慢旋转锁环并缓缓插入待接管。

③ 压接和固化应用专用压接钳压接，静置10min待密封液固化，管子连接即可完成。

3.6 电冰箱维修后的检测

电冰箱维修后一般都必须进行2～3天的运行试验，证明其安全性能和制冷性能均良好时才能交付使用。在试运转中，维修人员必须对电冰箱作下述鉴定。

1）安全性能。在电冰箱交付使用之前，应用500V绝缘电阻表测量电源线与地线之间的绝缘电阻，电阻值应不低于2MΩ。

电冰箱应有良好的接地装置，用接地电阻仪测量接地端与金属外露部分之间的接地电阻应不大于0.1Ω。

电冰箱正常运转后，测量电源线与电冰箱金属外露部分之间的泄漏电流不大于1.5mA。

2）降温和保温性能。将温控器调节旋钮调至中间位置，关上箱门，起动压缩机运行30min左右，打开箱门观察蒸发器是否结满均匀的霜。用手指蘸上水接触蒸发器各个端面，如均有冻粘的感觉，就表明制冷性能正常。用冰箱配备的冰盒装满25℃左右的水，放入冷冻室内应在2～3h内结成实冰。

在环境温度为32℃、相对湿度为70%～80%的条件下，电冰箱稳定运行后，箱体表面不应出现凝露现象。

3）耐泄漏性能。用电子卤素检漏仪检查制冷系统的各焊口，不应有泄漏现象。

4）温度控制性能。将电冰箱温控器调节旋钮调至中间位置，压缩机运行2h以后应能自动停机，并在停机一定时间后又自动开机，即为正常。

5）制冷剂充灌量观察。电冰箱进入稳定运行后，观察吸气管在箱体背后出口附近及压缩机附近的结霜、结露情况。当环境温度为25～30℃时，吸气管在箱体外应无霜或出现不大于200mm的结露段，压缩机附近吸气管温度略低于室温但无凝露现象，即为合格。若吸气管结露段过长，甚至结到压缩机附近，或在邻近压缩机的地方出现结露现象，则说明是制冷剂充灌过量，即使制冷性能可以满足要求，也会造成电冰箱压缩机的耗电量增大。

6）振动与噪声。电冰箱运行时的噪声值应在允许的范围内，一般不应大于40dB，振动幅度不应大于0.05mm。

7）门灯或风扇电机开关。打开冷藏室箱门时箱内照明灯应立即工作，若是间冷式电冰箱，风扇电机应立即停止工作；当箱门关至15°左右时，箱内照明灯应立即熄灭，若是间冷式电冰箱，则其风扇电机应立即起动运行。箱门正常关闭时，用一片宽为50mm、厚为0.08mm、长为200mm的纸条，垂直插入门封的任何一处，不应自由滑落。

8）门封严密性。箱门正常关闭时，用一片宽为50mm、厚为0.08mm、长为200mm的纸条，垂直插入门封的任何一处，不应自由滑落。

3.7 实训

3.7.1 实训1 —— 电冰箱的性能测试

1. 实训目的

熟悉电冰箱性能测试项目，掌握维修后电冰箱的正常标准。

2. 主要设备、工具与材料

检修后的电冰箱、500V级绝缘电阻表等。

3. 操作步骤

1）用500V级绝缘电阻表测电冰箱电源端子与地线端子的绝缘电阻，其值大于2MΩ为正常。

2）接通电冰箱电源，开机3～5min，停机后间隔5min再次开机。电冰箱重复开机、关机2～3次，每次均应能正常启动。

3）将温控器旋钮置中间位置，开机30min。手摸冷凝器的上部和下部温度，上部应较热，下部应温热；观察压缩机回气管的结霜，其中压缩机附近的回气管应无凝露，靠近箱体段应无霜或少量结霜；打开箱门检查蒸发器的结霜情况，蒸发器应结满霜，用手指沾水触摸蒸发器，应有粘手的感觉。

4）将温控器旋钮置于强冷位，电冰箱开机运行1～2h后应自动停机，并在停机一段时间后能重新启动。

5）将温控器旋钮置于强冷位，开机连续运行 2 ~ 3h，应正常制冷。

3.7.2　实训 2 —— 电冰箱门封的更换

1. 实训目的

熟悉电冰箱门封的更换方法，掌握其操作步骤。

2. 主要设备、工具与材料

电冰箱、磁性门封条、螺钉旋具、钢锯条、手电筒、大水盆和热水等。

3. 操作步骤

1）拆下门封条的螺钉和压板，取下门封条。

2）将箱门封条贴合面清洗干净。

3）将新门封条放在 60 ~ 70℃ 的热水中浸泡调平。

4）当新门封条尺寸过大时：在门封条的中间部位按 45° 斜面切断，截去多余部分，然后用烧红的钢锯条插入搭接处的斜面。钢锯条插入后立刻拔出，并用手捏紧粘接处，使其粘接密贴。

5）用螺钉和压板将门封固定在箱门上。

6）将手电筒放入电冰箱内，关上箱门，若门封有漏光则应进行调整。

4. 注意事项

1）应选取尺寸合适的门封条。

2）在没有尺寸合适的门封条时，应选取尺寸稍大的。

3）截断门封条时，每边应留出约为 4mm 左右的余量，以便热粘时的搭接。

3.7.3　实训 3 —— 电冰箱压缩机的更换

1. 实训目的

熟悉电冰箱压缩机的更换方法，掌握其操作步骤。

2. 主要设备、工具与材料

电冰箱、全封闭式压缩机、气焊设备、锉刀、扳手、螺钉旋具、尖嘴钳、胶塞和砂纸等。

3. 操作步骤

1）拆下电气连接线。

2）用锉刀将压缩机的工艺管锉开一个小口，排尽制冷剂。

3）用气焊焊开压缩机高压排气管和低压排气管的连接部位。

4）用胶塞塞住连接管管口。

5）用扳手拧下底板上压缩机的安装螺母，拆下压缩机。

6）取出压缩机底座的防振橡胶垫。

7）将橡胶垫安装在新压缩机的底座。

8）将新压缩机安装在电冰箱底板上，并拧紧安装螺母。

9）取下连接管中的胶塞。

10）将焊接部位清理干净并打磨光亮。

11）将新压缩机的高低压管与制冷系统的管道焊接好。

12）接好电气连接线。

4. 注意事项

1）排放制冷剂时，不宜将工艺管整根切断，否则，润滑油会随制冷剂喷出。

2）压缩机的防振垫老化后应予以更换。

3）新压缩机的功率、启动方式等应与原压缩机相同。

4）在无法得到相同功率的压缩机时，若以功率稍大的代用，则应适当加长毛细管，同时减少制冷剂的充注量；若以功率稍小的代用，则应截短毛细管，增加气流量。毛细管的加长或截短应反复试验，以达到良好的制冷效果。

5）压缩机的安装螺母不得过松或过紧，否则将会增大噪声和振动。

3.7.4　实训 4 —— 直冷式电冰箱的故障判断与排除

1. 实训目的

能判断直冷式电冰箱的常见故障，并加以排除。

2. 主要设备、工具与材料

直冷式电冰箱（由指导老师设置故障）、电冰箱检修常用设备、工具与材料。

3. 操作步骤

接通电源，将温控器旋钮置强冷点，观察压缩机的运转情况、蒸发器的结霜情况。

（1）压缩机不运转

1）检查电源电压是否正常。

2）用导线短接温控器的温控触点，观察压缩机是否运转，判断温控器是否正常。

3）拆下启动继电器，接上试验线，观察压缩机是否运转，判断启动继电器是否正常。

4）拆下过电流过温升保护继电器，接上试验线，观察压缩机的运转情况，判断保护继电器是否正常。

5）检查压缩机电动机绕组的电阻值，判断压缩机电动机是否正常。

（2）压缩机频繁启动

1）拆下启动继电器，接上试验线，观察压缩机的运转情况，判断启动继电器是否正常。

2）检查运行电流，判断过载保护器和压缩机是否正常。

（3）压缩机运转 0.5h 后，蒸发器不结霜

1）检查冷凝器的温度。

2）检查压缩机壳的温度。

3）听压缩机内部是否有气流声。

4）在停机后切开工艺管，观察是否有气流喷出。

5）判断制冷剂是否已全漏。

6）重新开机，用手指堵住工艺管切口，检查切口是否有压力。

7）判断压缩机是否正常。

8）判断制冷系统是否全堵。

（4）压缩机运转 0.5h 后，蒸发器局部结霜

1）检查冷凝器温度。

2）停机后，仔细听蒸发器内气流时间的长短。

3）判断制冷剂是否部分泄漏。

4）判断制冷系统是否部分堵塞。

（5）压缩机正常运转0.5h后，蒸发器结虚霜

1）检查冷凝器通风积尘情况。

2）检查冷凝器的温度。

3）观察压缩机回气管的结霜情况。

4）停机后，切断压缩机的工艺管。

5）重新开机，用手指堵住工艺管切口，检查切口压力的大小。

6）判断冷凝器的传热效率。

7）判断压缩机是否效率低下。

8）判断制冷剂是否充注过多。

（6）压缩机正常运转，但结霜化霜交替出现

1）观察毛细管的结露、结霜情况。

2）检查毛细管的温度情况。

3）用热毛巾加热毛细管。

4）检查蒸发器是否有气流声，电冰箱是否开始制冷。

5）拿走热毛巾，电冰箱是否正常制冷一定时间后又不制冷。

6）判断毛细管是否冰堵。

（7）箱内温度过低，压缩机运转不停

1）检查温控器的旋钮位置是否合适。

2）检查温控器的感温管是否脱出原位。

3）将温控器的旋钮置停止位置，观察压缩机是否仍然运转，判断温控器的触点是否粘连。

4）将温控器旋钮置弱冷位置，观察压缩机是否仍然运转不停，判断温控器是否温度控制范围失灵。判断出故障后，根据不同的原因分别加以排除。

3.7.5 实训5 —— 风冷电冰箱的故障判断与排除

1. 实训目的

能判断风冷电冰箱的常见故障，并加以排除。

2. 主要设备、工具与材料

风冷电冰箱（由指导老师设置故障）、电冰箱检修常用设备、工具与材料。

3. 操作步骤

接通电源，将温控器旋钮置强冷点，观察压缩机的运转情况、蒸发器的结霜情况。

（1）压缩机不运转

1）检查电源电压是否正常。

2）用导线短接温控器的温控触点，观察压缩机是否运转，判断温控器是否正常。

3）拆下启动继电器，接上试验线，观察压缩机是否运转，判断启动继电器是否正常。

4）拆下过电流过温升保护继电器，接上试验线，观察压缩机的运转情况，判断保护继电器是否正常。

5）用试验线短接化霜定时器的 C、B 端子，观察压缩机的运转情况，判断化霜定时是否正常。

6）检查压缩机电动机绕组的电阻值，判断压缩机电动机是否正常。

（2）压缩机频繁启动

1）拆下启动继电器，接上试验线，观察压缩机的运转情况，判断启动继电器是否常。

2）检查运行电流，判断过电流过温升保护继电器和压缩机是否正常。

（3）压缩机运转正常但不制冷

1）检查化霜温度熔丝是否熔断。

2）检查化霜电热丝是否被烧断。

3）检查化霜温控器是否断路。

4）检查化霜定时器是否损坏。

5）检查风扇扇叶是否被卡。

6）检查风扇电动机是否损坏。

7）检查箱门开关是否接触不良。

8）切开压缩机工艺管，观察是否有气流喷出，判断制冷剂是否已全漏。

9）切开压缩机工艺管，观察是否有气流喷出，开机后检查切口是否有压力，判断压缩机是否正常，制冷系统是否堵塞，如图 3-18 所示。

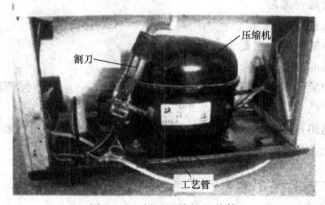

图 3-18 割开压缩机工艺管

（4）压缩机运转正常，但制冷量达不到要求

1）检查冷凝器是否积尘过多。

2）检查蒸发器是否交替积霜，判断制冷系统内水分是否过多。

3）检查冷凝器是否温度较低、蒸发器内的气流声是否较弱、停机后液流声是否消失慢，判断制冷系统是否部分堵塞。

4）检查冷凝器是否温度较低、蒸发器内的气流声是否较弱、停机后液流声是否消失快，判断制冷剂是否部分泄漏。

5）检查冷凝器是否温度较低，切开压缩机工艺管，开机后工艺管吸力是否较低，判断压缩机是否效率低下。

（5）冷冻室温度正常，但冷藏室不降温

1）检查冷藏室出风口是否被堵。

2）检查风门感温元器件是否泄漏。

3）检查风门传动机构是否卡阻。

判断出故障后，根据不同的原因分别加以排除。

3.8 习题

1. 检查电冰箱故障时应遵循哪些基本原则？

2. 电冰箱的正常工作状态从哪几方面来判定？

3. 如何综合判断电冰箱的故障所在？

4. 电冰箱故障检查的基本步骤是什么？

5. 电冰箱故障维修时应注意哪些事项？

6. 电冰箱不能起动运转故障的检查程序是什么？

7. 电冰箱运转不停故障的检查程序是什么？

8. 压缩机开、停频繁应如何处理？

9. 压缩机起动运转后，过载保护继电器周期性跳开，应怎样检查处理？

10. 电冰箱箱体漏电，接触箱体或开门时手发麻的原因是什么？应如何处理？

11. 电冰箱噪声大是什么原因？

12. 如何判断制冷系统发生脏堵故障？怎样维修？

13. 制冷系统产生冰堵故障的原因是什么？怎样排除？

14. 如何判断压缩机的接线端子？

15. 如何检测电冰箱电动机漏电、绕组断路及绕组短路等故障？

16. 压缩机的振动与噪声异常故障如何进行检修？

17. 重锤式起动继电器常出现哪些故障？如何维修？

18. PTC 起动继电器的好坏如何判断？

19. 过载保护器常见的故障有哪些？如何检修？

20. 除霜定时器主要有哪些故障，如何检修？

21. 无氟电冰箱制冷系统的技术要求是什么？

22. 无氟电冰箱维修必须遵守哪些原则？

23. 电冰箱维修完毕后应做哪些检查？

24. 为什么有的电冰箱冬天不开机？

25. 微型计算机电冰箱操作面板上按键操作无效，一般可从哪几方面进行检查？

第4章 房间空调器的结构与原理

4.1 空气调节的内容与作用

4.1.1 空气调节的内容

空气调节是指通过某些手段，例如降温、去湿、加热、加湿和过滤等对特定空间内空气的温度、湿度及其分布、成分、清洁度等进行调节，以使室内空气保持一定的条件，满足人们的舒适性要求或某些特殊需求。这些条件通常可用空气的温度、相对湿度、气流速度和洁净度（简称为"四度"）来衡量。因此，维持室内的"四度"，并使之在一定的范围内变化的调节技术称为空气调节，简称为空调。

空气调节一般应包括以下4个方面。

1. 温度调节

温度调节是指根据不同的需要，人为地造成一定的环境温度。例如精密机械加工和精密装配车间，温度要求一般为20℃左右。光学仪器工业一般要求为22～24℃，精度为±2℃、±1℃、±0.5℃。舒适性空调温度按国家标准，夏天为24～28℃，冬天为18～22℃。

对空气温度的调节过程，实质上就是增加或减少空气所具有的显热的过程，而空气温度的高低也表明了空气显热的多少。

2. 湿度调节

空气过于潮湿或过于干燥都会使人感到不舒适。一般来说，冬季的相对湿度在40%～50%，夏季的相对湿度在50%～60%，人会感觉比较舒适。

对空气湿度的调节过程，就是调节空气中水蒸汽的含量的过程，其实质是增加或减少空气所具有的潜热的过程。

3. 空气流速调节

空气流速不同，人的感觉也不同。人们处在适当低速流动的空气中的感觉比处在静止的空气中的感觉要好，处在变速的气流中比处在恒速的气流中更感舒适。一般来说，空气流速应以0.1～0.2m/s的变动低速为宜，至少也应控制在0.5m/s以下。对空气流速的调节是空气调节的主要内容之一。

4. 空气洁净度的调节

空气中一般都存在有悬浮状态的固体或液体微粒。它们很容易随着人的呼吸而进入气管、肺等器官，并黏附其上。这些东西常常带有细菌，会传播各种疾病。因此，在空气调节过程中，对空气进行滤清是十分必要的。

4.1.2 空气调节的作用

空气调节对于国民经济的发展和人民物质文化生活水平的提高有重要作用。例如，随着通信技术的发展，现代通信设备不断更新。为了保证通信设备的正常运行，在夏季要求室内的温度为28℃，相对湿度为50%，并控制在一定的范围内。又如在各种机械和仪表的生产过程中，为了保证产品的精度和检验要求，需要把空气的温度和湿度控制在相当小的范围内。光学仪器制造工业的抛光间、擦玻璃间和镀膜间等，夏季要求室温一般在22～24℃，相对湿度全年为70%左右。

4.2 空调器概述

房间空调器是一种向密闭空间（如房间）或区域直接提供经过处理的空气的设备，它包括一个制冷和除湿用的制冷系统以及空气循环和净化装置，还可包括加热和通风装置。它采用空气冷却式冷凝器和全封闭制冷压缩机，制冷量一般在9000W以下。按不同的使用目的将密闭空间、房间或区域的空气，调解到适宜的状态。它不仅可以用于夏季降温、去湿，也可以用于冬季供暖。房间空调器是一种舒适性空调、适用于一般场合，不适用于超净、灭菌、恒温、恒湿以及全新风的场合，在有腐蚀性气体、粉尘多的场合也不适用。

4.2.1 空调器分类

一般房间空调器主要功能是调节温度和湿度，除尘净化功能通常是兼具的功能。当空调作制冷降温运行时，空气降温会排出所含水分成冷凝水，起到除湿作用。就是说，家用应用制冷系统的设备，可以降温、可以除湿。

1. 按空调器的主要功能分类

（1）冷风型空调器

冷风型空调器只吹冷风，也称为单冷式空调器，一般只在夏季用于降温兼有除湿功能。它的结构简单，可靠性好，价格便宜，是空调器中的基本型，其代号省略。由于功能单一，一年四季的利用率不高。它使用的环境温度为18～43℃。窗式和分体式空调器都有冷风型结构。在冷风型空调器上采用微型计算机控制或增加制冷系统附加回路后，可以派生出在梅雨季节或潮湿天气时有单一除湿功能（房间不降温）的空调器。此类空调器代号为L。

（2）热泵型空调器

热泵型空调器是在制冷系统中通过两个换热器即蒸发器和冷凝器的功能转换来实现冷热两用。在冷风型空调器上装上电磁换向阀后，可以使制冷剂流向改变，原来在室内侧的蒸发器变为冷凝器，来自压缩机的高温高压气体在此冷凝放热，于是就对室内供给热风；而室外侧的冷凝器变为蒸发器，制冷剂在此蒸发并吸收外界热量。故具有制冷、制热和除湿等多种功能，夏季可用于降低室温，冬季可用于提高室温，雨季也可以用于除湿防霉。

由于环境温度的影响，室外换热器为无自动除霜装置的热泵型空调器，只能用于5℃以上的室外环境下，否则室外换热器因结霜堵塞空气通路，导致制热效果极差。有自动除霜的热泵型空调器，可以在–5～43℃的环境温度下工作，在制热运行过程中会出现短暂的除霜工况而停止向室内供热。在低于–5℃的室外环境下，热泵型空调器不再适用，而必须用电热型空调器制热。此类空调器代号为R。

（3）电热型空调器

电热型空调器是在普通空调器上增加一组电热丝加温装置而成。它也具有制冷、制热功能，但制热时是通过电热元件来获得热量，故制热效率要比热泵型空调器低得多，但加热系统损坏时维修较方便。这种空调器可以在寒冷环境下使用，工作的环境温度小于等于43℃。此类空调器代号为D。

（4）热泵辅助电热型空调器

热泵制热在环境温度低于一定温度时，制热效果将明显地降低。为弥补这个缺点，采取热泵、电热相结合的办法，来保证在环境温度较低时，也有足够的制热量。此类空调器代号为R_d。

这种空调器的室外机组中，增加一个电加热器，在低温的室外环境下，它对吸入的冷风先进行加热，这样室外机换热器不易结霜，提高了机器的制热效果。

（5）冷冻除湿机

除湿机就是能对空气进行减湿处理的一种空气调节装置。除湿的方法有多种，其中应用最多的一种除湿方法是冷冻除湿。根据冷冻除湿原理制成的除湿机称为冷冻除湿机。

冷冻除湿机的结构和窗式空调器基本相似，采用同类制冷系统的蒸发器将空气降温析出水分达到除湿的目的。空气又经冷凝器升温送出，从而使室内空气的相对湿度降低。

2. 按空调器的结构形式分类

按空调器结构形式分为整体式和分体式两种。

（1）整体式（C）

整体式空调器的特点是机器是一个整体，结构紧凑，重量轻，噪声较低，安装方便，使用可靠，但制冷量一般较小。这种空调器通常安装在房间窗户处，或在房间外墙上开设专用洞口安装，故又称为窗式空调器。

（2）分体式（F）

分体式空调器是因整体机器分为室内和室外两大部分而得名。其主要特点是外形美观，易于布置房间的位置，运转时安静。分体式空调器的安装地点灵活方便，很少占用房间的有效面积。室内机组可做成吊顶式（代号D）、挂壁式（代号G）、落地式（代号L）、嵌入式（代号Q）和台式（代号T）等；室外机组代号为W。

3. 按使用气候环境不同分类

按使用气候环境不同空调器分为T_1、T_2、$T_3$3个类型。

表4-1列出了空调器通常工作的环境温度。

表4-1　空调器通常工作的环境温度

形式	气候类型		
	T_1	T_2	T_3
冷风型	18～43℃	10～35℃	21～52℃
热泵型	-7～43℃	-7～35℃	-7～52℃
电热型	～43℃	～35℃	～52℃

4. 按制冷量来分类

分为小型空调器（4186～12558kJ/h，即1000～3000kcal/h），中型空调器（16744～

25116kJ/h，即4000～6000kcal/h），以及大型空调器（25116～41860kJ/h，即6000～10000kcal/h）。

4.2.2 房间空调器的规格及型号

我国生产空调器型号，按照国家 GB/T 7725—2004 标准规定；制冷量在 900W 以下，采用全封闭式压缩机和风冷式冷凝器的空调器称为房间空调器，其型号表示如下：

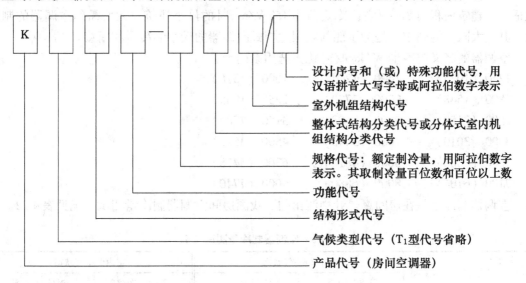

型号示例：

（1）KC-25

KC-25 表示 T_1 气候类型，窗式冷风型房间空调器，额定制冷量为 2500W。

（2）KFR-28G

KFR-28G 表示 T_1 气候类型，分体热泵型挂壁式房间空调器室内机组，额定制冷量为 2800W。

（3）KFR-28W

KFR-28W 表示 T_1 气候类型，分体热泵型挂壁式房间空调器室外机组，额定制冷量为 2800W。

（4）KFR-41GW

KFR-41GW 表示 T_1 气候类型，分体热泵型挂壁式房间空调器（包括室内机组和室外机组），额定制冷量为 4100W。

（5）KT3C-35A

KT3C-35A 表示 T_3 气候类型，窗式冷风型房间空调器，额定制冷量为 3500W，第一次改进设计。

（6）KFR-50LW/BDF

KFR-50LW/BDF 表示 T_1 气候类型，分体热泵型落地式、具有负离子功能的变频房间空调（包括室内机组和室外机组）、额定制冷量为 5000W。

4.2.3 房间空调器的主要技术指标

空调器的性能参数是衡量空调器的技术质量指标。房间空调器的主要参数有：

1. 制冷量（力）

制冷量是指空调器单位时间内所产生的冷量，即空调器进行制冷运行时，单位时间内从密闭空间、房间或区域内除去的热量；制冷量的单位为 W，欧美国家用 Btu/h 表示。例如日本三洋牌房间空调器铭牌制冷量为 80000Btu/h，折合成国际单位，为 23440W。

国家标准规定房间空调器优选制冷量为 1250～9000W。最小空调制冷量定义为 1250W。这适合于建筑面积为 8m²、空调冷负荷为 157W/m² 时的最小建筑单元所需的空调器的制冷量。其最大限值的确定，是为了能与我国立柜式空调器的最小制冷量相衔接。

空调器的名义制冷量 W(kcal/h) 优先选用系列为：

1250（1075）	1400（1204）	1600（1376）
1800（1548）	2000（1720）	2250（1935）
2500（2150）	2800（2408）	3150（2709）
3500（3010）	4000（3440）	4500（3870）
5000（4300）	5600（4816）	6300（5418）
7100（6106）	8000（6880）	9000（7740）

空调器制冷量是在房间量热计中测出的。我国房间空调器制冷量测试工况见表 4-2。

表 4-2 空调器制冷量测试工况

工况条件	室内侧空气状态		室内侧空气状态	
	干球温度/℃	湿球温度/℃	干球温度/℃	湿球温度/℃
名义制冷工况	27.0	19.5	35.0	24.0
热泵名义制热工况	21.0	—	7.0	6.0
电热名义制热工况	21.0	—	—	—

2. 制热量

热泵型或电加热型空调器在制热运转时，在单位时间内向密闭空间、房间或区域内送入的热量称为制热量，其单位也是 W。

3. 能效比（COP）

在国家规定的额定工况下，空调器进行制冷运行时，制冷量与有效输入功率之比，称为能效比。它是一项技术经济性能指标，也是一项能耗指标，能效比越高，说明空调器的制冷效率越高。能效比的符号用 COP 表示，单位为 $W_{冷}/W_{输入}$。

$$COP = 制冷量/有效输入功率（W_{冷}/W_{输入}）$$

空调器能效比（COP）见表 4-3。国家规定 COP 值不能小于表 4-3 中规定值的 85%。

表 4-3 能效比（COP）

额定制冷（热）量/W	COP/（$W_{冷}/W_{输入}$）	
	整体式	分体式
<2500	2.45	2.65
2500～4500	2.50	2.70
4500～7100	2.45	2.65
>7100	2.50	

4. 噪声

空调器在运行时的声音就是空调器的噪声。空调器的噪声分为室内部分噪声和室外部分噪声。室内部分噪声主要来自电动机的运行及风扇的转动，所以室内噪声较低。而室外噪声来自压缩机，室外风扇发出的声音。

国家标准规定各种规格的空调器的噪声必须符合表4-4规定。

表4-4　空调器噪声指标

名义制冷量/W(kcal/h)	噪声/dB(A)				
	整体式			分体式	
室内侧	室内侧	室外侧	室内侧	室外侧
2500(2200)以下	≤54	≤60	≤42	≤60
2800~4000(2500~3500)	≤57	≤64	≤45	≤62
4000(3500)以上	≤62	≤68	≤48	≤65

5. 循环风量

空调器铭牌上的循环风量是指在新风门和排风门完全关闭的情况下，单位时间内向密闭空间、房间或区域送入的风量，即室内侧空气循环量，单位为 m^3/h，也就是每小时流过蒸发器的空气量。

在同等进风条件和同等风量的前提下，同牌号同规格的空调器，出风温度低的制冷量大。

如果空调器风量大，必然造成出风温度较高，噪声必将增大；若风量过小，虽噪声下降，但 COP 也下降，电耗也增加。为此，空调器风量应选取最佳值，以使它发挥最佳效能。

6. 空调器功率

空调器功率是指空调器运行时所消耗的功率，制冷运行时消耗的总功率称为制冷消耗功率；制热运行时消耗的总功率称为制热消耗功率。

7. 空调器的名义工况

空调器的性能指标是按名义工况条件下测量得到的。我国现用空调器基本按 T_1 气候类型设计，T_1 气候类型中国规定的名义工况参数见表4-5。

表4-5　空调器名义工况参数

工况名称	室内空气状态		室外空气状态	
	干球温度/℃	湿球温度/℃	干球温度/℃	湿球温度/℃
名义制冷工况	27	19.5	35	24
名义热泵制热工况	21	—	7	6
名义电热制热工况	21	—	—	—

4.3　房间空调器制冷系统主要部件

与电冰箱一样，制冷（热）循环系统由全封闭式压缩机、风冷式冷凝器、毛细管和肋片管式蒸发器及连接管路等组成一个封闭式制冷循环系统。系统内充以 R22 制冷剂。

4.3.1 全封闭压缩机

压缩机是制冷系统的核心，是一个极为重要的部件。它的作用是不断地吸取来自蒸发器的低压气体制冷剂，将它压缩成为高压过热气体，排向冷凝器，使制冷剂在制冷系统中建立一个压力差，以使制冷剂在系统中不断循环，不断制冷。

空调全封闭压缩机按其结构特点可分为往复活塞式和旋转式两大类；而往复活塞式又分为连杆式、滑管式、电磁式3种。目前以连杆式和滑管式应用最为广泛。

1. 往复活塞式压缩机

往复活塞式压缩机分连杆式和滑管式。房间空调器采用连杆式压缩机。

连杆式全封闭压缩机的结构如图4-1所示。电动机和压缩机都放置在用3~4mm的薄钢板冲压成形的壳体内。电动机定子垂直固定在机体上，转子紧压在曲轴上。曲轴呈垂直安装位置，汽缸为卧式排列。一般1100W以下的压缩机为单缸，1470W以上的压缩机为双缸，曲轴支撑在机体上，主要由电动机带动曲轴运转，然后由曲轴的回转运动，通过连杆传给活塞变为往复运动。阀板上的吸气和排气阀片起到控制吸排气的作用。活塞压缩来自蒸发器的低压制冷剂气体。低压制冷剂气体经压缩后变成高压高温气体，再进入冷凝器进行热交换。

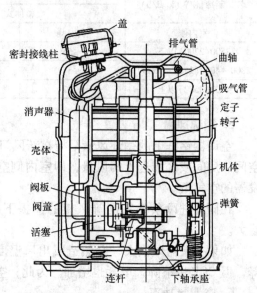

图4-1　连杆活塞式压缩机的结构

连杆活塞式压缩机一般均采用偏心压力输出润滑油，通过曲轴下端的偏心孔，在惯性离心力作用下，把润滑油送至各摩擦面。

2. 旋转式压缩机

全封闭旋转式压缩机的外形如图4-2所示。它引出高压排气管、低压吸气管，作制冷系统管路连接用。它还引出3个接线端子作电气连接用，这3个接线端子分别称为公共端、起动端、运行端，在多数压缩机上分别用C、S、R表示。

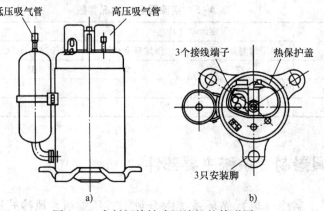

图4-2　全封闭旋转式压缩机的外形图

a) 侧面图　b) 底面图

旋转式压缩机主要有转子式和滑片式两种。目前房间空调器主要采用转子式旋转压缩机。转子式旋转压缩机的结构及压缩机部件如图4-3、图4-4所示。旋转式压缩机通过汽缸容积变化压缩制冷剂气体来达到制冷的目的。旋转式压缩机泵体浸在机壳内的润滑油中。在泵体内有一圆柱转子套在偏心轴上，轴以 O 点为中心旋转（其工作原理如图4-5所示）。因此，转子在泵体中作偏心运动，其偏心距为 e ，转动过程是在缸内表面滚动，两者具有一条接触直线，即两个圆柱面的切线。这样，在汽缸与转子之间形成一个新月形的工作腔。滑动挡板的宽度与圆柱转子的宽度相等。它可以在汽缸横梢左右移动。在弹簧的作用下，挡板始终紧贴在圆柱转子上。在挡板两边的泵体上开有吸

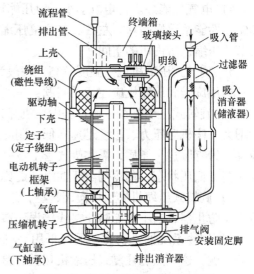

图4-3 转子式旋转压缩机的结构

气口和排气口，在排气口上装有排气阀片。当转子旋转时，低压制冷剂气体从吸气口吸入，经压缩后，制冷剂成为高压气体，并从排气阀口排出，再进入冷凝器。

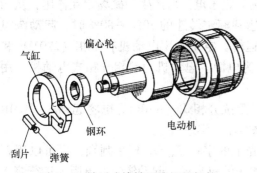

图4-4 转子式旋转压缩机的部件

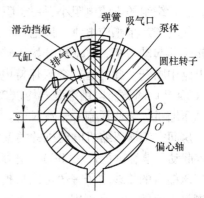

图4-5 旋转压缩机的工作原理图

储液器是为了防止液态制冷剂流入压缩机而在蒸发器和压缩机之间安装的气液分离器。从蒸发器出来的制冷剂由吸入管入口进入储液器中，液态制冷剂因本身自重而落入筒底，只有气态制冷剂由吸入管的出口被吸入压缩机中。

旋转式压缩机与往复式压缩机比较具有以下几个特点：

1）结构简单。零件数量比往复式压缩机少30%～50%，因此具有可靠性高、寿命长等特点，但对零件的材质及加工精度要求较高。

2）效率高。旋转式压缩机没有吸气阀，因此吸气压力损失很小，余隙容积也很小，仅占气缸工作容积的1%～2%（往复式压缩机占2%～4%），而且吸气直接进入气缸，使吸气过热度低，蒸气比容积小，排气温度也相应降低，所以容积效率与制冷效率比往复式好。

3）噪声和振动小。旋转式压缩机电动机的转动直接传递到滚动活塞上，没有中间的传递转换环节，由于摩擦损失小，动平衡性很好，噪声和振动均比往复活塞式小。

4）电气性能好。转矩波动小，对压缩机电动机有利，比往复活塞式耗电量降低 10% ~ 15%，性能系数提高 0.2 左右。与往复压缩机相比，体积缩小 1/3，重量减轻 30% ~ 50%，可节约压缩机所占用的空间。

5）旋转式压缩机机壳温度较高，一般为 90 ~ 110℃，而往复式压缩机一般为 60 ~ 90℃。

选用旋转式压缩机应注意的问题：

1）旋转式压缩机在运行过程中，机壳处于高温高压状态，所以制冷剂溶于润滑油的比例增大；停机后压力、温度迅速降低，制冷剂又从油中逸出。因此造成蒸发器中制冷剂量的波动。为克服这一矛盾，需在吸气管上设一储液器，使之缓冲。往复式压缩机运行时，机壳处于高温低压状态，制冷剂溶于润滑油的比例很小，可以忽略不计。

2）旋转式压缩机属于单向旋转型，采用三相电动机驱动时，为防止逆转，在电路中可装设反防止器，它不仅能防止接线错误而造成逆转，而且可以防止缺相运转。

3）制冷系统抽真空时，最好采用高/低压双侧抽真空；如果采用单侧抽真空，则必须在高压侧，这一点和往复式压缩机相反，检修时一定要注意这一点。

压缩机电动机的作用及组成：

压缩机电动机是用来驱动压缩机，使制冷剂在制冷系统中得以循环。它主要是由定子和转子组成。转子由硅钢片叠成铁心，铁心槽内浇注成笼型铝绕组。在定子上有两组绕组，一组为起动绕组，又称为副绕组；另一组为运行绕组，又称为主绕组。起动绕组的直流电阻大；运行绕组的直流电阻小，由于阻值不同，通电后产生不同相位的电流，从而产生旋转磁场，使转子产生感应电流，该电流所产生的磁场与定子电流所产生的磁场相互作用，从而产生转子的起动力矩，电动机开始旋转，当转速达到额定转速的 70% ~ 80% 时，起动绕组就从电路中断开，此时运行绕组保持电动机继续运转。空调器用电动机有单相（220V）和三相（380V）两类。家用空调器均以 220V/50Hz 为电源。电动机为单相分相式电动机，用来驱动压缩机、离心风扇及轴流风扇。

房间空调器压缩机电动机的类型共有 4 种：阻抗分相式（RSIR）、电容起动式（CSIR）、电容起动 - 电容运行式（CSR）、电容分相式（PSC）。

压缩机的接线端子一般可以根据压缩机外壳上的字符 S、C、R 来判别，也可以用万用表测量电阻的方法来判别。一般对于电容运转式压缩机来说，起动绕组的电阻比运行绕组的电阻大些。S - R 之间的电阻最大，应为起动绕组和运行绕组之和，C - S 之间的电阻应大于 C - R 之间的电阻。空调器电动机的运行绕组电阻一般只有几欧。用万用表测量时，量程应放在电阻 R×1 挡上。

4.3.2 换热器

蒸发器、冷凝器统称为换热器，是空调器的核心部件之一。它们在结构上基本相同，仅是尺寸不同而已。

房间空调器一般采用风冷式肋片管式冷凝器。在热泵型空调器中，风冷式冷凝器在冬季作蒸发器用。

蒸发器一般采用直接蒸发式，其结构与风冷式冷凝器的相同。在热泵型空调器中，蒸发器与冷凝器实际上已成为可以互相变换的热交换器。

换热器一般由传热管、肋片和端板 3 部分组成，通常都是在紫铜管上胀接铝肋片，组成整体肋片管束式，如图 4 - 6 所示。其中传热管通常采用 $\phi 10mm \times 0.7mm$、$\phi 10mm \times 0.5mm$、$\phi 9mm \times 0.5mm$ 的紫铜管弯成 U 形管，U 形管口再用半圆管焊接。传热管排列方式为等边三角形或等腰三角形。

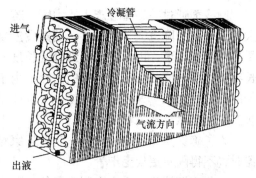

图 4 - 6　换热器（风冷式冷凝器）

换热器的铜管排数趋向于减少。一般冷凝器排数不超过 4 排，蒸发器排数不超过 5 排。对于 735W 以下的小制冷量空调器，冷凝器只有两排。管排数减少后，空气流动阻力大大减小，肋片的材料为纯铝薄板，肋片片距一般在 1.2 ~ 3.0mm。蒸发器的肋片由于有凝露不断流下，所以蒸发器的片距应比冷凝器的片距大。目前国内外已开始采用在肋片上浸染"亲膜"的工艺，使冷凝水不易凝聚，从而可缩小片距。

肋片形式有平肋片、波纹肋片和冲缝肋片 3 种，如图 4-7 所示。肋片所以设计成各种形状，主要是为了增加空气侧面的换热面积及换热系数，以提高肋片管束式换热器的传热性能。

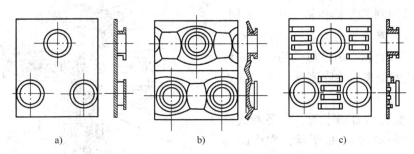

图 4 - 7　肋片形式示意图
a）平肋片（P）　　b）波纹片（B）　　c）冲缝肋片（F）

目前我国房间空调器换热器大多采用波纹形铝肋片。它比平肋片刚性好，传热面积比平肋片约增加 9% 。同时肋片上的波纹增强了空气的扰动，破坏了层流边界层，换热系数比平肋片提高了 20% 。

冲缝肋片又称为开窗口肋片。其特点是冲缝增加了空气扰动及传热性能，从而减少了换热器的面积，使空调器小型化、轻型化。冲缝肋片的换热系数比平肋片提高了 80% ，比波纹肋片增加了 30% 。

冲缝肋片的缺点是易积灰尘，且积尘后不易清洗。用户在选用此类空调器时，应注意工作环境，否则肋片上积尘过多，会使空调器制冷量急剧下降。

4.3.3　节流元器件

1. 毛细管

毛细管是制冷系统用以调定工质流量的一个关键部件。它将高压制冷剂液体变为低压气液混合物，并限制和保证一定值的制冷剂流入蒸发器，以满足制冷系统的需要。毛细管的结构简单、可靠，在房间空调器中被广泛采用。

制冷剂通过毛细管会产生压力降。若毛细管内径细、长度长和内层粗糙，它的阻力也就大，两端压力降也大，所以空调器蒸发温度的调整常采用改变毛细管长度或内径的办法。若要提高蒸发温度，可以缩短毛细管的长度或增加毛细管的内径；若要降低蒸发温度，则可加长毛细管的长度或减小毛细管的内径。由于毛细管的截面积与直径平方成正比，而对于小直径的毛细管来说，即使内径改变0.1mm，也会造成蒸发压力的明显变化，所以通常是通过改变长度来微调蒸发温度。

为了确保空调器的制冷量，制造厂家对每一根毛细管都要做流量测定，所以在维修空调器时，不得随意更换毛细管。

有些空调器为了适应大制冷量的需要，配以两根或两根以上的毛细管，分别与各自对应的蒸发器、冷凝器的有关部分相连。这种结构的优点是蒸发器、冷凝器面积能得到充分利用，不会发生分液不匀的问题。但维修这类空调器时，每根毛细管相互位置不能搞错，否则会因不匹配而使空调器的制冷量下降。

2. 热力膨胀阀

（1）热力膨胀阀的原理与结构

制冷装置常用热力膨胀阀来调节制冷剂流量。它既是控制蒸发器供液量的调节阀，同时也是制冷装置的节流阀。热力膨胀阀是利用蒸发器出口处制冷剂过热度的变化来调节供液量。通常根据热力膨胀阀结构上的不同进行分类。

1）内平衡式热力膨胀阀。内平衡式热力膨胀阀的结构如图4-8所示，它由感温包、毛细管、阀座、膜片、顶杆、阀针及调节机构等构成。内平衡式热力膨胀阀一般用于小型蒸发器。图4-9为内平衡式热力膨胀阀在蒸发器上的安装图，热力膨胀阀4是接在蒸发器3的进液管上，感温包2敷设在蒸发器出口（出气）管上。通常情况下，感温包中充注的工质与系统中的制冷剂相同，也可视使用场合的需要，充注其他工质。热力膨胀阀的工作原理是建立在力平衡的基础上。工作时，弹性金属膜片15上部受感温包内工质压力的作用，下面受制冷剂压力与弹簧力的作用。膜片在这3个力的作用下，向上或向下鼓起，从而使阀孔关小或开大，用以调节蒸发器的供液量。当进入蒸发器的液量小于蒸发器热负荷的需要时，则蒸发器出口处蒸气的过热度就增大，膜片上方的压力大于下方的压力，这样就迫使膜片向下鼓出，通过调节杆9压缩弹簧，并把阀针5顶开，使阀孔开大，供液量增大，

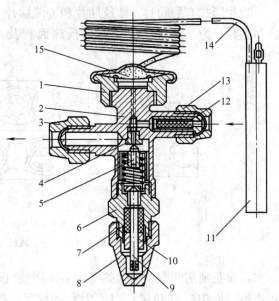

图4-8　内平衡式热力膨胀阀的结构
1—动力室　2—阀体　3—螺母　4—阀座　5—阀针
6—调节杆座　7—填料　8—阀帽　9—调节杆
10—填料压盖　11—感温包　12—过滤网
13—螺母　14—毛细管　15—弹性金属膜片

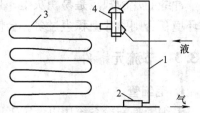

图4-9　内平衡式热力膨胀阀安装图
1—毛细管　2—感温包
3—蒸发器　4—热力膨胀阀

反之亦然。

由前面的叙述可知，当蒸发器出口蒸汽的过热度减小时，阀孔的开度也减小。而当过热度减小到某一数值时，阀门便关闭，这时的过热度称为关闭过热度。关闭过热度也等于阀门开始开启时的过热度，所以也称为开启过热度或静装配过热度。关闭过热度是由于弹簧的预紧力而产生的，它的数值与弹簧的预紧程度可用调节杆来调整。当将弹簧调整到最松位置（此时弹簧不能有轴向松动）时的关闭过热度称为最小关闭过热度；将弹簧调节到最紧位置（弹簧不应压死）时的关闭过热度称为最大关闭过热度。阀孔开始开启以后，阀的开度随出口蒸气的过热度的增加而增大。从阀开始开启到全开为止，蒸气过热度增加的数值称为可变过热度或有效过热度。可变过热度的大小与弹簧的强度及阀针的行程有关，一般在设计中取5℃。关闭过热度与可变过热度之和称为工作过热度，其数值约为2℃～13℃，它随着节杆的位置及液体流量而变。上面所说热力膨胀阀的过热度，是对设计而言的（一般是按标准状况设计）。当热力膨胀阀在非设计工况下工作时，其过热度也就改变了。

2）外平衡式热力膨胀阀。对于管路较长或阻力较大的蒸发器，多应用外平衡式热力膨胀阀。图 4 - 10 为外平衡式热力膨胀阀的结构图。其构造与内平衡式热力膨胀阀基本相似，但是其膜片下方不与供入的液体接触，而是有一个空腔，用一根平衡管与蒸发器出口相连接；另外，调节杆的型式等也有所不同。外平衡式热力膨胀阀的安装如图 4 - 11 所示。

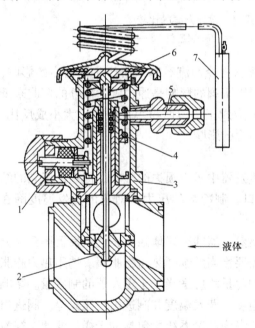

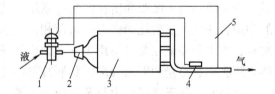

图 4 - 10　外平衡式热力膨胀阀的结构　　　　图 4 - 11　外平衡式热力膨胀阀的安装图
　1—调节杆　2—阀杆　3—阀体　4—弹簧　　　　1—热力膨胀阀　2—分液器　3—蒸发器
　5—外平衡接头　6—阀杆螺母　7—感温包　　　　　　4—感温包　5—平衡管

（2）平衡阀口式热力膨胀阀

在热力膨胀阀的实际使用过程中，当高温、高压的液态制冷剂流经热力膨胀阀的阀口时，高压的液态制冷剂会对阀针产生一个非常大的冲击力，这就是热力膨胀阀的实际使用过程中常见的所谓不平衡力的产生原因。这个不平衡力的大小等于阀针的面积和液态制冷剂进出阀针压差的乘积。同时，又由于液态制冷剂流经阀针的压差往往是随着系统工况的变化而变化的，因此这个不平衡力会在一定程度上影响热力膨胀阀的稳定工作。ALCO - TCL（E）平衡型热力膨胀阀采用了平衡阀口式的设计，对这种不平衡状态进行了改进。

图 4 - 12 所示为常规不平衡式与平衡式两种设计方案的比较，当高压液态制冷剂流经阀口时，平衡式阀针的上端面会受到一个向上的力，起到与向下的冲击力相抵消的作用。

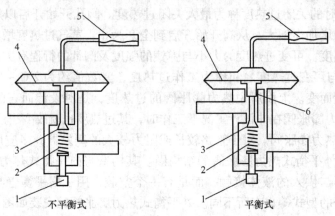

图 4 - 12　常规不平衡式与平衡式两种设计方案的比较
1—调整杆　2—弹簧　3—阀针　4—金属膜片　5—感温包　6—密封

考虑到仅靠平衡阀口并不能完全消除高压的液态制冷剂流经阀口所产生冲击力的影响，通过扩大膜片的面积削弱其影响。因为不平衡力对膨胀阀的影响是通过膜片额外的弯曲来抵消的，在平衡状态下膜片额外的弯曲力与所受冲击力成正比，而与膜片的面积大小成反比，因此，可以采用增大膜片面积的方法来减小不平衡力的影响。

（3）热力膨胀阀的选用

外平衡式热力膨胀阀的调节性能基本上不受蒸发器中压力损失的影响，但是由于它的结构比较复杂，一般只有在膨胀阀出口至蒸发器出口，制冷剂的压力降对应的蒸发温度降在 2℃ ~3℃时，才应用外平衡式热力膨胀阀。

为了使热力膨胀阀和所在的制冷系统，特别是蒸发器能很好地匹配，使蒸发器得到充分的利用，并使蒸发器能始终与热负荷相匹配，就需要恰当的选择热力膨胀阀。选用热力膨胀阀时，首先要保证在各种使用工况下，膨胀阀的制冷量均应适当大于蒸发器的制冷量。影响热力膨胀阀制冷量的因素很多，如制冷剂的冷凝温度、蒸发温度和阀进出口压差等。阀进出口的压差并不等于冷凝压力与蒸发压力之差，还应考虑制冷系统所包括的干燥过滤器、视液镜、制冷剂分液器、过滤网、各种电磁阀和调节阀及管路等带来的压力降。热力膨胀阀主要作为大功率柜式空调的节流元件。

3. 电子膨胀阀

（1）电子膨胀阀的工作特性

热力膨胀阀以蒸发器出口处温度为控制信号。通过感温包将此信号转换成感温包同蒸气的压力，进而控制膨胀阀阀针的开度，达到反馈调节的目的。热力膨胀阀的不足之处是：

1）信号的反馈有较大的滞后。感温包外壳对感温包内工质的加热引起进一步的滞后。信号反馈的滞后可能导致被调参数的周期性振荡。

2）控制精度低。感温包中的工质通过薄膜将压力传递给阀针，而薄膜的加工精度及安装均会影响它受压产生的变形及变形的敏感度，故难以达到高的控制精度。

3）调节范围有限。因薄膜的变形量有限，使阀针开度的变化范围较小，故流量的调节范围较小。在要求有大的流量调节范围（例如在使用变频压缩机）时，热力膨胀阀无法满足要求。

电子膨胀阀主要用于变频节能空调及变制冷剂流量（VRV）的户用中央空调中作为精密节流元件。电子膨胀阀的应用，克服了热力膨胀阀的上述缺点，并为制冷装置的智能化提供了条件。电子膨胀阀利用被调节参数产生的电信号，控制施加于膨胀阀上的电压或电流，进而达到调节的目的。但是电子膨胀阀的控制系统复杂，价格较高，主要用于变频空调等高端产品中用做精密节流器件。

（2）电子膨胀阀的分类

电子膨胀阀可分为电磁式和电动式两大类。

1）电磁式电子膨胀阀。这种膨胀阀的结构如图4-13所示。被调参数先转化为电压，施加在膨胀阀的电磁线圈上。电磁线圈通电前，阀针6处于全开的位置。通电后，受磁力的作用，阀针的开度减小。开度减小的程度取决于施加在线圈上的控制电压。电压越高，开度越小，流经膨胀阀的制冷剂流量也越小。阀开度随控制电压的变化如图4-14所示。电磁式电子膨胀阀的结构简单，对信号变化的响应速度快。但在制冷机工作时，需要一直向它提供控制电压。

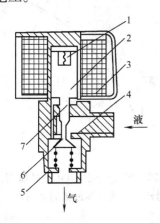

图4-13　电磁式电子膨胀阀的结构
1—弹簧　2—柱塞　3—线圈　4—阀座
5—弹簧　6—阀针　7—阀杆

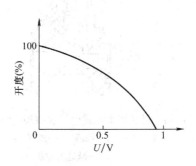

图4-14　电磁式电子膨胀阀的开度
随控制电压的变化

2）电动式电子膨胀阀。电动式电子膨胀阀广泛使用步进电动机阀针，一般可分为直动型和减速型两种。

① 直动型。直动型结构如图4-15所示。直动型电动式电子膨胀阀用步进电动机直接驱动阀针。当控制电路产生的步进电压作用到电动机定子上时，永久磁铁制成的电动机转子1转，进而调节制冷剂的流量。直动型电动式电子膨胀阀的开度见图4-16。

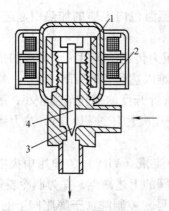

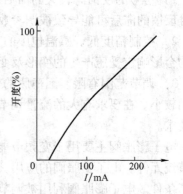

图4-15　直动型电动式电子膨胀阀的结构（直动型）
1—转子　2—线圈　3—阀针　4—阀杆

图4-16　直动型电动式电子
膨胀阀的开度

在直动型电动式电子膨胀阀中，驱动阀针的力矩直接来自定子线圈的磁力矩。由于电动机尺寸有限，故这个力矩较小。为了获得较大的力矩，开发了减速型电动式电子膨胀阀。

② 减速型。减速型结构如图4-17所示。减速型电动式电子膨胀阀内装有减速齿轮组。步进电动机通过减速齿轮组5将其磁力矩传递给阀针4。减速齿轮组起放大磁力矩的作用，因而配有减速齿轮组的步进电动机可以方便地与不同规格的阀体配合，满足不同调节范围的需要。减速型电动式电子膨胀阀的开度见图4-18。

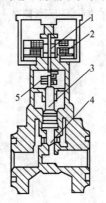

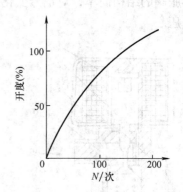

图4-17　减速型电动式电子膨胀阀的结构（减速型）
1—转子　2—线圈　3—阀杆　4—阀针
5—减速齿轮组

图4-18　减速型电动式电子膨胀阀
的开度与输入脉冲数的关系

现以调节蒸发器出口处制冷剂的过热度为例，说明电子膨胀阀的应用。为了获得调节信号，在蒸发器的两相区域段管外和蒸发器出口管各贴有热敏电阻一片，图4-19中的t_{1w}表示蒸发器出口处管壁温度；t_{2w}表示蒸发器两相区管壁温度；(t_6-t_2)表示蒸发器出口处制冷剂的过热度。

由于管壁热阻很小，故热敏电阻感受的温度即该两处制冷剂的温度。两电阻片反映的温度之差，即制冷剂的过热度。这样测定过热度的方法，远比热力膨胀阀测得的过热度准确。实际上，热力膨胀阀是无法检测真实过热度的，它只是通过调节弹簧的紧力，设定给定蒸发温度时的静态过热度。在启动和负荷空变时，实际蒸发温度偏离给定蒸发温度，从而影响了热力膨胀阀的正确工作。热力膨胀阀的静态过热度设定较小时，甚至会产生蒸发器出口处制冷剂不能完全蒸发的情况，影响系统可靠运转。按图4-19用两片热敏电阻测得的制冷剂过热度输入控制电路中，按规定的程度转换成脉冲信号后，控制阀针的运动。

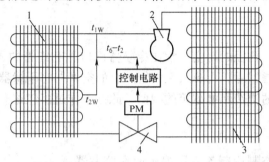

图4-19　空调器应用电子膨胀阀的过热度调节系统
1—蒸发器　2—压缩机　3—冷凝器　4—电子膨胀阀

图4-20显示了负荷突然变化时，采用电子膨胀阀和热力膨胀阀对过热度调节的过渡过程。通过两条过渡曲线的比较，显示出电子膨胀阀不易产生超调现象。

制冷系统同时使用变频压缩机及电子膨胀阀时，因变频压缩机受主计算机指令的控制，电子膨胀阀的开度也随之受该指令的控制。由于制冷系统的蒸发器和冷凝器已给定，其传热面积是定值，因此阀的开度并不完全与频率成固定的比例。试验表明，在不同频率下存在一

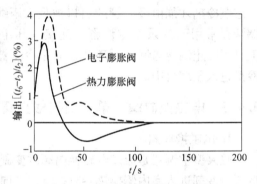

图4-20　过热度调节的过渡过程

个能效比最佳的流量，因此，在膨胀阀开度的控制指令中，应包含压缩机频率和蒸发器温度诸因素。

在表4-6中列出了热力膨胀阀和电子膨胀阀的特性比较。

表4-6　热力膨胀阀和电子膨胀阀的特性比较

比较的项目	热力膨胀阀	电子膨胀阀
制冷剂与阀的选择	由感温包充注决定	不限
制冷剂流量调节范围	较大	大
流量调节机构	阀开度	阀开度
流量反馈控制的信号	蒸发器出口过热度	蒸发器出口过热度
调节对象	蒸发器	蒸发器
蒸发器过热度控制偏差	较小，但蒸发温度低时大	很小
流量调节特征补偿	困难	可以
过热度调节的过渡过程特征	较好	优
允许负荷变动	较大，但不适合于能量可调节的系统	很大，也适合于能量可调节的系统
流量前馈调节	困难	可以
价格	较高	高

4.4 房间空调制冷系统辅助部件

4.4.1 干燥过滤器

为了避免毛细管微小孔径的堵塞，常在冷凝器出口、毛细管的入口之间接一只过滤器，高压液体制冷剂经过过滤器后，再流入毛细管。有的空调器将干燥器与过滤器分开安装，其作用不变。干燥过滤器的构造和电冰箱的相似，此处不作过多叙述。

4.4.2 储液器

储液器是为防止液态制冷剂流入压缩机而在蒸发器和压缩机之间安装的气液分离器。普通储液器的结构如图4-21所示。从蒸发器出来的液态制冷剂由吸入管入口进入储液器中，液态制冷剂因自重而落入筒底，只有气态制冷剂才能由吸入管的出口被吸入压缩机中。这种储液器常用于热泵型空调器，连接在压缩机回气管路上，以防止制冷与制热循环变换时原冷凝器中的液态制冷剂进入压缩机中。

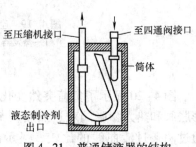

图4-21 普通储液器的结构

4.4.3 电磁换向阀、单向阀与截止阀

1. 电磁换向阀

热泵型空调器是通过电磁换向阀改变制冷剂流动方向的，使它夏季制冷，冬季制热。当低压制冷剂进入室内侧换热器时，空调器向室内供冷气；当高温高压制冷剂进入室内侧换热器时，空调器向室内供暖气。

换向阀的结构原理如图4-22所示。它主要由控制阀和换向阀两部分组成。通过控制阀上电磁线圈及弹簧的作用力来打开和关闭毛细管的通道，以使换向阀进行换向。

空调器制冷时，由于受电源换向开关的控制，电磁阀线圈的电源被切断，控制阀内的衔铁在弹簧1的推动下左移，使阀芯A将右阀孔关闭，而左阀孔打开，如图4-22所示。这样，左毛细管C和公共毛细管E沟通，而将右毛细管D和中间公共毛细管E的通路关闭。在四通换向阀内，除滑块盖住的部分是低压气体外，其他部分都是高压气体。在右毛细管D堵住不通的情况下，活塞2的左侧经左毛细管C、中间公共毛细管E接通压缩机吸气管2，而活塞2的右侧经管4接压缩机的排气管，使活塞2的左右两面形成压力差，把滑块与活塞组推向左端位置，换向阀就成为图4-22所示的状态。此时管1与管2连通，制冷剂气体从蒸发器流出，被压缩机吸入；管4与管3连通，压缩机排出的高压气体进入冷凝器。这就是热泵型空调器制冷运行时换向阀的状态。

空调器制热时，电源换向开关将电磁阀线圈的电源接通，线圈产生磁场，控制阀内的衔铁在磁力的作用下向右移动，阀芯A打开右边阀孔，阀芯B关闭左边阀孔，如图4-23所示的状态。

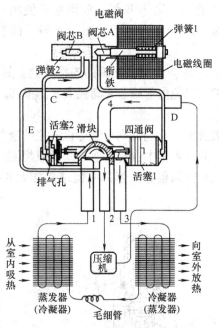

图 4 - 22　热泵型空调器的制冷原理图

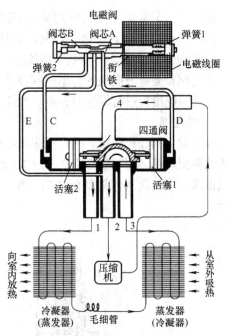

图 4 - 23　热泵型空调器的制热原理图

中间公共毛细管 E 和右毛细管 D 接通，而左毛细管 C 被堵塞，四通阀的活塞 1 右侧经 D 管和 E 管接通压缩机的吸气管，而活塞 1 的左侧经管 4 连通压缩机排气管。这样在活塞 1 的左、右两侧产生压力差，活塞带动滑块向右移动。滑块将管 2 与管 3 接通，管 1 与管 4 接通。压缩机排气，从管 4 经管 1 进入冷凝器（即制冷运行时的蒸发器），然后经毛细管进入蒸发器（即制冷运行时的冷凝器），从蒸发器流出的蒸汽经管 3 和管 2 进入压缩机吸气管。通过换向阀对管路的换向，使原来的蒸发器成为冷凝器，而冷凝器则成了蒸发器，从而实现从室外吸热和向室内放热。

单冷型空调器中制冷系统只用一根毛细管，而热泵型空调器中因制冷、制热工况不同，换热器不同，因此不能用同一根毛细管，一般如图 4 - 24 所示。用两根毛细管，以提高冷凝温度，增强供暖能力。

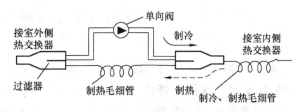

图 4 - 24　热泵型空调器的毛细管连接

2. 单向阀

单向阀又称为止回阀或逆止阀，它是一种允许制冷剂从某特定方向流通而不能逆流的阀件。图 4 - 25 所示为一种单向阀的结构示意图。

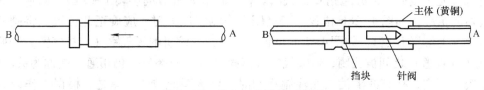

图 4 - 25　单向阀的结构示意图

由图 4 - 25 可见，当制冷剂从 A 流向 B 时，A 侧的压力高于 B 侧，针阀左移使阀门打开，制冷剂可以流通。反之，当制冷剂从 B 流向 A 时，由于 B 侧的压力高于 A 侧，阀针右移，单向阀通路关闭，制冷剂不能流动。

单向阀都是有方向性的，单向阀损坏后，在更换新品时应注意其正确的连接方向。另外，在单向阀与进出管进行焊接时，要对阀体进行冷却保护，以免内部阀芯因高温变形而损坏。

3. 截止阀

吸气截止阀和排气截止阀广泛应用在中小型制冷装置中。它们分别与制冷机缸盖的吸气室和排气室相连接，控制制冷剂在系统中的流量和通断。制冷系统中也有其他一些类似控制开关的截止阀。截止阀的作用是便于对压缩机和制冷系统进行调整和维修，典型结构如图 4 - 26 所示。

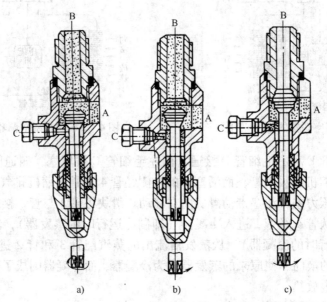

图 4 - 26　截止阀的典型结构及 3 种工作位置
a）开　b）三通　c）关

截止阀阀体上有 3 个通道，通道 A 接压缩机的吸气室或排气室；通道 B 接吸气管道（作吸气阀用）或排气管道（作排气阀用）；旁通孔 C 为多用通道，通过它可以接压力表、压差继电器等，进行抽真空、充注制冷剂、补充润滑油等项操作，不使用该通道时，用六角头螺塞旋紧堵住。转动阀杆可以改变 3 个通道的开闭状态，阀杆处在不同位置时便产生 3 种不同的通断情况。

图 4 - 26a 为阀门打开位置。即逆时针倒足阀杆，此时，压缩机吸气室或排气室与吸气管或排气管完全接通，而旁通孔 C 被关阀。将阀杆顺时针方向旋转 1 ~ 3 圈，则形成 3 个通道都连通的情况，如图 4 - 26b 位置。当接压力表测定压力时，应旋至此位置。将阀杆顺时针旋转至最上端（死点），如图 4 - 26c 位置。这时，压缩机的吸气室（或排气室）与吸气管道（或排气管道）之间被关闭，但吸气室（或排气室）与旁通孔仍相通。这称为关闭位置，当对系统抽真空、补充润滑油或充注制冷剂时，可旋至此位置。总之，根据工作内容的要求，掌握操作原理之后，3 个位置可任意选用。

4.4.4 分液器、气液分离器及油分离器

1. 分液器

分液器俗称"莲蓬头",在制冷装置中与热力膨胀阀配套使用,如不用膨胀阀作节流元件,也可装在毛细管的入口端。它的作用是将膨胀阀出口的气液两相制冷剂均匀地分配给各路蒸发器。分液器的种类形式很多,应用广泛的是节流孔式分液器,结构如图4-27所示,由分液器本体、节流喷嘴和挡圈3部分组成。经膨胀阀出口的制冷剂液体,流经分液器喷嘴

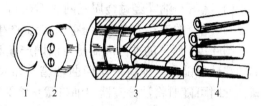

图4-27 节流孔式分液器的结构
1—挡圈 2—节流喷嘴 3—本体 4—分液管

时,由于截面积的突然缩小,使制冷剂动压升高,流速增加。穿过小孔后,气液两相的制冷剂充分混合,均匀地分配到分液器的各输出口。其输出口应向下安装,并与蒸发器入口相匹配。

装在毛细管前的分液器,其入口端接冷凝器,输出口接多路毛细管,给蒸发器提供多路供液。

2. 气液分离器

气液分离器安装在压缩机的吸气管上,它可使压缩机吸入的制冷剂蒸气中的液体分离出来并储存在其底部,以防止液态制冷剂进入压缩机而引起液击事故。由于房间空调器的制冷系统不设储液器,气液分离器同时也起着储存制冷剂液体的作用。常用气液分离器的结构如图4-28所示。

气液分离器筒体内腔有一根吸气管和一根U形弯管,弯管的下部开有回油孔,上部开有压力平衡孔。当制冷剂进入筒内时,制冷剂蒸气从弯管出口流出,而液态制冷剂则由于本身的密度大而落入筒底。回油孔的作用是将适量的润滑油连同制冷剂蒸气一起返回压缩机内,而压力平衡孔可防止压缩机停机时,气液分离器内的制冷剂液体通过回油孔流入压缩机内。

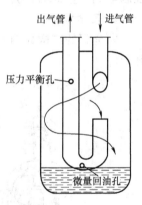

图4-28 常用气液分离器的结构

3. 油分离器

压缩机的气缸和活塞虽经精密加工,在活塞和气缸壁之间的间隙非常小,但是曲轴箱内的机油还会经过活塞与气缸壁间的间隙随高温高压制冷剂蒸气一起排出。另外由于大多数制冷剂都易与冷冻油溶解,这样也使它与制冷剂一起从压缩机排出。进入冷凝器和蒸发器的冷冻油在其管壁上形成油膜,由于油膜的导热性能差,而使制冷系统的制冷效能降低。当蒸发温度低于-40℃时,冷冻油还会凝固而阻塞蒸发盘管,使制冷循环停止。另外带出过多的冷冻油,使曲轴箱内的油量减少,压缩机的润滑性能变劣。因此在制冷量大(11630W以上)的空调机组或-40℃以下的低温制冷设备中都设置有油分离器,将排出蒸气中所含的油微粒分离出来。

制冷剂蒸发所混入的油雾微粒通过以下几种方式都可使其分离:

1)排出蒸气进入突然扩胀的容器或回弯中,由于流速的降低,使油微粒在重力作用下

而分离。

2）当蒸气进入锥形旋室时，沿室边发生旋转，产生离心力，油微粒因质量大于蒸气飞向内壁而流下。

3）蒸气与油雾经过金属丝网或不在同一中心的多层孔板的阻挡，发生过滤而分离。

4）气流的流动方向发生多次折变，产生惯性力的分离作用。

图 4-29 所示的油分离器是目前国产氟利昂机组空调上采用的油分离装置。油分离器下部的浮球阀能自动地将油排回曲轴箱。如果浮球阀失灵，会使排气压力下降，进气压力升高，此时可随时将油分离器出油口截止阀关闭，人工操纵定时开启下部出油口截止阀，控制回油。

任何型式油分离器都不可能将制冷剂蒸气中所混入的冷冻油全部分离，或多或少要排出微量冷冻油。因此在设计制造时要采用凝固点低于蒸发温度的冷冻油，防止发生冷冻油凝固。

4.4.5 安全阀、易熔塞

安全阀和易熔塞是避免发生爆炸的安全装置，大多装在制冷系统的高压侧的贮液器或水冷式冷凝器壳体部。当制冷装置因断水或其他原因，发生排气压力过高，高压开关不能自动控制电机停止的话，会将制冷剂蒸气自行泄放。

1. 安全阀

安全阀的结构如图 4-30 所示。它的控制压力选定在高压侧耐气压试验值的 0.8Pa 下开启。

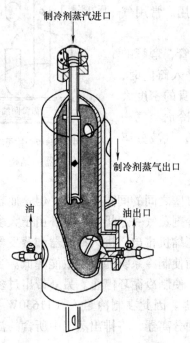

图 4-29 惯性力式油分离器

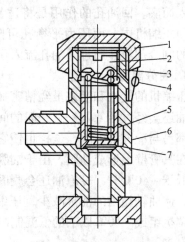

图 4-30 安全阀的结构

1—阀帽 2—调节螺钉 3—垫 4—封印
5—阀芯 6—阀体 7—阀口

2. 易熔塞

在小型制冷设备上，常用易熔塞来代替安全阀。它的结构简单，使用安全方便，其结构如图 4-31 所示。易熔塞多安装在不足 $1m^3$ 的压力容器上，其中易熔合金的熔化温度一般在 75℃ 以下。当压力容器发生意外事故，使容器内压力增大，温度上升至规定安全值极限时，高温将易熔合金熔化，从而将容器内的制冷剂排入大气，保护了设备和人身安全。

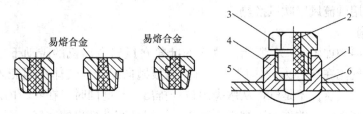

图 4-31　易熔塞的结构
1—密封圈　2—易熔合金　3—旋塞　4—接头　5—壳体　6—焊口

4.5　房间空调器空气循环系统

空调房间的空气在空调器的作用下，沿以下路径循环：室内空气由机组面板进风栅的回风口吸入机内，经过空气过滤器净化后，进入室内热交换器（制冷时为蒸发器，热泵制热时为冷凝器）进行热交换，经冷却或加热后吸入电扇，最后由出风栅的出风口再吹入室内。

空气循环系统的作用是强制对流通风，促使空调器的制冷（制热）空气在房间内流动，以达到房间各处均匀降温（升温）目的。

4.5.1　房间空调器空气循环系统主要部件

空气循环系统是由空气过滤器、风道、出风栅和风扇等组成。

（1）空气过滤器

空气过滤器是由各种纤维材料制成的、细密的滤尘网，室内空气首先通过空气过滤网，可滤除空气中的尘埃，再进入蒸发器进行热交换。而功能完善的空气过滤器（空气清新器）能滤除 $0.01\mu m$ 的烟尘，并有灭除细菌、吸附有害气体等功能。灭菌和高效除尘通常采用高压电场，吸附有害气体通常采用活性材料或分子筛等吸附剂。

（2）风道

风道的结构、形状对循环空气的动力性能有很大的影响。轴流风扇的风道用金属薄板加工而成，离心风扇的风道常常用泡沫塑料加工而成，但电热型空调器的风道须用金属薄板。

（3）出风栅

出风栅是由水平（外层）和垂直（内层）的导风叶片组成的出风口，如图 4-32 所示。普通空调器用手动调节导风叶片的角度，以调节出风方向。高档空调器带有摇风装置，可自动调节出风方向。摇风装置利用微型自启动永磁同步电动机带动连杆系统，推动导风叶片来回摇摆，从而使出风方向随之

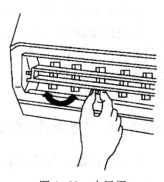

图 4-32　出风栅

摇摆。

(4) 风扇

窗式、分体式空调器及一些立柜式空调器均采用风冷式换热器，它是通过空气的对流与换热器进行热交换。空调器中的风扇主要有离心风扇、贯流风扇和轴流风扇。窗式空调器和立柜式空调器蒸发器的换热主要采用离心风扇，分体壁挂式空调器主要采用贯流风扇，而空调器冷凝器均采用轴流风扇吹风换热。

1）离心风扇。

离心风扇的结构如图4-33所示。风扇的叶轮在风扇电动机的带动下在蜗壳内高速旋转，叶片之间的气流在离心力的作用下，由径向被抛向蜗壳。气体在蜗壳内的空间形成正压，即高于环境大气压，于是气体从蜗壳出口处排出。与此同时，在叶轮内及吸气口处形成负压，外界空气在大气压的作用下被吸入叶轮内，以补充被排出的空气，而后再被叶轮抛向蜗壳，排出风机。

离心式风扇的叶轮形式有多种，空调器中大多采用前向式多叶轮风扇。这种叶轮送风距离长，风量较大，体积小，质量稳定可靠。

2）贯流风扇。

小型分体式空调器的室内机组采用这种风扇。它的叶轮是前向式，叶片的轴向很大，呈滚筒状，两端面密封。气流沿叶轮径向横贯流过，即空气沿径向流入，又沿径向流出，其结构如图4-34所示。

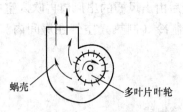

蜗壳　　　　多叶片叶轮

图4-33　离心风扇的结构

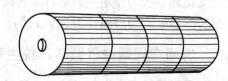

图4-34　贯流风扇的结构

贯流风扇的特点是，在叶轮直径较小、转速较低的情况下，仍能产生较高的压头，效率较高，噪声较低，而且通过调整外壳形状或方向，可任意改变吸入和排出的气流方向。如斜向不等距的风扇叶片，可使气流的吸入和排出更显变化性，使人体感受到自然风的风速。

3）轴流风扇。

轴流风扇又称为螺旋桨式风扇，叶片的形状如图4-35所示。叶片4～8片不等，它按轴向方向向前鼓风。

轴流风扇的风压比离心式风扇低，但它能提供较大的气流，即风量大、压头低，一般主要应用在分体式空调器的室外机组上。流过冷凝器表面的强大气流，使冷凝器排放热量大，制冷剂能得到充分冷凝。

图4-35　轴流风扇的叶片形状

4.5.2　房间空调器空气循环系统

房间空调器空气循环系统包括室内空气循环系统、新风系统和室外空气冷却系统3部分。

1. 室内空气循环系统

房间空调器室内空气循环系统大致有下面两种形式。

第1种形式：室内空气通过滤尘网去尘后，进入蒸发器进行热交换，冷却后再吸入离心风扇，通过出风栅吸至室内，如图4-36所示。

这种形式的特点是蒸发器布置在风机负压区，空气流线均匀，死角小，热交换效果好，出风不易夹带凝露水；同时，蒸发器放在风机吸入端，空间利用率比第2种形式的高，蒸发器的热交换面积较大。目前国内外大部分空调器都采用这种形式。

第2种形式：室内空气通过滤尘网去尘后，直接吸入离心风扇，再吹向上部蒸发器，冷却后通过出风栅吹至室内，如图4-37所示。

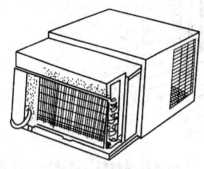

图4-36 蒸发器布置在下部

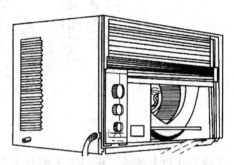

图4-37 蒸发器布置在上面

这种形式的特点是蒸发器布置在风机正压区，出风端面积小，蒸发器允许布置的热交换面积比第一种形式的小，而且下部风机吸入端大部分空间没有得到利用；此外，由于高速气流直接吹向蒸发器肋片，噪声往往较大，而且空调器空气流射程比第一种形式的短。这种形式目前较少采用。

2. 新风系统

窗式空调器均装有新风门或混浊空气排出门。打开小门时，就可吸入占室内循环空气量的15%的新风。新风引入量的多少，可根据人们自身的感觉而定。若室内空气混浊，有气味，烟雾等，可将新风门打开时间长一些，直至感觉到空气新鲜为止。

国内空调器的新风门有两种形式。

第1种形式：在空调器上部排风侧开有一扇小门，通过电气控制面板上旋钮或滑杆控制它的开、闭。它的作用是将室内混浊冷空气从空调器后部排出，室外新鲜空气从窗缝、门隙中吸入。

第2种形式：在空调器上部排风侧开有一扇排出混浊空气的排风门，在它的下部吸风侧再开一扇新风门，如图4-38所示。打开新风门时，室外新鲜空气直接被吸入，然后通过离心风扇吸向室内。

由于进来的是室外新鲜空气，排出的是室内混浊冷空气，所以两扇风门同时打开时，室

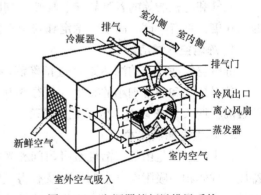

图4-38 空调器的新风排风系统

内换气量最多，冷量损失也最大，会使室温降不下来。因此，使用空调器时，最好不要抽烟，以保持室内空气新鲜。

3. 室外冷空气系统

室外冷空气从空调器两侧百叶窗吸入，然后通过轴流风扇吹向冷凝器，热（冷）风从后面排出室外，如图4-39所示。

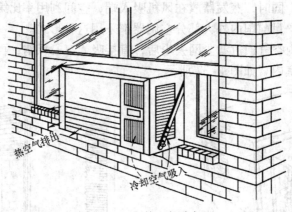

热空气排出

冷却空气吸入

图4-39　室外空气冷却图

空调器底盘上的横隔板将室内侧与室外侧隔开，其上贴有保温材料，以减少冷量损失。风扇电动机和压缩机都置于室外侧。

由于夏季室外温度高，冷凝器进风温度也高，所以大都采用压头低、流量大的轴流风扇。但也有少数空调器用离心风扇来冷却冷凝器，以降低室外侧噪声。

上述室外空气冷却系统的特点是：室外空气从左右两侧百叶窗吸入后，流过压缩机及风扇电动机，以改善两者的工作条件。

4.5.3　新型空气净化技术

现代空调在空气净化技术方面已经有了质的突破。除空气滤网、防霉滤网和活性炭除味等技术外，还采用如下技术。

1. 除臭过滤器

除臭过滤器选用最新化学吸附型净化材料，有效脱除空气中含有的一氧化碳、二氧化碳、氨气和有机酸等的各种异味、臭味，同时具有高效杀菌的功能。除臭效果是传统活性炭的100倍，具有广谱、高效、稳定和安全4大优势。

2. 静电空气滤清器

静电空气滤清器的滤芯是经过特殊静电处理的纤维网，能够有效地将空气中悬浮的尘埃、花粉微粒和非常细小的微尘（直径为0.01μm）进行吸附。锯齿波纹的外形使过滤吸附的表面积增大50%以上，效果更为显著。

3. 再生光触媒技术

再生光触媒是由纸、活性炭吸附剂和光敏剂等材料组成。它的工作原理是利用具有多孔特性的载体物质吸附空气中的异味及有害气体，并在紫外线作用下使吸附的有害气体与空气中的氧气发生化学反应，将有毒气体分解后脱离载体，使这一工作过程得以再生。

4. 冷触媒技术

在光触媒技术发展的同时，广东"科龙"集团公司又将先进的冷触媒技术应用在空调上。冷触媒材料能在 -30℃ ~ +120℃ 工作，无需任何附加条件，即能有效分解致癌物质甲醛，消除房间各种异味的有效率达99%，甲醛分解性能的有效率也达88%以上，其他性能如霉变、抗菌性能等也完全符合国家有关卫生标准。

5. 采用负离子、换新风等技术

有的空调采用了全新空气负离子发生器，形成携氧负离子，有利于氧气被人体所吸收。此外，有的厂家生产的空调在结构上有换气功能，使室外总有新风进入室内，从而使空气更为清新。

6. 等离子体空气净化技术

以等离子体技术为核心的整体空气净化技术是目前世界上最先进的一种空气净化技术，它主要由生物抗菌过滤层、等离子体发生层、静电场吸附层、电极光触媒层组成。对空气进行渐进式过滤，能彻底清除空气中各种异味和有害物质。

生物抗菌过滤层的作用是能吸附空气中尘埃颗粒及有害病菌，30min 内能达到有效率为80%的除尘效果。等离子体发生器的作用是在6500V 高压电击下产生第四种物质状态，释放脉冲能量，利用正负电极改变尘埃粒子结构，击碎有害分子。静电场吸附层的作用是利用不同极性的点电性质，使带正电的灰尘更容易吸附在带负电的集电电极上，这种作用也称为静电吸尘。电极光触媒层的作用是在集电安全网上进行杀菌物质涂刷处理，并利用放电极发出的光能激活周围氧气和水分子，产生氧化性极强的自由离子基，分解各种有害物质。它具有清除香烟粒子、除尘、除各种异味、除有害细菌、除各种真菌、除杂质、除各种花粉和除寄生虫等 8 大作用。

在这里应该说明的是，尽管空气净化技术功不可没，但房间空气不好的另外一个原因是室内缺氧，缺少新风。因此，如果条件许可，适当地开窗通风，才能对健康更为有利。

4.6 房间空调器电气系统主要部件

4.6.1 过载保护器

采用全封闭式压缩机的空调器，其电动机均设有过载保护器，以防电动机烧毁。常用的过载保护器有下列几种。

1. 热继电器

热继电器是一种利用电流热效应的保护继电器，主要用来对三相异步电动机等动力设备进行过载保护。图 4 - 40 是热继电器的外形图。

热继电器由双金属片、发热元器件、动作机构和触点系统所构成。加热元器件与电动机电源进线串联，触点则串联在接触器线圈控制电路中。当电动机超载运行，流过发热元器件的电流较大，超过了热继电器整定电流的最大值时，发热元器件使双金属片弯曲，通过动作机构，推动动、静触点分离，使接

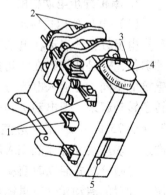

图 4 - 40 热继电器的外形图
1—控制触头 2—电源接头
3—复位按钮 4—电流调节盘
5—限位调节螺孔

触器线圈断电，从而切断电动机电源，起到安全保护作用。在排除了引起超载的原因后，按动复位按钮可使触点重新闭合，接通电路。

热继电器上设有电流调节盘，旋转调节盘可以改变整定电流的大小，通过指针在刻度标尺上显示出来。整定电流是指人为地调节某一允许通过电路的最大电流值，并且当电流超过这一值的20%时，热继电器应能在20min之内断开触点。当超过50%时，则应在2min之内断开触点。设定这一整定电流值应稍大于或等于电动机的额定电流值。

热继电器的标牌上标有允许通过的最大额定电流值，选用时应与被控设备的额定电流相适应。

2. 单相压缩机的过载保护器

单相压缩机的过载保护器与电冰箱所使用的过载保护器相同，它兼有温度保护及电流保护功能，一般都装在全封闭压缩机外壳表面上。当压缩机工作电流过大或外壳温度过高时，过载保护器内的双金属片感温后变形，使电路切断，压缩机停止工作；待双金属片逐渐降温复位后再接通电源，使压缩机继续工作。

3. 过电流保护器

过电流保护器一般采用双金属片热继电器。电流过大时，串联在电路上的双金属片便产生翘曲，使触点断开，切断电源。

4. 内置式温度保护器

内置式温度保护器的感温元件直接嵌在电动机绕组内，使其直接感受电动机绕组的温升。当电动机绕组温度高于某一定值时，就将电路切断，使压缩机停止工作；当电动机绕组温度降至正常值时，保护器再接通电路，使压缩机恢复工作。这类保护器常用于制冷量较大的压缩机的电动机作过载保护之用。

4.6.2　风扇电动机

房间空调器的冷凝器和蒸发器都是使用风扇送风，以增强热交换效果。而空调器的风扇电动机一般采用单相异步电动机，以下对单相异步电动机的启动和调速两个方面进行讲解。

1. 单相异步电动机的启动

（1）电阻分相式启动

电阻分相式启动在电动机的绕组结构上最大的特点，一是启动绕组的阻值大于工作绕组的阻值，一是两绕组在空间排列上相距一定的电气角度。其基本原理是利用两绕组的阻值和感抗的不同，在通入电流时，两绕组支路的电流产生相位差，形成旋转磁场，从而使电动机转子转动起来。但电动机的启动绕组只允许在启动过程中接入电路，当电动机转速达到额定转速的75%~80%后，应使启动绕组自动从电路中断开，因此，电阻分相式启动方式必须通过外接启动元件才能完成启动过程。

电阻分相式启动时启动电流较大，电动机的功率因数小，多在300W以下的电动机中采用，配置的启动元件有重锤启动继电器和PTC启动器。

（2）电容分相式启动

在单相电动机的启动绕组支路中串接一个电容器，就构成了电容分相式启动方式。由于电容器的移相作用，加大了启动绕组与运行绕组电流之间的相位差。这种启动方式比电阻分相式启动方式性能要好，可使启动电流减小，并且最大转矩和功率因数较高，可应用在输出功率较大的单相电动机上。

电容分相式启动所使用的电容器多为纸介或油介电容器，一般电容量在几十微法到上百微法之间。按电容器的接入方法，可分为以下 3 种。

① 电容启动式。电容启动式的接线原理如图 4-41 所示，在电动机启动绕组电路中串接一只电容器，让它只在电动机启动时起移相作用。当接通电源并闭合继电器 S 触点后，运行绕组的电流在相位上滞后于电源电压，启动绕组的电流则超前电源电压，这样，两个电流形成较大的相位差，便产生了旋转磁场。电动机转子在旋转磁场的作用下，得到启动转矩并自行转动起来。当转速达到额定转速的 70% ~ 80%，启动继电器断开 S 触点，切断启动绕组和电容的电源，启动过程结束，电动机仅靠运行绕组进入正常运转。

② 电容运转式。电容运转式是把继电器去掉，在电动机的启动绕组中接一只电容器，在启动和运行中均接入启动绕组电路中，也称为永久分相式，如图 4-42 所示。

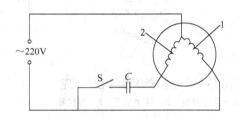

图 4-41　电容启动式电路
1—运行绕组　2—启动绕组

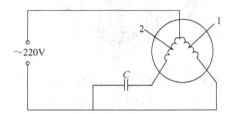

图 4-42　电容运转式电路
1—运行绕组　2—启动绕组

电容运转式启动电动机时不需要继电器等启动装置，简化了结构，降低了成本，提高了运行可靠性，所用的电容器容量一般为 15 ~ 40μF。因电容器须长期接在电路中参与运行，所以应使用质量较好的油浸式纸介电容器或密封式蜡浸纸介电容器。

这种启动方式的电动机运行平稳，噪声小，效率高，但启动转矩小。

③ 电容启动运转式。电容启动运转式是为了改善电容运转式的启动转矩小的缺点，经过改进后性能较好的启动方式。它是在启动绕组中接入两只容量不等的电容器，如图 4-43 所示。其中 C_1 为运转电容，容量较小，启动和运行中始终接在启动绕组电路中；C_2 为启动电容，容量较大，启动过程结束后，由启动继电器断开，使 C_2 与启动绕组电路分开。这种启动方式可获得较大的启动转矩。

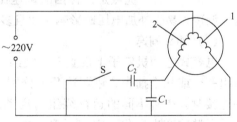

图 4-43　电容启动运转式电路
1—运行绕组　2—启动绕组

2. 单相异步电动机的调速

房间空调器中的通风系统大多使用单相异步电动机作风扇的动力，如空调器向室内送风的风量，是通过风扇电动机的转速变化来调节的。小型空调器的风机转速分为高、中、低三挡，风机转速高，送风量就大，供冷量也大。因此，单相异步电动机的调速是空调器等制冷设备中应用广泛的通风方式，一般有以下几种调速方法。

（1）电抗降压调速

电抗降压调速方法是在电动机绕组电路中串接一个电抗器，通过调节开关改变电抗器接入电路的匝数，从而改变外加电压在电抗器与电动机之间的分配比例，使电动机上的电压有不同幅度的下降，实现电动机的转速变化。

调速电抗器由铁心和线圈等构成，电抗线圈上有几个抽头触点，其外形结构如图4-44所示。其调速的电路原理如图4-45所示。

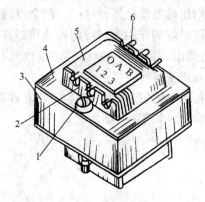 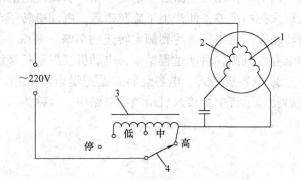

图4-44　调速电抗器的外形结构图　　　　　图4-45　电抗器调速的电路原理
1—螺栓　2—线圈框架　3—铁心冲片　　　　　1—运行绕组　2—启动绕组　3—电抗器
4—压板　5—线圈　6—接线触头　　　　　　　　　　4—调速转换开关

电抗器与电机绕组串联，作分压之用。调速开关的高、中、低各挡分别与电抗器上各抽头相连。接通电源后，若调速转换开关拨至"高"挡，则电抗器线圈未被接入电路，外加电压全部施给电动机绕组，电动机便全速（高速）旋转；当调速转换开关拨到"中"、"低"挡时，电动机绕组回路中分别串入匝数不等的电抗线圈，由于电抗线圈的分压作用，使电动机绕组两端的工作电压有不同程度的下降，从而使电动机转速下降。

电抗器调速的优点是：各挡的调速比较容易确定，维修方便。缺点是低速启动性能较差，调速时易受外加电压的影响，而且多消耗了电抗器所用的硅钢片和铜线，使用寿命短。

（2）抽头调速

电容式电动机定子上设置3个绕组：运行绕组、启动绕组和中间绕组。在中间绕组上抽出一个或几个抽头，用调速开关分别与各抽头相连，当调速开关触点与各个不同的抽头连接时，得到不同的运行绕组与启动绕组的匝数比，改变了定子磁场强度，使电动机的转子转速产生变化，实现了调速的目的。电容式电动机的抽头调速，其绕组接线形式有许多种，图4-46是其中的一种。

当它处于低速运行位置时，中间绕组与运行绕组串联在一起，当它处于高速位置时，中间绕组又与启动绕组串联在一起。如果在中间绕组上再设置一、二个抽头，通过调速开关的切换，改变运行绕组与启动绕组间的匝数分配比例，可以得到高、中、低三挡或更多的不同转速。

另一种抽头调速是将中间绕组接在运行绕组和启动绕组的公共端之外。中间绕组线圈与运行绕组线圈同槽安放，两者相位相同，如图4-47所示。当它处于中、低速转动位置时，中间绕组中流过的电流是总电流。

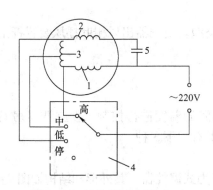
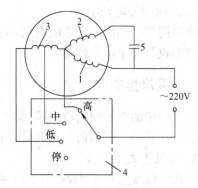

图 4-46　抽头调速电路（一）　　　　　　　图 4-47　抽头调速电路（二）

1—运行绕组　2—启动绕组　3—中间绕组　　　　1—运行绕组　2—启动绕组　3—中间绕组

4—调速开关　5—电容器　　　　　　　　　4—调速开关　5—电容器

近年来，空调器中已较多地采用抽头调速方法，它省去了电抗器所消耗的材料和电能，并且只需改变定子绕组线圈的安放和连接形式就可以实现调速，方便实用。

（3）电容器调速

电容器调速原理和电路如图 4-48 所示。它是利用在交流电路中串接电容器的方法实现调速的。电容器在交流电路中，电容容抗上会产生电压降，电容容抗不同则电压降也不同，从而可改变加给电动机电源两端的电压，这与使用电抗器降压调速的原理基本相同。

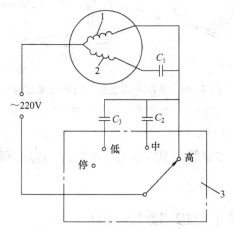

图 4-48　电容器调速原理和电路

1—运行绕组　2—启动绕组　3—调速开关　C_1—运转电容　C_2、C_3—调速电容

4.6.3　风向电动机

1. 步进电动机

步进电动机是一种将电脉冲信号转换成直线位移或角位移的执行元器件，即外加一个脉冲信号于步进电动机时，电动机就运动一步。脉冲频率高，电动机转速快，反之则慢；脉冲数多，步进电动机直线位移或角位移就大，反之则小。脉冲信号相序改变，步进电动机逆转；脉冲停止，步进电动机即自锁。步进电动机须与专用驱动电源相配套，才能发挥其运行性能。步进电动机常用来控制电子膨胀阀阀门的开度。

2. 永磁同步电动机

永磁同步电动机分为爪极自启动和异步启动两种类型。空调器出风栅叶摇风装置杆上用的微电动机就属于前一种类型。

4.6.4　温度控制器

空调器中的温度控制器（简称为温控器）可对房间的温度进行控制，使空调器房间的温度保持在某一个范围内。空调器上常用的温度控制器有如下3种。

1. 波纹管式温控器

窗式空调器上多采用波纹管式温控器。这是一种压力式温控器，其外形和结构如图4-49所示。感温包、毛细管和波纹管充有感温剂。感温包置于空调器回风口，能直接感受室内温度。当室内温度发生变化时，波纹管伸长或缩短，通过杠杆结构控制微动开关的开、关，进而控制压缩机的转、停，使室温保持在一定范围内。

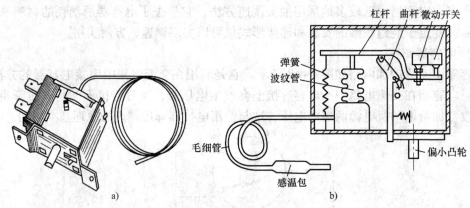

图4-49　波纹管式温控器的外形和结构

a）外形　b）结构原理

2. 膜盒式温控器

膜盒式温控器的结构与波纹管式温控器的结构类似，作用原理相同，只是把波纹管改为膜盒。

3. 电子式温控器

电子式温控器通常以具有负温度系数的热敏电阻作为感温元件，并与集成电路配合使用。为了提高温控器的灵敏度，常将热敏电阻接在电桥电阻中，作为电桥的一个臂，如图4-50所示。图中 R_t 为热敏电阻，其他电阻为定值电阻，K 为继电器。其工作原理与电冰箱上用的电子式温控器相同。

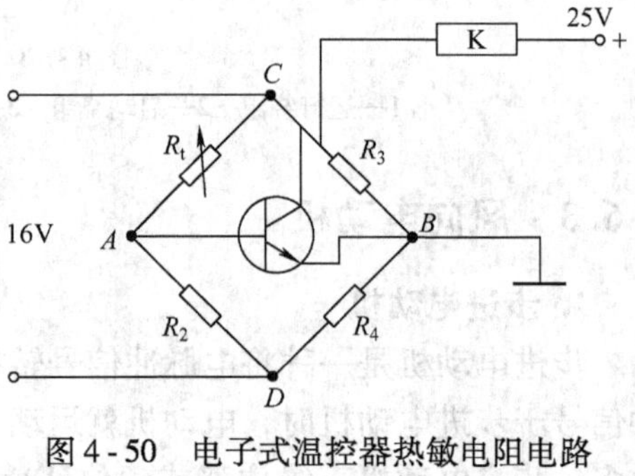

4.6.5　电容器

房间空调器中的电容器通常为金属膜电容器，

图4-50　电子式温控器热敏电阻电路

它可用于压缩机电动机的启动或运行。一般启动电容器的容量较大（25～100μF），运行电容器的容量较小，只有几微法。电容器出现故障时，电动机通电后将发出"嗡嗡"的响声，不能正常启动。电容器是否有故障可用万用表的电阻挡进行检测。启动电容器的容量较大，检测时，可用万用表低挡位，一般可选用 $R \times 100$ 挡。运行电容器的容量小，万用表挡位应选相对高些，可用 $R \times 1k$ 挡。电容器损坏后，应更换同规格的新电容器。

4.6.6　电加热器

电热型空调器采用电加热的方式制热，热泵辅助电热型空调器的辅助电加热装置也普遍采用电加热器。电加热器有电热丝和电热管两种类型，图 4 - 51 和图 4 - 52 分别为电热丝加热器和电热管加热器的结构示意图。

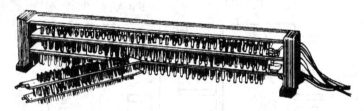

图 4 - 51　电热丝加热器的结构

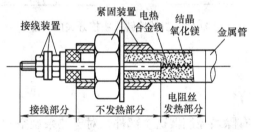

图 4 - 52　电热管加热器的结构

1. 电热丝加热器

大多数电热型小型式空调器采用镍铬电热丝加热。这种电热丝具有热容量小、质量轻和体积小的特点。它在耐高温的云母板支架上，并配有高灵敏度的温度保护器。当电热器温度过高时，温度保护器自动切断电源，防止火灾等事故的发生。

2. 电热管加热器

电热管加热器主要用于柜式分体空调器。它的特点是发热量大，但升温慢，断电后降温也慢。电加热器的主要故障有电热丝断线、烧毁等。检查时，可用万用表测量电阻的方法判断是否正常。电热器损坏后，应更换同规格的新电热器。

4.6.7　冷热转换开关及主控开关

1. 制冷制热变换控制

电磁换向阀是热泵型空调器实现制冷、制热变换的控制装置。而制冷、制热转换所使用的是冷热开关，如图 4 - 53 所示。当按下冷热开关时，电磁换向阀的电磁线圈电路被接通，使换向阀换向，空调器制热；当冷热开关复位后，电磁换向阀的电磁线圈电路被切断，使换向阀再次换向，空调器制冷。

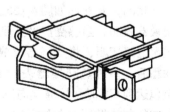

图 4 - 53　冷热开关

2. 主控开关

主控开关也称为主令开关或选择开关，通常安装在空调器控制面板上。它是接通压缩机、风扇或电热器的电源开关，也是切换空调器运行状态的选择开关。常见的主控开关有机械旋转式和薄膜按键式两种。机械旋转式主控开关的外形如图4-54所示，它由塑料外壳、旋转轴、接线端子及内部多路转换触点组成。薄膜式主控开关是一种轻触式按键开关，性能稳定、外表美观，近年新生产的空调器多采用这类开关。这两种主控开关的电气性能基本一致。

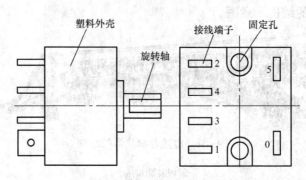

图4-54　机械旋转式主控开关的外形

4.6.8　除霜控制器

1. 功能

一般制冷型空调器没有除霜控制器这个部件，对于热泵型空调器冬季制热时，由于室外温度较低，热交换器表面温度可达0℃以下，热交换器表面可能结霜，厚霜层会使空气流动受阻，影响空调器的制热能力。除霜的方法一般有两种：一是停机除霜，使霜自己融化，这种方式在温度较低时难以使用，且融霜时间较长；二是制热除霜，即换向阀改向，使室外侧的热交换器转为冷凝器。

除霜控制器也是利用温度控制触头动作的一种电开关，它是热泵制热时去除室外热交换器盘管霜层的专用温控器。其除霜方式一般为逆循环热除霜，即通过除霜控制器开关触点的通、断，使电磁换向阀换向。

2. 分类

家用空调器上常用的除霜控制器主要有波纹管式、微差压计和电子式除霜控制器。

（1）波纹管式除霜控制器

波纹管式除霜控制器的工作原理与波纹管式温控器相同，其外形如图4-55所示，感温包贴在热交换器表面，当感受温度达到0℃时，将换向阀的线圈电路切断，将空调器改成对室外制热运行。经除霜后，室外热交换器表面温度逐渐上升，当感温包达到6℃时，接通换向阀线圈电路，又恢复对室内的制热循环。在除霜期间，室内风机停转。

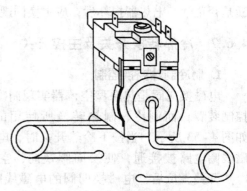

图4-55　波纹管式除霜控制器的外形

（2）微差压计除霜控制器

微差压计除霜控制器利用微差压计感受室外热交换器结霜前后的压差来自行控制，如图 4-56 所示，高压端接在室外热交换器的进风侧，低压端接出风侧。热交换器盘管结霜后，气流阻力增加，前后压差发生变化，从而接通除霜线路，使电磁换向阀换向除霜。这种除霜方式仅与盘管结霜的程度有关，因而除霜性能好。

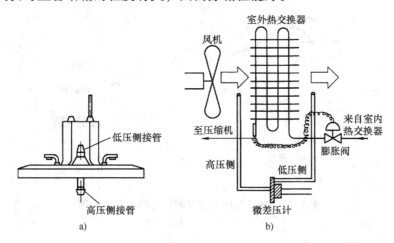

图 4-56 微差压计除霜控制器的外形和接法
a）外形 b）接法

（3）电子式除霜控制器

电子式除霜控制器是通过温度和时间两个参量来控制除霜的。它先通过热敏电阻来感受室外热交换器盘管表面的温度，并以此来控制电磁换向阀的换向，同时，通过集成电路来控制除霜时间。若热泵型空调器还常有辅助电热器，除霜期间还可以在集成电路的控制下，启用电热器，并向室内吹送热风。

4.6.9 压力控制器

1. 功能

压力控制器又称为压力继电器，它用于监测制冷设备系统中的冷凝高压和蒸发低压（包括油泵的油压），当压力高于或低于额定值时，压力控制器的电触头切断电源，使压缩机停止工作，起保护和控制作用。

2. 分类

压力控制器有高压控制器和低压控制器两种，也有将高、低压控制器组装在一起的。高压控制器安装在压缩机的排气口，以控制压缩机的出口压力。

（1）波纹管式管压力控制器

波纹管式高低压控制器就是一种传统的波纹管式压力控制器，其工作原理是高压气态制冷剂和低压气态剂通过连接管道，分别进入压力控制器的高、低压气室，使波纹管对传动机构产生一定的作用力，这个作用力与传动机构弹簧弹力相平衡。当压缩机排气侧的压力高或吸气侧压力过低时，都会打破上述平衡状态，使开关触头动作，切断压缩机电源。转动压力调节盘，可以调整弹簧压力，从而可以调节压力的控制值。

（2）薄壳式压力控制器

薄壳式压力控制器性能优于波纹管式压力控制器，其外形与工作原理如图 4 - 57 所示。进入压力控制器压力室的气态制冷剂压力超过限值时，薄壳状膜片就会产生一定的位移，从而推动传动杆，使开关触头闭合或断开。这种压力控制器既可用于过压保护，也可作为防泄漏保护。

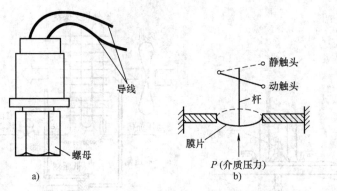

图 4 - 57　薄壳式压力控制器的外形与工作原理
a）外形　b）结构原理

4.6.10　遥控器

遥控器通常用红外线作载体，发送控制信号。它由遥控信号发射器和遥控信号接收器两个部分组成。

1. 遥控信号发射器

遥控信号发射器是独立于空调器本机的键控开关盒，故又称为遥控开关。其原理框图如图 4 - 58 所示。键盘由矩阵开关电路组成。开关盒内的 IC1 扫描脉冲和键盘信号编码器构成键命令输入电路。当按下某个功能键时，相应的扫描脉冲通过键开关输入到 IC1，使 IC1 内的只读存储器中相应的地址读出，产生相应的指令代码，再由指令编码器转换成二进制数字编码指令。而指令编码器

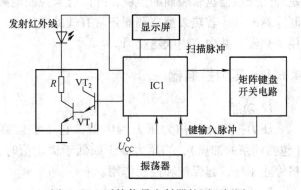

图 4 - 58　遥控信号发射器的原理框图

输出的编码指令送到编码调制器，形成调制信号。调制信号经缓冲级到激励管，由 VT_1、VT_2 组成的红外信号激励级放大到足够的功率，去驱动红外发光二极管，发射出经调制的指令信号。

2. 遥控信号接收器

遥控信号接收器装在空调器本机面板内，其原理框图如图 4 - 59 所示。当红外指令信号被接收器的光敏二极管接收后，光敏管将光信号转换成电信号。该信号经放大增益、限幅、滤波、检波、整形和解码后，输出给有关电路，执行相应的功能。

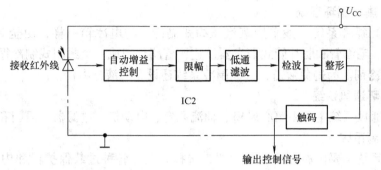

图 4-59　遥控信号接收器的原理框图

4.7　窗式空调器的结构与原理

4.7.1　窗式空调器的基本结构

窗式空调器是一种体积小、重量轻和噪声低的单体式空调器。这种空调器安装使用方便，不需要水源、热源，使用时只需接通电源，即能自动地调节房间内温度。房间内气流方向可以随意调节，使人感觉舒适。

窗式空调器主要由制冷（热）循环系统、空气循环通风系统、电气控制系统和箱体、底盘和面板等几部分组成。全部制冷空调设备均装在底盘上。底盘可以从箱体抽出，便于安装和维护。它的结构如图 4-60 所示。

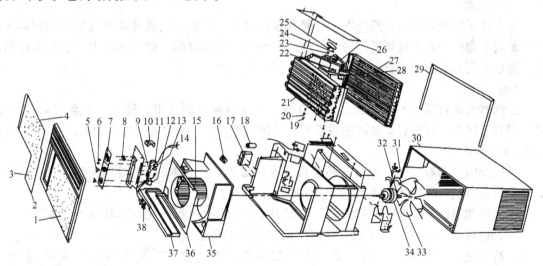

图 4-60　冷风型窗式空调的结构

1—面板　2—面板小门　3—搭扣　4—滤尘网　5—旋钮　6—滑杆钮　7—电控面板　8—冷热开关
9—恒温控制器　10—电压转换插座　11—风门开关　12—主控开关　13—排风门软杆　14—新风门软杆
15—离心风扇　16—接线端子　17—压缩机电动机的电容器　18—风机电容器　19—压缩机底座橡胶圈
20—压缩机底座套管　21—蒸发器　22—线圈　23—压紧片　24—过载保护器　25—卡簧　26—压缩机
27—冷凝器　28—换向阀　29—Ⅱ形密封条　30—箱体　31—风扇电动机保护器　32—电动机套圈
33—轴流风扇　34—风扇电动机　35—蜗壳　36—蜗壳前板　37—盛水槽　38—恒温控制器温包固定卡

1. 制冷（热）循环系统

制冷（热）循环系统一般采用蒸汽压缩式制冷。与电冰箱一样，由全封闭式压缩机、风冷式冷凝器、毛细管和肋片管式蒸发器及连接管路等组成一个封闭式制冷循环系统。系统内充以 R22 制冷剂。为避免液击，有些制冷系统还设有气液分离器。

2. 空气循环通风系统

空气循环通风系统主要由离心风扇、轴流风扇、电动机、过滤器、风门和风道等组成。

3. 电气控制系统

电气控制系统主要由温控器、起动器、选择开关、各种过载保护器和中间继电器等组成。热泵冷风型还应有四通电磁换向阀及除霜温控器，窗式空调器的电气控制原理将在 4.7.2 作详细讲解。

4. 箱体、底盘与面板

（1）箱体

箱体常用 0.8 ~ 1.0mm 的冷轧薄钢板弯制而成，也有用塑料压制的，如图 4-61 所示。

箱体底部有两条导轨，供底盘推入、拉出之用。制冷量大的空调器，由于机组质量大，在箱体左右内侧也设有导轨，以便底盘出入箱体时不致被卡住。

箱体左右侧面开设有百叶窗、方孔或栅格等，用于进风冷却冷凝器。在箱内设有若干加强筋，以提高箱体的刚度。箱内还设有若干支架，以便于安装零部件。

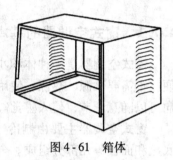

图 4-61　箱体

（2）底盘

底盘用于安装压缩机、蒸发器、冷凝器和风机等，而整个底盘又靠螺钉固定在箱体上。用于制造底盘的冷轧钢板要进行防锈处理。一些国外空调器的底盘上还涂上一层有机涂料，使凝露水不与底盘薄钢板直接接触，增加了抗腐蚀能力。

（3）面板

空调器的面板既要外形美观，线条流畅，与室内陈设颜色相协调，又要空气动力性能好，同时进风、出风栅要有足够的截面积。结构合理、空气动力性能好的面板，可有效地降低室内侧噪声。

目前我国空调器面板大致有塑料面板、有机玻璃面板、木质面板和金属面板等几种形式。塑料面板用 ABS 塑料注塑成形，适用于大批量生产。

房间空调器面板的形式大致相同。下面以 KC-21 型房间窗式空调器为例（如图 4-62 所示）加以说明。面板上分别设有冷风出口和室内循环空气进口。冷风出口处设有出风栅以调整出风口角度，改变吹出的冷（热）风的方向。进风口用于抽气进风，使室内空气起循环交换的作用。在面板上装有过滤网，用以过滤室内空气，实现净化的目的。在正面控制板上分别设有风门开关、温控开关和制动开关，如图 4-63 所示。它们分别用于调整室内空气交换、温度调节和制冷（热）的选择及空调器的开停。

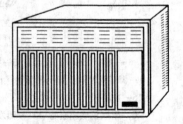

图 4-62　KC-21 型房间
空调器面板的结构

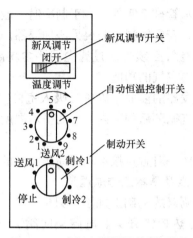

图 4 - 63　房间空调器的控制面板

4.7.2　窗式空调器的工作原理

1. 冷风型空调器的工作原理

图 4 - 64 为冷风型空调器的工作原理图。

空调器制冷时，压缩机吸入来自蒸发器的 R22 低压蒸气，在汽缸内压缩成为高压高温气体，经排气阀片进入风冷冷凝器。轴流风扇从空调器左右两侧百叶窗吸入室外空气来冷却冷凝器，使制冷剂成为高压过冷液体。空气吸收制冷剂释放出热量后，被轴流风扇将热量排出室外。高压过冷液体再经毛细管节流降压，然后进入蒸发器。室内空气靠离心风扇吸入，流过蒸发器，蒸发器内的 R22 吸收室内循环空气的热量后变成蒸气，使室温降低。经降温的室内空气，又在离心风扇作用下被排向室内。来自蒸发器的低压过热蒸气又被吸入压缩机并压缩成高温高压气体，如此循环不止。

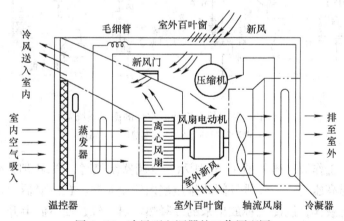

图 4 - 64　冷风型空调器的工作原理图

在制冷过程中，蒸发器表面温度通常低于被冷却的室内循环空气的露点温度。当室内空气被吸进箱体内穿过蒸发器时，如果空气的相对湿度较大，其中一些水蒸气便在降温过程中凝结为水，从蒸发器表面析出，使室内空气相对湿度下降，这就是湿度调节的过程。凝露水通过蒸发器下面的盛水槽流至后面的冷凝器，部分凝露水被轴流风扇甩水圈飞溅以冷却冷凝器，余下部分通过底盘上的排水管排至室外。由于制冷时一般总伴随去湿过程，因此，冷风型空调器不能用于恒湿的场合，若要增湿，需要另添加湿器。

在通风制冷过程中，室内空气必须先通过滤尘网将尘埃滤掉，以保持蒸发器清洁、畅通，为此空调器还具有净化室内空气的功能。

空调器的温控器安装在蒸发器的前面，以感受吸入室内空气的温度。感受的这个温度，实际是经离心式风扇使室内空气循环后的室内空气的平均温度，所以温控器不能控制室内各点的温度。

室温的控制是通过温控器的一对触点接通和切断压缩机的工作线路来实现的。

2. 热泵型空调器的结构特点及基本工作原理

热泵型空调器在冷风型空调器的基础上加了一只电磁换向阀（又称为四通阀）和冷热控制开关。电磁换向阀如图 4 - 65 所示。恒温控制器采用既可控制制冷温度又可控制制热温度的双触点温控器。若有自动除霜线路，还可以带除霜器进行自动除霜。电磁换向阀的作用是使制冷剂流动方向发生变化，用于制冷系统的冷热转换，如图 4 - 66所示。在夏季，室内换热器作为蒸发器使用，向室内送冷风；室外换热器作为冷凝器使用，向室外排热。在冬季，通过四通换向阀的电磁阀的转向切换，使室内换热器变为冷凝器使用，向室内送热风；室外换热器变为蒸发

图 4 - 65　电磁换向阀

器。这种热泵型冷暖空调器，在外界温度低于5℃时不能开启。所以热泵型冷暖空调器只适合室外温度在5℃以上的地区，低于5℃的地区应采用电加热型冷暖空调器。

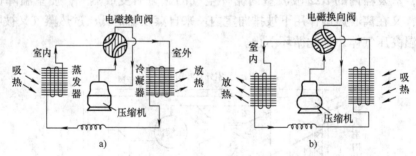

图 4 - 66　热泵型冷暖空调的循环系统
a）制冷时循环情况　b）制热时循环情况

热泵型空调器工作原理图如图 4 - 67 所示。空调器制热时，压缩机吸入制冷剂，在气缸内被压缩成为高温高压气体，经排气阀片排至室内侧冷凝器。在冷凝器中，制冷剂被室内循环空气冷却成高压液体，制冷剂释放出来的冷凝热加热空气，使室温上升。高压液体制冷剂通过毛细管节流降压后，喷入室外侧蒸发器，被吸热蒸发后成为湿蒸气。湿蒸气过热后，又被吸入压缩机压缩，然后再排至室内侧冷凝器。如此循环不止。可见，热泵型空调器除有冷风型空调器的通风、制冷、除尘和去湿的功能外，还多了一个制热功能。

为简化系统，以上热泵型窗式空调器采用单根毛细管，优点是节约成本，缺点是制冷量和制热量不能在同一系统中达到最佳状态。

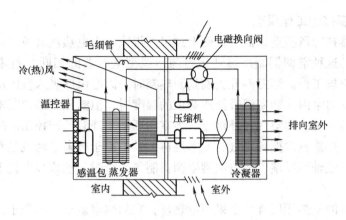

图4-67 热泵型空调器的工作原理图

有些热泵型空调器的制冷系统中设有两根毛细管,如图4-68所示,这是因为在制冷工况条件下,室内换热器的蒸发温度约为5℃,蒸发压力约为0.59MPa(R22),室外换热器的压力一般不超过1.8MPa。而制热工况条件下,室内换热器的压力约在1.8～2.0MPa,室外换热器的蒸发温度约为－10℃,蒸发压力约为0.35MPa,这样才能使环境温度为－5℃时,空调器仍然具有制热效能。虽然制冷和制热时制冷剂的流向不同,却都用一套制冷循环系统和设备,但是制冷和制热时的工况条件是不一样的,即蒸发温度是不同的。这表明空调器在由制冷变为制热或是由制热变为制冷时,制冷循环系统是经过了调整的,即调整了运行工况,变更了循环系统的运行状态。这种工况调整在房间空调器中,是通过设置两根毛细管和单向阀实现的。

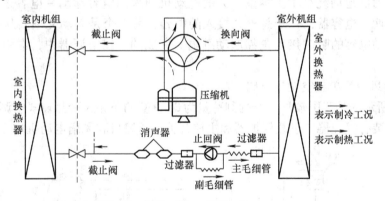

图4-68 具有两根毛细管的热泵型空调器的工作原理图

热泵型空调器采用双毛细管系统中,其中一根毛细管是主毛细管,为制冷工况时制冷剂的节流毛细管,这时另一根毛细管,也称为副毛细管,虽然与主毛细管串联,但其阻力远远大于并联的单向阀,所以节流后的制冷剂通过单向阀进入蒸发器。当变为制热工况时,制冷剂不能通过单向阀,而只能通过副、主毛细管,节流后进入室外换热器。由于制冷时的蒸发温度高于制热时的蒸发温度,故只使用主毛细管,而制热时所用的毛细管应略长,所以应使用副、主两根毛细管,使其达到设定的最佳流量和蒸发温度。但双毛细管的系统要复杂一些,成本也较高。

3. 电热型空调器的工作原理

电热型空调器在冷风型空调器的基础上加了一组或几组电热丝（见图4-51），使其既可制冷，又可制热。这种空调器制冷循环运行与冷风型空调器的相同。制热时，压缩机不运转，仅风机与电热丝工作。当控制开关旋到制热挡时，离心风扇吸入室内冷空气，通过电热丝加热升温后再吹向室内。当室温升至所要求的温度时，恒温控制器切断电热丝电路，但轴流风扇仍继续运转，使室内空气循环对流。当室温逐渐下降到低于控制值时，恒温控制器又接通电热丝电路，加热室内循环空气，使室温再上升。由于风扇电动机是双向性的，一端装离心风扇，另一端装轴流风扇，故电热型空调器制热运行时，轴流风扇仍工作，但它做的是无用功。

电热型空调器的发热元器件大多采用电热丝，它的热容量小，体积小，重量轻。

电热丝采用镍铬扁丝，用耐高温合成云母层压板为支架，配有高灵敏度温度继电器，使得温度超过选定值后，在10s内能切断电热丝电源，使空调器能安全运行。

电热型空调器的发热元器件也有采用电热管的（见图4-52）。电热管式加热器具有传热快、热效率高、机械强度大、安装方便、使用安全可靠、寿命长和适应性强等优点。由于电热管的热容量大，所以空调器关机前，最好打开"风"吹数分钟，待余热逐渐消散后，才能关机。

4. 窗式空调器的典型控制电路

窗式空调器的电路一般应包括压缩机电动机起动及保护电路、风扇电动机起动及保护电路、开关电路（主控开关）及温控器等几部分。

窗式空调器压缩机电动机起动方式以电容运转型最多，即PSC型。这种电路是把电容器永久接在电动机起动绕组中。容量较大的电动机则采用电容起动-电容运转型，即CSR型。CSR型有两个电容器，一个是永久接入的电容，另一个是起动完毕要从电路中切除的起动电容。起动电容的瞬时接入是靠起动继电器完成的。在空调器中，常用电压式起动继电器。

（1）普通风冷型单相空调器电路

图4-69所示的是我国较早生产的制冷量为3489W的单相风冷型窗式空调器的电气控制线路。电路中装有温控器、过载保护器和主控开关。压缩机和风扇电动机均为电容运转型。

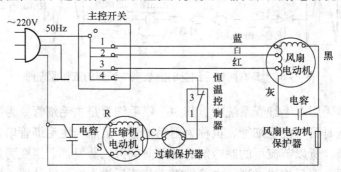

图4-69 普通风冷型单相空调器的电路

主控开关用于接通风扇电动机和压缩机电动机的电源开关。当主控开关转在1、2、3位置，压缩机电路均不接通，只有风扇电动机电路工作，风扇可在"低速"、"中速"和"高速"挡运转，空调器只通风，不制冷。

当主控开关接通压缩机电路时，风扇电动机电路必然接通。风扇电动机高速运行为"高"、"冷"，低速运行为"低冷"。

温控器可以自动控制室内温度，使室温恒定。

（2）热泵型房间空调器电路

热泵型房间空调器的电路如图4-70所示。当冷热转换开关在制热位置，且主控开关置"强"位置时，图中4—5、4—6接通；当主控开关置"中"位置时，4—1、4—6接通。这时四通电磁阀线圈通电，使四通电磁阀切换到制热状态。

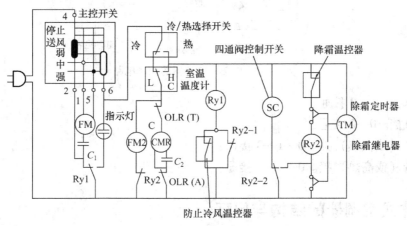

图4-70　热泵型房间空调器的电路图

当室内温度计测出低温时，C—H接通，压缩机CMR运转，室内加温；当室内换热器表面温度降低时，防止冷风温控器接通，室内风扇继电器动作，使Ry1断开，室内风扇停止运转，防止冷风指示灯亮。防止冷风温控器感温管感受到的温度上升时，Ry1又回到原来的位置，室内风扇又开始运转，进入制热状态。除霜运转根据除霜温控器感温包感受室外换热器表面的温度和除霜定时器调定的除霜时间，接通相应开关后，使除霜继电器工作。Ry2—2接通四通电磁阀线圈电路，使电磁阀换向，系统由制热循环转入制冷循环，利用压缩机压缩热对室外机组进行除霜。与此同时，Ry2—1接通，Ry1随之动作。使室内风扇停止运转。

除霜时间由除霜定时器控制。除霜完毕，Ry2复位，四通阀又切换到制热运转。这时，Ry2—1虽已断开，但只要室内侧换热器表面温度还低，室内风扇仍不会工作，直到防止冷风温控器触点断开，室内风扇才会恢复运转。

（3）电热型空调器电路

电热型空调器在冷风型空调器的基础上装配了几组电热丝，使空调器夏季能制冷，而冬季通过电热丝发热能制热。电热型空调器的控制电路如图4-71所示。制热时，通过冷热转换开关切断压缩机电路而接通电热丝电路，这时仅风机与电热丝工作。当室温升至所要求的温度时，温控器切断电热丝电路，但轴流风扇仍然继续运转，使室内空气循环对流。当室温降至低于控制值时，温控器又接通电热丝电路，加热室内循环空气。如此循环，可把室内空气温度控制在所需的范围内。

图4-70中选择器（03开关）有五挡位置：

1）停挡。0与1、2、3都不通；

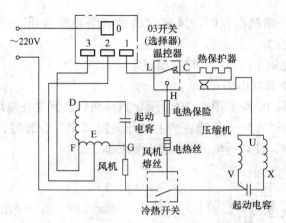

图 4-71　电热型空调器的控制电路

　2）低风挡。0—3 接通；

　3）高风挡。0—2 接通；

　4）低冷（或低热）挡。0—1—3 接通；

　5）高冷（或高热）挡。0—1—2 接通。

4.8　分体式空调器的结构与原理

　　窗式空调器的优点是价格便宜、便于安装。它的缺点是噪声较大，安装位置受限制于窗户或要打墙洞。窗式空调器的噪声来源于压缩机、离心风扇和轴流风扇。它们都被装在一只箱体内，发出的噪声都传入室内。因此，窗式空调器室内侧噪声一般高达 50dB 以上，满足不了人们对宁静环境的要求。

　　分体式空调器又称为分离式空调器，是整体式空调器的变形，以机组室内、外分体而得名。分体式空调器的结构特点是将主要噪声源移至室外，以降低室内侧噪声，满足人们对室内宁静环境的要求。

　　分体式空调器最突出的特点是它不像窗式空调器那样一定要装在窗上。它的安装地点灵活方便、因地制宜，且很少占用室内有效面积，不遮挡光线，外形精巧美观，可起到点缀房间的作用。

4.8.1　分体式空调器的基本结构

　　分体式空调器由室内机组、室外机组、连接管、电缆线和控制盒组成。为了减小室内噪声，节省空间，满足室内多种安装形式的需要，把空调器分为两部分，将噪声大、质量大的压缩机、冷凝器机组放在室外，空调部分放于室内。室内外机组均有自动控制或遥控器件。两机组间采用管道进行连接。产品在制造厂装配后，已将两个机组的系统抽过真空，并按规定量灌好制冷剂，机组的进出口由阀门关闭着。当用户将空调器分别安装在室内、外后，用接头铜管把两个机组连接起来。把阀门打开，两机组便互相接通。

　　分体式空调器的室内机组有多种形式，当前使用比较广泛的有挂壁式、落地式、吊顶式、天顶式和台式几种。这些类型的基本结构大同小异。下面以用得最广泛的挂壁式分体空调器为例作介绍，其结构如图4-72所示。

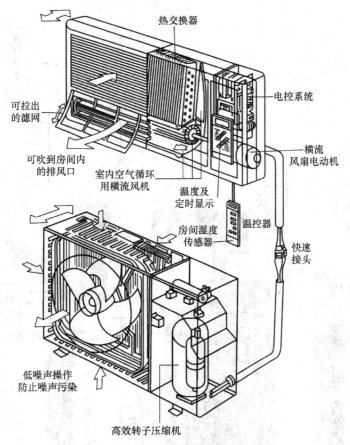

图4-72　挂壁式分体空调器的结构

1. 室内机组

室内机组一般做成薄长方体，它由外壳、室内换热器（冷风型为蒸发器，热泵型夏季为蒸发器，冬季为冷凝器）、贯流式（或称为横流式）风机及电动机、电气控制系统和接水盘组成。外壳前面上部是室内回风的百叶式进风栅及插入式过滤网，下部是百叶送风栅；室内换热器斜装于机壳内回风进风栅的后部，即机壳内上部；贯流式风机装于机壳内送风栅的后部，即机壳内下部，它把吸入的室内回风经室内换热器处理（夏季冷却去湿，冬季加热升温）后吹送入房间内；机壳后部装有与室外机组的压缩机和换热器连接的气管和液管的管接头。电控系统与风机电动机装于机壳内的一端，电控系统位于上部，风机电动机位于下部，并与风机共轴；机壳底部为接水盆，并装有排放冷凝水的接管管头。贯流式风机的叶片一般为前向式，叶轮两端封闭，外形呈滚筒状。工作时空气沿叶轮径向流入，再从叶轮另一侧径向流出，即空气流两次通过叶轮的叶片。贯流式风机具有径向尺寸小、送风量大、运行噪声低的优点。此外，为了便于按需要调整送风方向，送风口设有控制出风角度的导风板和风向片。图4-73为典型分体壁挂式空调器室内机组分解图，图4-74为典型立柜式空调器室内机组分解图。

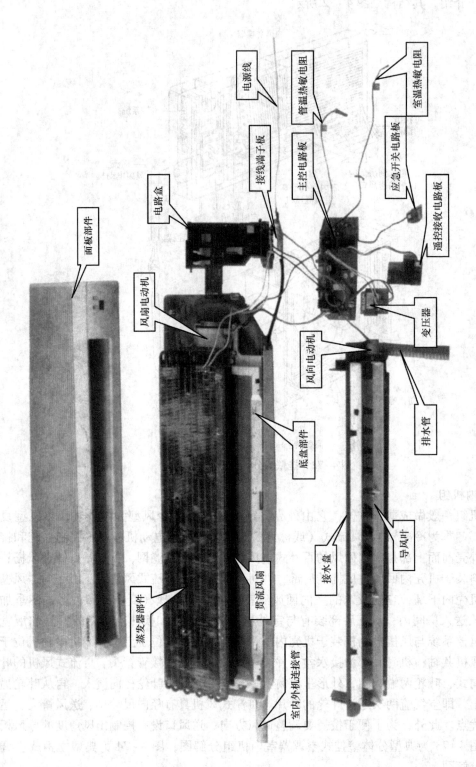

面板部件

电路盒

风扇电动机

接线端子板

电源线

管温热敏电阻

主控电路板

应急开关电路板

室温热敏电阻

遥控接收电路板

风向电动机

变压器

底盘部件

排水管

蒸发器部件

贯流风扇

接水盘

导风叶

室内外机连接管

图4-73　典型分体壁挂式空调器室内机组分解图

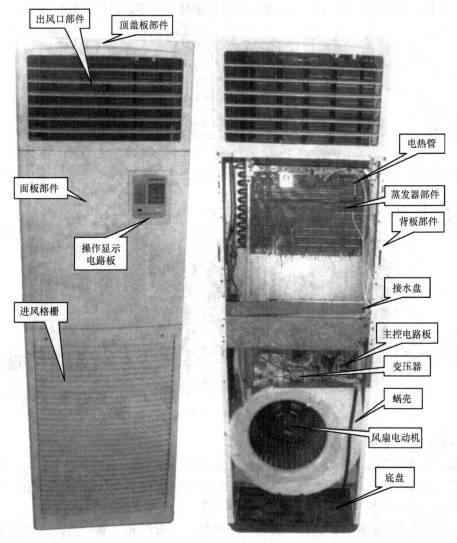

图 4-74 典型立柜式空调器室内机组分解图

电控系统包括微型计算机和电子温控器。电子温控器采用红外遥控方式，机壳内还设有红外指令接收装置。

2. 室外机组

室外机组包括外壳、底盘、全封闭式压缩机、室外换热器（夏季为冷凝器，冬季为蒸发器）、毛细管和冷却用轴流式风机及电动机等，以及制冷系统的附件例如气液分离器、过滤器、电磁继电器、高压开关、低压开关和超温保护器等。热泵型的还有电磁换向阀和除霜温控器等。

外壳由薄钢板制成，后部、顶部和下部及一侧面开有冷却冷凝器的进风口；前面设有轴流风扇的导风圈及排风护罩；外壳后面另一侧下部装有供与室内机组连接的制冷剂气管和液管的管接头；该侧面上方设有连接导线的接线窗口。压缩机、冷凝器等制冷系统部件及冷却冷凝器的轴流风机都装在底盘上，并用固定于底盘上的隔板在外壳内一端形成一个放置压缩机及电气元器件的小室。电气室位于压缩机的上部，盖好外壳后，雨水不能淋入，保证露天放置的室外机组能安全运行。图4-75为典型分体壁挂式空调器室外机组分解图。

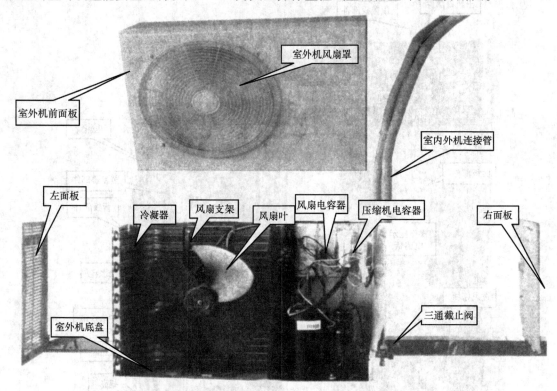

图4-75　典型分体壁挂式空调器室外机组分解图

3. 室内机组与室外机组的连接

分体式空调器的制冷系统与窗式空调器在组成部件和循环过程方面基本相同，所不同的是分体式空调器制冷设备的四大件是分装在两个箱体内，并且相距较远，必须用两根直径不同的紫铜管（配管）把它们连接起来，构成一个完整的制冷系统。

室外机组壳体内的制冷部件主要是制冷压缩机、冷凝器和节流毛细管（也有的将节流毛细管放置在室内机组内）。在机壳侧面装有两只截止阀，一只是经毛细管节流后进入室内机组的供液截止阀，另一只是压缩机吸气管上的回气截止阀，一般在回气截止阀上同时制作出旁通气门阀，供检测低压回气压力或充注制冷剂时使用，气门阀上的连接螺纹有公制和英制两种。室外机组的结构图如图4-76所示。

室内机组的制冷设备只有蒸发器。蒸发器的入口端和出口端分别套装有弹簧管，便于弯曲，未安装之前，入口和出口均被塑料旋塞堵住。

配管中较细的一根一般为$\phi6mm$，它与供液截止阀和蒸发器的入口端相连接；较粗的一根一般为$\phi9mm$，与回气截止阀和蒸发器的出口端相连接。市售分体式空调器的配管标准长度为5m，当配管长度增加时，制冷系统内需要补充一定量的制冷剂。分体空调器在安装过程中，除了固定室内外机组外，一项重要的工作就是用配管将室内、外机组连接起来。它的实质就是将制冷系统组成一个密闭的循环空间。因此，它的连接方式和密封性对制冷系统的正常运行有相当重要的影响。

配管与机组的连接形式有：

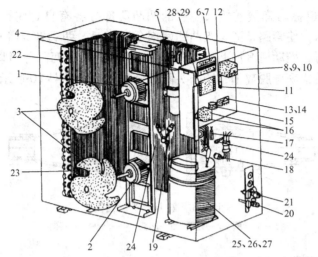

图 4-76　室外机组的结构图

1—风扇电动机（上）　2—风扇电动机（下）　3—螺旋桨式风扇　4—电动机支架　5—气液发离器
6、7—压缩机保护器　8、9、10—接触器（压缩机）　11—熔断器支架　12—熔断器　13、14、15—端子座
16—运转电容器　17—簧片热控开关　18—高压开关　19—低压开关　20、21—球阀　22—冷凝器（A）
23—冷凝器（B）　24—冲气塞　25、26、27—压缩机　28、29—过电流（负载）继电器

1）喇叭口连接。厂家提供的配管上一般都配有连接用螺母和螺纹接头，如需加长配管，就需重新制作喇叭口。连接时把喇叭口与接头按轴线对正并贴紧，再用螺母拧紧、锁死在接头的螺纹上，如图 4-77 所示。喇叭口连接方法简单方便，密封质量和使用寿命都比较好，但在有剧烈振动时密封性变差。图 4-78 所示为喇叭口及连接螺母的外形图。

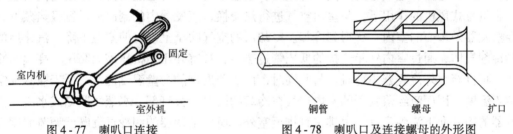

图 4-77　喇叭口连接　　　　　　　图 4-78　喇叭口及连接螺母的外形图

2）快速接头连接。它是一种一次性使用的接头，为了避免泄漏，在接头端焊有一只薄薄的金属膜片。一只膜片的里面制有刀形支棱，当两支接头迅速旋紧时，刀片刺破膜片，然后依靠螺纹和接头内的不锈钢垫圈将配管连接起来，并保持密封性，如图 4-79 所示。

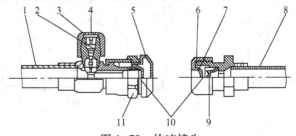

图 4-79　快速接头

1—导管　2—阀芯　3—阀帽　4—冲制冷剂阀　5—防尘盖　6—橡胶防尘帽
7—不锈钢垫圈　8—导管　9—刀形支架　10—膜片　11—螺母

3）自封接头。也称为弹簧式接头。它的凹凸两部分各有自封阀针，当凸头插入凹头时，两阀针对顶开启，使管路接通；当凸凹两部分脱离时，两阀针靠各自部分的弹簧作用，自封闭管路。使用时，推动滑套向凸头方向，使锁固球将凹凸两部分锁紧。脱离时，将滑套向凹头方向推动，使锁固球脱离槽，凹凸头两部分脱离，如图 4 - 80 所示。

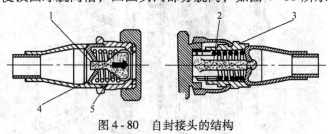

图 4 - 80　自封接头的结构

1—提升阀　2—柱阀　3—凹头　4—凸头　5—弹簧

4.8.2　分体式空调器的工作原理

1. 制冷工作原理

（1）单冷型挂壁式分体空调

如图 4 - 81 所示，室内机组与室外机组通过高压管和低压管连接成一个密闭的制冷循环系统。空调器制冷时，压缩机吸入来自蒸发器（室内换热器）的低温、低压制冷剂蒸气，并随之压缩成高压、高温的蒸气排至室外换热器（冷凝器）。轴流风扇吸入室外空气冷却冷凝器，同时将热空气排至室外。这时冷凝器内的气体制冷剂放出热量，冷凝为高压的液态制冷剂。再经过滤器和毛细管的节流、降压后，通过室内、外机组连接的管道至室内机组蒸发器，在贯流式风机的作用下，与室内空气进行热交换，蒸发器内的制冷剂进行吸热蒸发，使流经蒸发器外表面的室内空气得到冷却。冷却后的空气吹至室内，使室温下降。汽化后的低压制冷剂气体，通过室内外相连接的低压管过热后，被室外压缩机压缩为高压、高温制冷剂气体，再排至室外冷凝器中冷凝。与此同时，由于蒸发器的管壁温度通常总低于被冷却空气的露点温度，因而流经蒸发器的室内空气在冷却的同时，会有部分水蒸气凝结成水滴，沿着蒸发器的翅片向下流到底盘，由排水管排至室外。所以空调器的制冷过程既能调节温度又能降低湿度。经过降温、降湿的空气由离心风扇送回室内，周而复始地不断循环，达到持续制冷的目的，使室内空气舒适凉快。

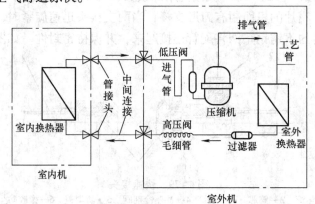

图 4 - 81　单冷型挂壁式分体空调器的制冷原理

（2）电热型分体式空调器

室内机组装上电加热器即为电热型分体式空调器。空调器制热时，仅室内风扇及电加热器工作，压缩机及室外的轴流风扇均不工作。

（3）热泵型分体式空调器

在分体式空调器上装上电磁换向阀，即为热泵型分体式空调器，如图 4 - 82 所示。它利用电磁换向阀换向来实现空调器的制冷和制热。

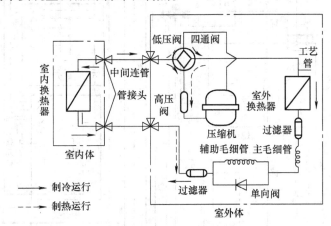

图 4 - 82　热泵型分体式空调器的制冷原理

当需要空调制热时，将主控开关旋至制热挡，电磁换向阀的电磁线圈通电，使换向阀换向，空调器就向室内供暖气，室外机组轴流风扇排出的是低于室温的冷风。当室外机组的冷凝器结霜后，控制元器件就会自动切断电磁线圈电路，使换向阀换向除霜，同时切断室内机组风扇电路，使空调器不向室内吹冷风。融霜结束后，控制元器件又接通电磁线圈及室内风扇电路，使换向阀再换向，空调器就继续向室内供暖气。

由于冬季的室内外温差比夏季大，所以希望空调器的制热量要比制冷量大。为了增大空调器的制热量，可在热泵型空调器室内机组内附加配置电加热器，就成为热泵辅助电热型分体式空调器。

2. 分体式空调器的典型控制电路

空调器的电气控制线路同样分室内和室外两部分，由室内线控盒或遥控器进行统一控制。现以 KF - 32 GW 分体式空调器为例加以介绍。

室内部分主要由主令开关、定时器、继电器、风扇电动机运转电容、恒温器、冷却指示灯和定时指示灯等组成，如图 4 - 83 所示。

室外部分由压缩机、压缩机过载保护器、风扇电动机、风扇电动机电容器、压缩机电容、温控开关及接线端子组成，如图 4 - 84 所示。

接通电源后，主令开关拨向"送风"（FAN）挡。这时，主令开关只有触点 2 接通，室内机组的风扇以标准速度运行，压缩机不工作。

当主令开关拨向"高冷"（HIGH）、"中冷"（MED）、"低冷"（LOW），三挡中的任何一挡时，主令开关的触点 1、2、3 相应接通，同时风扇也以相应的速度运行。此时，使继电器工作并闭合动合触点，同时恒温器也通电工作。恒温器主要包括变压器、中间继电器、专用集成电路（以下简称为 IC）、热敏电阻和可调电阻等，如图 4 - 85 所示。

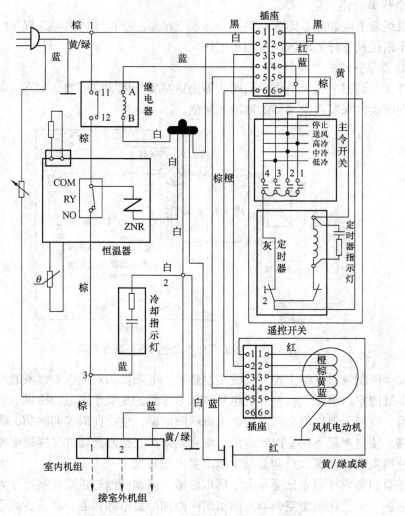

图 4-83 KF-32 GW 室内机组的原理图

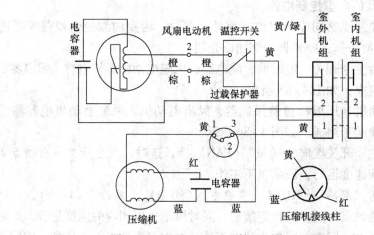

图 4-84 KF-32 GW 室外机组的原理图

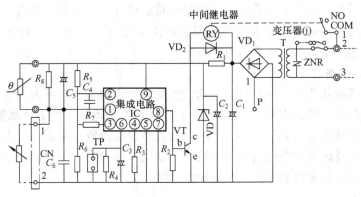

图 4-85　恒温器的原理图

当室内温度高于预先设定的控制温度时，由热敏电阻将温度的变化转为电信号送给 IC，经 IC 处理后输出信号，使晶体管 VT 导通，中间继电器 RY 也随之工作，动合触点闭合，压缩机开始运行，同时室外机组的风扇也起动，其风速受温控开关控制。当冷凝温度高时，温控开关选择高的风速；反之，选择低风速。当室温下降到低于预先设定的控制温度时，IC 输出信号使晶体管 VT 截止，中间继电器 RY 触点断开，压缩机停止运转，同时室外机组的风扇也停止运转。调节可调电组可以改变所需控制的室内温度（此电阻安装在室内机组控制板的恒温器上）。

3. 分体式空调器微电脑控制电路

随着电子技术越来越广泛的应用，目前新型空调器特别是房间空调器已普遍采用单片微型计算机控制技术。微型计算机控制技术的运用使空调器的功能变得更加完善，工作的自动化和可靠性也得到了进一步的提高。微型计算机空调器控制系统的工作原理虽然很复杂，但由于它采用了大规模甚至超大规模的集成电路作为微型计算机的主体芯片，控制系统的线路和结构得到了大大的简化。

（1）微型计算机空调器的功能

微型计算机空调器的功能虽然不尽相同，但与普通空调器相比它们的功能都得到了进一步的完善，具体表现在以下几个方面。

1）室温的自动控制功能。

空调器通过负温度系数的热敏电阻探测室内的实际温度，温度信号被转换为电信号后输入单片微型计算机。微型计算机对输入信号作出判断并控制压缩机的开停，从而将室内温度控制在调定的范围内。

2）自动定时开停功能。

微型计算机控制的空调器具有多种定时方式可供选择。比如：定时开机、定时停机和定时开停机等。

3）过电压、欠电压保护功能。

房间空调器的电源电压通常为（220±22）V，过高或过低的电源电压会导致空调器无法正常工作，甚至损坏空调器。当电源电压异常时，单片微型计算机将控制空调器使其停止运行。

4）延时启动功能。

空调器在工作过程中，压缩机在断电停止运转中的几分钟内，制冷系统的高、低压压力是不平衡的。如果此时马上重新通电，压缩机属重载启动，这样会造成启动困难，甚至损坏压缩机。延时启动功能就是保证压缩机在每次停止运转后，至少延时 3min，使制冷系统内的高、低压压力基本平衡后，才能通电运行。

5）睡眠自动控制功能。

当使用夜晚睡眠功能时，具有睡眠自动控制功能的空调器能对室内温度和风速进行自动控制，以保证安静舒适的睡眠环境。空调器在制冷方式下运行，按下睡眠键〈1h〉后，室内风扇电动机自动转为低速运行状态，同时空调器将自动阶段性的提高室内的温度。当睡眠运行结束后，空调器能自动关机或转为睡眠运行前的工作状态。当空调器在制热方式下睡眠运行时，空调器同样也能自动降低风速并阶段性降低温度。

6）遥控功能。

微型计算机控制的空调器都具有红外线遥控功能。遥控器发送各种指令后，由室内机的接收端接受信号，并有单片微型计算机根据输入信号控制空调器的运行。

微型计算机空调器除上述主要功能外，还有风速自动控制、自动摆叶、异常压力保护、自动除霜以及发光二极管功能切换指示、LED 数码管的温度与时间显示、故障自动检测等功能。

遥控器通常用红外线作载体，发送控制信号。它由遥控信号发射和遥控信号接收器两个部分组成。

① 遥控信号发射器。遥控信号发射器是独立于空调器本机的键控开关盒，故又称为遥控开关。其原理框图如图 4 - 86 所示。键盘由矩阵开关电路组成。开关盒内的 IC1 扫描脉冲和键盘信号编码器构成键命令输入电路。当按下某个功能键时，相应的扫描脉冲通过键开关输入到 IC1，使 IC1 内的只读存储器中相应的地址被读出，产生相应的指令代码，再由指令编码器转换成二进制数字编码指令。而指令编码器输出的编码指令送到编码调制器，形成调制信号。调制信号经缓冲级到激励管，由 VT_1，VT_2 组成的红外信号激励级放大到足够的功率，去驱动红外发光二极管，发射出经调制的指令信号。

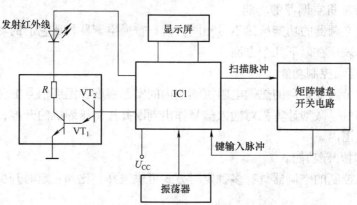

图 4 - 86　遥控信号发射器原理框图

② 遥控信号接收器。遥控信号接收器装在空调器本机面板内，其原理框图如图 4 - 87 所示。当红外指令信号被接收器的光敏二极管接收后，光敏管将光信号转换成电信号。该信号经放大增益、限幅、滤波、检波、整形和解码后，输出给有关电路，执行相应的功能。

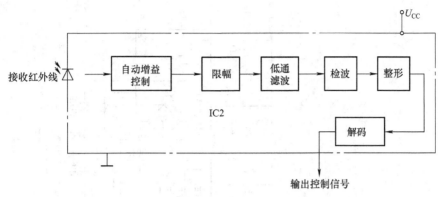

图 4-87　遥控信号接收器的原理框图

（2）微型计算机空调器的控制电路

由于生产厂家及机型的不同，微型计算机空调器的控制电路不尽相同，但其控制电路的核心均为单片微型计算机。而且，按电路的功能划分，一般都由电源电路、功率驱动、温度控制、除霜控制、保护控制、功能选择、显示、遥控器接收、时钟及蜂鸣器等单元电路组成。

图 4-88 所示为一种微型计算机空调器的控制电路原理图。

1）电源电路。

220V 交流电经变压器 T 降压后输出 14V 低压交流电。该低压交流电经整流桥 $VD_{16} \sim VD_{19}$ 整流，电容器 C_{15}、C_{16} 滤波后，由三端稳压器 7812 稳压后输出 12V 直流电。该直流电作为继电器 KR_1、KR_2、KR_3、步进电动机、室内风扇电动机及蜂鸣器 BZ 的电源。由三端稳压器 7805 稳压后输出的 5V 直流电则作为控制电路的主电源。另外，经二极管 VD_{14}、VD_{15} 整流后的直流电由 RC 为微分电路（C_{11}、R_{27}）的 34 脚，作为过电压、欠电压保护的取样电压。

2）功率驱动电路。

功率驱动由负载能力强的接口集成电路 IC3（2003）完成。IC3 内部共有 7 个相同功能的驱动单元，它可以直接驱动功率较小的负载（最大负载能力为 500mA，50V），当 IC3 的输入端（①～⑦脚）输入高电平时，其对应的 7 个输出端便转为低电平。

单片微型计算机 IC1 的㊱～㊳脚控制功率驱动集成电路 IC3（⑤～⑦脚）的输入电平，并通过 IC3 内部的 3 个驱动单元，分别控制继电器 KR_1、KR_2 和 KR_3 的工作状态（KR_1 用以控制压缩机；KR_2 用以控制电磁换向阀；KR_3 用以控制室外风扇电动机）。ICE 的㊵～㊸脚则控制 IC3 其余 4 个驱动单元的工作状态，并通过 IC3 驱动改变送风方向的步进电动机。

3）室内风扇电动机电路。

室内风扇电动机由光耦合器 IC4（3526）驱动。光耦合器由发光源和受光器两部分组成，发光源是一个发光二极管，而受光器则是一个光敏双向晶闸管。发光二极管通以正向工作电流使其能发出足够强度的红外线，光敏双向晶闸管在红外线的作用下可双向导通。

当单片微型计算机 IC1 的㊴脚输出高电平时，二极管 VD_{20} 饱和导通，光耦合器随之导通，室内风扇得电运转。

室内风机的调速方式为无级调速。电动机内部装有霍尔元器件进行速度反馈，单片微型计算机 IC1 的㉝脚测得风机的速度反馈信号后，通过㊴脚输出高电平时间的早晚来改变光控硅的导通角，从而起到控制风扇电动机的电流，调节风扇电动机转速的目的。

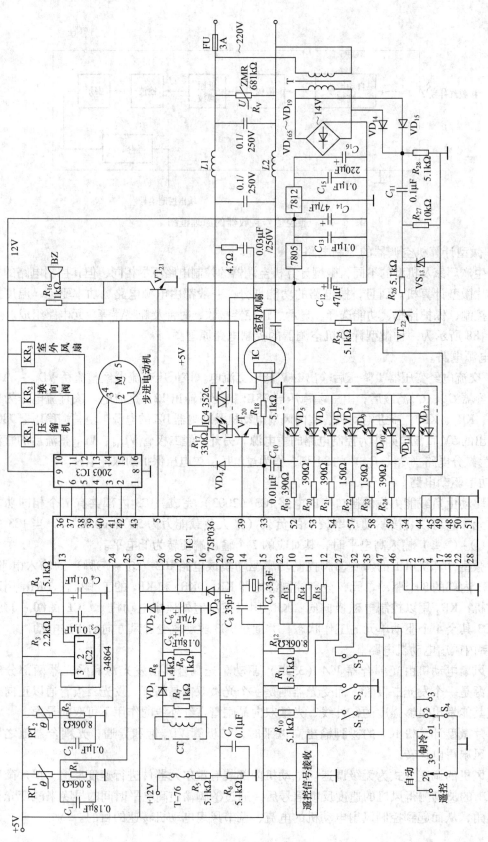

图4-88 微型计算机空调器的控制电路原理图

4）温度控制。

室内温度的探测由负温度系数的热敏电阻 RT_1 来完成。当室内温度变化时，RT_1 的阻值发生变化，从而使 IC1 的㉕脚的电位发生变化。当空调器在制冷工况下室内温度高于设定值时，或制热工况下室内温度低于设定值时，IC1 根据㉕脚的电位信号控制 IC3，使继电器 KR_1 得电吸合，压缩机启动运转。反之，则是继电器 KR_1 失电释放，压缩机也就停止运转。

5）除霜控制。

除霜传感器 RT_2 也是负温度系数的热敏电阻。当冬季制热运行，室外换热器表面温度下降，热敏电阻 RT_2 的阻值上升时，IC1（75P036）的㉔脚电位将下降。当室外换热器表面温度降至设定的除霜温度，IC1 的㉔脚电位降至微型计算机设定的电位时，IC1 的㊲脚便转为低电平，IC3 的⑪脚输出高电平，继电器 KR_2 的线圈断电。继电器 KR_2 的线圈断电后，其常开触点断开，切断电磁换向阀的电源，使系统转为制冷循环，高温制冷剂流经室外换热器而除霜。与此同时，单片微型计算机的㊳脚和㊴脚也转为低电平，使室内和室外风扇电动机停转。霜层化尽后，室外换热器表面温度上升，当温度升至微型计算机设定的除霜结束温度时，IC1 的㊲、㊳、㊴脚输出高电平，空调器恢复制热循环，室内外风机重新运转。

6）保护控制。

在交流电源输入端，电感器 L_1、L_2 及电容器组成的低通滤波电路可以滤除电网中的高频干扰信号，以确保单片微型计算机工作的可靠性。

电源输入端的压敏电阻 R_V 和过流熔断器 FU 起到了过高压保护的作用。当电源电压过高时，压敏电阻 R_V 的阻值急剧下降，使过流熔断器 FU 熔断而切断电源，空调器随即停止工作。

电路中的 CT 为电流互感器，它检测出的压缩机电流信号经二极管 VD_1 半波整流，并由电阻 $R_7 \sim R_9$ 使电流信号转化为电压信号。当压缩机的工作电流过大，使单片微型计算机 IC1 的㉖脚电位超过设定的电位时，IC1 的㊱脚便转为低电平，IC3 的⑩脚输出高电平，继电器 KR_1 线圈失电，其常开触点断开，切断压缩机的电源，从而起到了压缩机的过流保护作用。单片微型计算机控制压缩机使其停止工作的同时，工作指示发光二极管、定时指示发光二极管和除霜指示发光二极管也在单片微型计算机的控制下同时闪亮，对压缩机的过流保护进行指示。

电路中的 T-76 为过热保护熔断器。当压缩机过热时，T-76 熔断，单片微型计算机 IC1 感受到㉙脚的输入信号异常后，它也将控制压缩机使其停止运转。此时，工作指示和定时指示发光二极管同时闪亮，对压缩机的过热保护进行指示。

7）运行模式选择。

电路中的开关 $S_1 \sim S_3$ 为单片微型计算机的预定工作条件设置开关。S_4 为遥控、自动和制冷运行模式选择开关。

当空调器按遥控工作模式状态运行时，空调器的工作受遥控器的控制。通过遥控器上相应的按键，可以分别对经济运行、制冷、制热、除湿和通风等工作方式进行选择；对高速、中速、低速及自动风速进行控制；对温度和定时进行设定等。按动遥控器上的按键时，单片微型计算机 IC1 每接受一个信号，它的⑤脚即产生一个脉冲，使蜂鸣器鸣叫一次，以示对遥控信号的响应。

当空调器在自动工作模式下运行时遥控器不起作用，空调器将按经济运行方式自动根据室温进行制冷或制热运行。

当空调器在制冷模式下运行时，遥控器也不起作用，空调器将自动根据室温进行制冷运行。

8）时钟信号。

电容器 C_8、C_9 及晶振为单片微型计算机 IC1 提供正常工作所需的稳定的时钟信号。

为了方便维修，部分微型计算机控制的空调器还具有故障自检功能。当空调器出现故障时，单片微型计算机能进行自我检测，并通过指示灯显示出故障的类型。

※ 4.9 变频空调器

本节主要学习变频空调器的结构和工作原理。变频空调器，就是通过压缩机电动机的转速变化实现调节制冷（制热）量的目的，从而使空调器可以根据房间热负荷的大小进行工作。

变频空调器压缩机的转速是根据房间内热负荷大小进行变化的。比如在制冷工况下，刚开机时房间内温度较高，压缩机就高速运转，空调器大冷量输出，使温度快速下降。当下降到设定的温度范围时，压缩机就低速运转，空调器小冷量输出，保持房间内温度基本不变。这样既能实现高效节能的运转方式，又能提供更加舒适的生活环境。

压缩机的电动机是交流异步电动机，通过改变交流电的频率改变电动机的转速，从而改变压缩机的压缩功率，调节制冷（制热）量，这样的形式称为交流变频空调器；压缩机的电动机是直流电动机，通过特殊的直流供电方式改变电动机的转速，从而改变压缩机的压缩功率，调节制冷（制热）量，这样的形式称为直流变频空调器。

4.9.1 变频空调器的制冷系统

变频空调器工作时压缩机的转速在较大范围内变化，制冷系统内制冷剂的质量流量也要发生较大的变化，因此，制冷系统必须满足这种工况要求。变频空调器的制冷系统如图 4-89 所示，与前面学习的定频空调器相比，主要有以下特点：

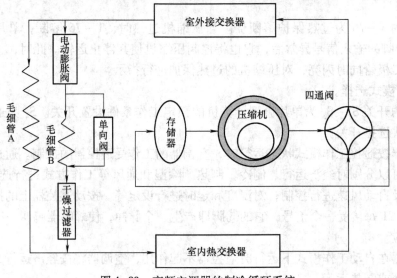

图 4-89 变频空调器的制冷循环系统

1. 压缩机

变频空调器的压缩机也称为变频压缩机，转速在 600～4000r/min 无级调节。表 4-7 列出几种变频压缩机的性能参数。压缩机供电的频率变化范围对应着压缩机的转速变化范围，即对应制冷量的调节范围。

变频压缩机常选用活塞式、旋转式和涡旋式几种结构形式，其中旋转式压缩机又有单转子式和双转子式两种。虽然和同类定频式压缩机的结构基本相同，但是变频压缩机的转速很高，材料的选择和加工工艺非常严格。为了满足变频调速的需要，交流变频压缩机的电动机使用三相异步电动机，结构形式与一般的异步电动机相同。直流变频压缩机的电动机使用直流电动机，电动机的转子采用永磁体，制作成 N－S－N－S 两对磁极；电动机的定子与三相异步电动机的结构相同。

表 4-7　几种变频压缩机的性能参数

压缩机型号	排气量/60Hz	制冷量/60Hz	最大制冷量/W	频率范围/Hz	Uf 曲线点/Hz	备注
2RV11ON7CA04	10.3mL/reV	2030W	4398	30～130	180V/100Hz	100V/60Hz
2KV250N7AA03	25mL/reV	5315W	11500	20～120	180V/100Hz	113V/60Hz
2KV196N7AA02	19.6mL/reV	4015W	7500	30～110	180V/100Hz	113V/60Hz
2KD210N7AA03	21mL/reV	4405W	9000	20～120	180V/100Hz	114V/60Hz
2PV132N7CB02	13.2mL/reV	2665W	5752	30～130	180V/100Hz	125V/60Hz
2PV164N7EA02	16.5mL/reV	3390W	6000	18～105	180V/100Hz	110V/60Hz
C－7RV113	23.3mL/reV	3980W	10106	20～120	175V/85Hz	138V/60Hz

2. 节流装置

由于变频空调器压缩机的转速是可变的，所以要求节流装置能够随着压缩机转速的变化自动改变制冷剂的质量流量，保持制冷系统的工况不变。在新型的变频空调器中，使用的节流元器件是电子膨胀阀，电子膨胀阀分电磁式和电动式两种。

电磁式膨胀阀由针型阀与电磁线圈组成。电磁线圈有电流通过时，线圈产生的磁场吸起膨胀阀内的阀杆，阀杆带动阀针上移，制冷剂就可以通过。电流增大时阀针上移，电流减小时阀针下移，制冷剂的流量便得到调节。电流的大小由微型计算机根据压缩机的转速自动进行控制。电磁式膨胀阀虽然结构简单，由于一直要为电磁线圈提供控制电流，所以目前很少采用。

电动式膨胀阀由步进电动机和针型阀组成。步进电动机驱动阀针移动，直接驱动阀针的为直动型，通过齿轮组减速驱动阀针的为减速型。针型阀由阀杆、阀针和节流孔组成，阀杆与阀体是螺纹结构，如图 4-90 所示。

步进电动机直接驱动阀杆正、反向旋转，阀杆带动阀针上下移动改变针型阀开启度的大小，实现制冷剂的流量调节。在蒸发器出口处的某一点安装有温度传感器，传感器将检测的温度信号送入微型计算机，微型计算机根据温度设定值与检测温度之差进行运算，再根据运算结果向步进电动机的定子绕组施加不同序列的脉冲信号，驱动转子正、

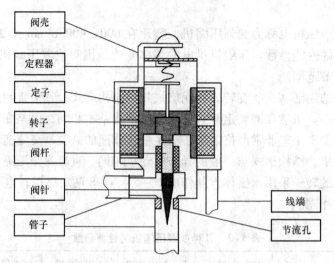

图 4-90　直动式电子膨胀阀的示意图

反向旋转。施加一个脉冲信号，步进电动机就运动一步，带动阀杆做微小的角位移。电动机正转时，带动阀杆向上移动，节流孔增大，流量增加；电动机反转时，带动阀杆向下移动，节流孔减小，流量减小。微型计算机根据送入的检测温度值，实现制冷剂流量的自动调节，使蒸发器在任何负载下都能保持饱和工作状态，大大提高了蒸发器的效率，从而对制冷系统实现了最佳控制。

电动式膨胀阀对流量调节精确，反应速度快捷，又能满足大幅度调节负荷的需要，在新型变频空调器中得到了广泛应用。

变频空调器常使用毛细管作辅助节流元件，在图 4-91所示的节流装置框图中，毛细管 A 是平衡毛细管，在压缩机转速发生变化时它可以平衡通过的制冷剂流量。毛细管 B 在制冷运行时被单向阀短路，在热泵运行时，四通阀改变了制冷剂的流向，单向阀处于反向阻断状态，迫使制冷剂通过毛细管 B，这样就提高了冷凝温度，降低了蒸发温度，增加了热冷比。

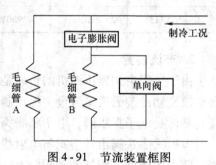

图 4-91　节流装置框图

3. 存储器

变频压缩机低速运转时，制冷系统需要循环的制冷剂流量减小，存储器把多余的制冷剂暂时保存起来；变频压缩机高速运转时，制冷系统需要循环的制冷剂流量增大，存储器又为制冷系统补充制冷剂，以此配合电子膨胀阀完成对制冷剂流量的调节。不同规格的空调器匹配不同容量的存储器。

4.9.2　变频空调器的控制系统

1. 电路组成

变频空调器的电路框图如图 4-92 所示，主要分室内机和室外机两个单元，每个单元都使用微处理器作为核心控制部件。两块微处理器之间通过通信电路传递串行控制信号，互相交换信息，共同控制机组正常工作。室内机的微型计算机板是主控微处理器。

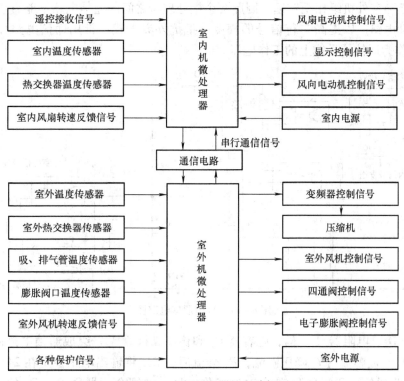

图 4-92 变频空调器的电路框图

室内电路由室内控制电路、电源电路组成。微型计算机控制电路由输入电路和输出电路两部分组成。其输入信号有：遥控器发出的控制信号；室内温度传感器检测的温度信号；室内热交换器传感器检测的温度信号；反应室内风机电动机转速的检测信号或反映室内空气流速的检测信号。微型计算机接收到任何一种信号时，首先进行分析运算，根据得出的结果输出控制信号。输出信号主要有：将信息传递给室外机微型计算机的串行数据信号；室内风机转速的控制信号；室内风向电动机的控制信号；显示部分的控制信号。电源电路提供各电路的工作电压。

室外电路由控制电路、电源电路和变频控制模块3部分电路组成。室外控制电路的核心也是微型计算机，微型计算机输入信号有：来自室内机的串行数据信号；压缩机电流传感器信号；电子膨胀阀入口温度传感器信号；电子膨胀阀出口温度传感器信号；回气管温度传感器信号；压缩机外壳温度传感器信号；室外空气温度传感器信号；变频模块散热片温度传感器信号；除霜时室外热交换器温度传感器信号。室外微型计算机根据接收到的上述信号，经过运算后输出控制信号。输出的控制信号主要有：室外风机转速控制信号；压缩机转速控制信号；四通换向阀控制信号；电子膨胀阀控制信号；实施保护功能的控制信号；故障检测显示信号；与室内机交换信息的串行数据信号。

室外机的电源电路提供各个电路的工作电压。变频模块受控制电路控制信号的驱动，为压缩机电动机输出不同频率与不同幅度的运转电流。

2. 通信电路

室内与室外控制电路的微型计算机工作电压一般是5V，它们之间的通信信号幅度较小，由于室内机组与室外机组相距较远，因此两个微处理器之间的通信电路不能直接相连，中间必须增加驱动电路，以提高串行信号的幅度，抵抗外界干扰。常用通信电路如图4-93所示，用24V作为通信信号线上的工作电压。

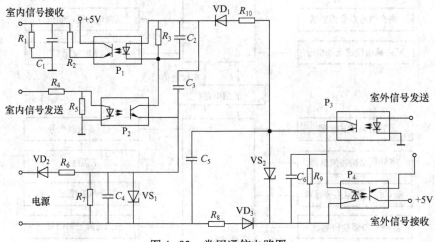

图4-93　常用通信电路图

二极管 VD_2、电阻器 R_6、R_7，电容器 C_4 和稳压二极管 VZ_1 组成通信电路的电源电路。交流电经 VD_2 半波整流，R_6 降压限流，R_7 分流后，VZ_1 将输出电压稳定在24V，再经电容器 C_4 滤波，为通信环路提供稳定的24V工作电压。光耦合元器件 P_1、P_4 的激光二极管、P_2、P_3 的光敏接收管、电阻器 R_8、R_{10} 和二极管 VD_1、VD_3 组成了通信环路，通信环路中的环路电流约为3mA。

当通信处于室内发送时，室外微处理器为光耦合 P_3 提供高电平，使 P_3 一直处于导通状态。室内微处理器发出的数字信号使光耦合 P_2 工作在开关状态，通信环路中形成脉冲电流，光耦合 P_4 通过脉冲电流时，将电流脉冲变为光脉冲耦合到室外微处理器，从而实现了通信信号室内机向室外机的传输。同理，可分析通信信号由室外机向室内机传输的过程。

3. 变频器

（1）交流变频器

异步电动机的定子绕组通入交流电流后，产生的旋转磁场作用到转子绕组，在转子绕组中就会产生感应电流，感应电流产生的磁场与定子磁场相互作用，便形成电磁转矩，转子就随着旋转磁场转动起来了。旋转磁场的转速通常称为同步转速。由下式得出：

$$n_0 = \frac{60f}{p} \tag{4-1}$$

式中　n_0——同步转速，r/min；

$\quad\quad f$——电流频率，Hz；

$\quad\quad p$——电动机磁极对数。

由式（4-1）可知，当改变异步电动机的供电频率时，电动机的转速便会发生改变。利用改变供电频率实现改变电动机转速的方式称为变频调速。交流变频空调器通过变频器的频率控制改变电动机的转速，压缩机的输气量与电动机的转速成正比，若供电频率连续变化，则转速连续变化，从而实现了输气量的连续调节，也就达到了制冷量连续调节的目的。交流变频器使用异步电动机时，有时采用的是开环控制，其电路的组成框图如图4-94所示，是广泛采用的最典型的"交-直-交"变频方式。

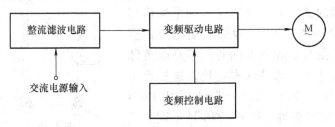

图4-94　开环控制变频器电路的组成框图

在图4-94中，室外机的交流电源电路输入220V或380V的交流电压，经整流电路变为脉动直流电压，再经过LC滤波器进行滤波，形成310V或510V稳定的直流电压提供给变频驱动电路。变频控制电路根据室内微处理器送来的信号，通过运算后产生对变频驱动模块的控制信号。变频驱动模块按照控制信号的要求，将直流电压变换为不同频率的交流电压施加给电动机，电动机转速则随着电压的频率变化而变化。给定一个频率的电压，就对应着一种转速。开环控制方式比较简单，但不能达到较高的控制性能。

采用闭环控制时，如果使用异步电动机，增加了转速检测电路，电路的组成如图4-95所示；如果使用同步电动机，由于同步电动机的转子是永磁体制作，因此增加的是转子位置检测电路，电路组成与直流电动机控制电路相同。对于闭环控制，检测电路将检测到的转子位置信号或转速信号传输给变频控制电路，微处理器运算后产生对变频模块的控制信号。采用闭环控制可以大大提高变频器的控制性能。

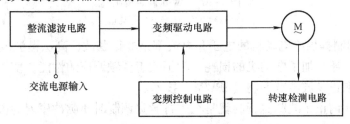

图4-95　闭环控制变频器电路的组成框图

交流异步电动机的调速控制方式有很多种，在变频空调器中最常用的方式是变频调速控制方式。

当通过改变输入电压的频率改变电动机的转速时，如果输入电压的幅度不变，就不能大范围的进行调节。原因是为了使电动机有较大的输出转矩，在设计时电动机的磁通已经接近饱和状态。当频率降低时，如果保持电压幅度不变，电动机的电流就会增大。磁通将出现饱和现象，这样又导致电流增加的更大，有可能烧毁电动机。频率下降得越低，该问题就越突出。当频率升高时，电动机的电流就会减少，虽然转速上升了，但是输出转矩减少，带负荷的能力下降。频率上升得越高，该问题也会越突出。因此要求变频器在控制频率的同时，也要对电压幅度进行控制，通过控制电压的幅度，达到控制电流的目的。既控制频率又控制电压的方式称为恒压频比控制，即 U/f 变频控制。采用这种方法是满足电动机的磁通 Φ 与输入电压 U 和输入电压的频率 f 之间的关系，使 U/f 是一个常数。图4-96所示是一种变频空调器的 U/f 控制曲线图。

要实现 U/f 变频控制，可以采用脉宽调制的方式（PWM）。在输出电压每半个周期内，把输出电压的波形分成若干个脉冲波，由于输出电压的平均值与脉冲的占空比（脉冲的宽度/脉冲的周期称为占空比）成正比，所以在调节频率的同时，不是改变脉冲幅度的大小，而是改变脉冲的占空比，这样就可以实现既变频又变压的效果。图 4-97a 是采用 PWM 调制时输出的不同宽度脉冲；图 4-97b 是不同宽度脉冲的电压平均值。

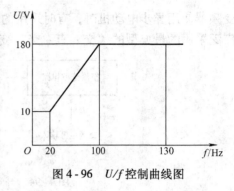

图 4-96　U/f 控制曲线图

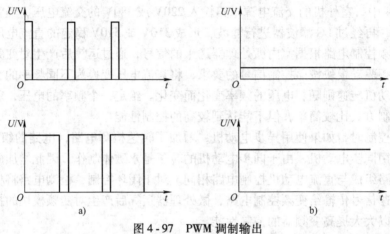

a)

b)

图 4-97　PWM 调制输出
a）脉冲宽度　b）电压平均值

采用 PWM 调制提供给电动机的电压和电流都是非正弦波，高次谐波成分较大，能量不能得到充分利用，还增加了电动机的损耗。为了改善变频调速的性能，使输出的波形接近于正弦波，往往采取正弦波脉宽调制（SPWM）技术。

简单地说，所谓正弦波脉宽调制就是在进行脉宽调制时使脉冲序列的占空比按照正弦规律进行变化。即正弦波幅值的绝对值最大时，脉冲的宽度最大；正弦波幅值的绝对值最小时，脉冲的宽度也最小。这样，输出到电动机的电压或电流的平均值就接近于正弦波，使负载中高次谐波成分显著减少，从而提高了电动机的效率。采用 SPWM 方式时如图 4-98 所示。

变频控制电路根据不同频率的正弦信号产生图 4-98b 所示的变频控制信号。用此控制信号控制变频驱动电路中的功率管按一定顺序在不同时间内导通，这样，在电动机绕组中通过的就是图 4-98c 所示的近似正弦波电流，电动机的转速就随着控制信号的频率不同而变化。

变频控制最终是通过变频驱动电路实现的，

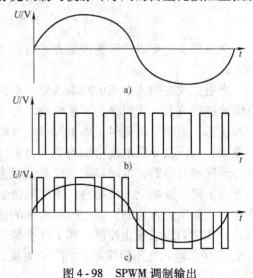

图 4-98　SPWM 调制输出

这一电路完成了直流到交流的逆变过程。驱动电路的结构如图 4-99 所示。6 个大功率半导体晶体管工作在开关状态，通断速度决定了通入电动机绕组的电流频率，通断顺序决定了电动机绕组中的电流方向，开关的这些状态均由变频控制电路决定。根据图 4-100 所示三相交流电的相位关系可以分析出电路的基本工作过程。以 U 相开始为例，其工作过程如下。

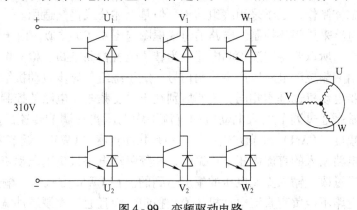

图 4-99　变频驱动电路

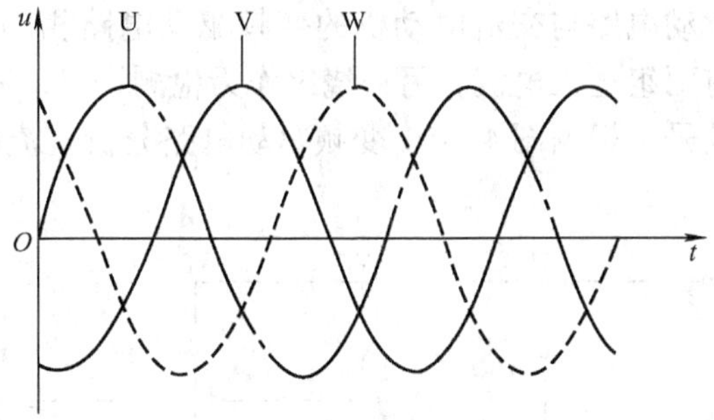

图 4-100　三相交流电波形

U$_1$ 与 W$_2$ 闭合，其他均断开，电动机绕组中的电流从 U 端流入，从 W 端流出；

V$_1$ 与 U$_2$ 闭合，其他均断开，电动机绕组中的电流从 V 端流入，从 U 端流出；

W$_1$ 与 V$_2$ 闭合，其他均断开，电动机绕组中的电流从 W 端流入，从 V 端流出。

因为三相交流电的相位各差 120°，实质上 U$_1$ 导通不到半个周期时 V$_1$ 就已经导通。同理，V$_1$ 导通不到半个周期时 W$_1$ 就已经导通。所以 6 个开关是按照三相交流电的相位要求进行控制的，这样才能够完成直流电对三相交流电的模拟转换，满足了交流异步电动机的工作要求，实现变频调速控制。

（2）直流变频器

传统上的小型直流电动机，定子用永磁体制作，形成稳定的主磁通。转子绕组通过电刷与电源相连，绕组中通过电流时形成的磁通与主磁通相互作用产生电磁转矩，转子就开始旋转。理想的转速由下式决定：

$$n_0 = \frac{U}{C_e \Phi} \tag{4-2}$$

式中　C_e——是常数，由生产厂家决定；

　　　Φ——主磁通 Wb；

n_0——电动机理想的空载转速 r/min；

U——工作电压 V。

根据式（4-2）可知，电动机的定子用永磁体制成，主磁通 $C_e\Phi$ 是一个常数，要改变电动机的转速只能通过改变供电电压 U 来实现。无刷直流电动机与传统的直流电动机相比，虽然转子采用永磁体制作，定子采用绕组结构，但是上述公式仍然适用。

直流变频器电路采用闭环控制。电路的组成框图与图 4-95 类似，由于直流电动机的转子是用永磁体制成，所以要将转速检测电路换为转子位置检测电路。检测电路把检测到的转子位置信号提供给变频控制电路以产生控制信号。定子绕组与异步电动机结构相同，变频调速电路与交流异步电动机也基本相同，主要区别在于对变频驱动电路的控制方法不同。对于直流电动机，通常是通过调节输入电动机的直流平均电压实现调节转速的。调节方式有两种：一种是脉冲幅度（PAM）调节方式；另一种是脉冲宽度（PWM）调节方式。在 PAM 方式中，变频驱动电路输入的直流电压是可调的，变频驱动电路只负责电动机换相控制。电动机的转速控制是通过改变输入直流电压的幅度达到的。在 PWM 方式中，输入的直流电压不可调，变频驱动电路不但负责直流电动机的换相控制，而且通过控制脉冲宽度来改变电动机输入电压的平均值，以达到调节转速的目的。

直流电动机的变频驱动电路与交流电动机的变频驱动电路相同，如图 4-101 所示。定子的三组绕组，每次只有两组通入电流，另一绕组作为检测绕组，利用绕组中产生的感应电动势作为转子位置检测信号。根据图 4-101 变频驱动电路分析直流电动机的控制过程如下，如图 4-102 所示。

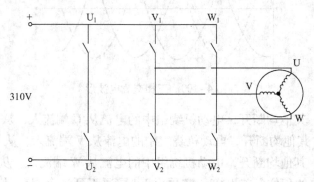

图 4-101　直流电动机变频驱动电路

设直流电动机的定子绕组是二极形式，电动机转子用永磁体做成 N-S 一对磁极，绕组 U 首先通入正向电流，绕组 V 通入反向电流，产生的磁场 U 端为 N 极，则：

U_1、V_2 导通，其他均截止。电动机绕组中的电流从 U 端流入，V 端流出，两组绕组产生的磁场如图 4-102a 所示，这时转子在原来对应位置就会逆时针方向旋转 60°。

U_1、W_2 导通，其他均截止。电动机绕组中的电流从 U 端流入，W 端流出，这时产生的磁场如图 4-102b 所示，磁场逆时针方向旋转了 60°，转子随着磁场的旋转再旋转 60°。

V_1、W_2 导通，其他均截止。电动机绕组中的电流从 V 端流入，W 端流出，这时产生的磁场如图 4-102c 所示，磁场逆时针方向又旋转了 60°，转子随着磁场的旋转再旋转 60°。

V_1、U_2 导通，其他均截止。电动机绕组中的电流从 V 端流入，U 端流出，这时产生的磁场如图 4-102d 所示，磁场逆时针方向再旋转 60°，转子随着磁场的旋转继续旋转 60°。

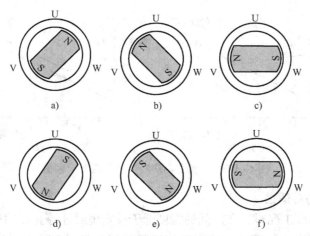

图 4 - 102　无刷直流电动机的定子磁场

a) U_1、V_2 导通，其他均截止　b) U_1、W_2 导通，其他均截止　c) V_1、W_2 导通，其他均截止

d) V_1、U_2 导通，其他均截止　e) W_1、U_2 导通，其他均截止　f) W_1、V_2 导通，其他均截止

W_1、U_2 导通，其他均截止。电动机绕组中的电流从 W 端流入，U 端流出，这时产生的磁场如图 4 - 102e 所示，磁场逆时针方向继续旋转 60°，转子随着磁场的旋转仍旋转 60°。

W_1、V_2 导通，其他均截止。电动机绕组中的电流从 W 端流入，V 端流出，这时产生的磁场如图 4 - 102f 所示，磁场逆时针方向仍旋转 60°，转子随着磁场的旋转继续旋转 60°，这时转子旋转了一周。接着 U_1、V_2 继续导通，重复上述过程。

上述的无刷直流电动机的控制方式，一般称为二二导通方式。每一瞬间有两个功率管导通，每间隔 1/6 周期（即 60° 电角度）换相一次，每次换相改变一个功率管的通断，每个功率管导通 120° 电角度。转子转动一周，有（U_1、V_2）、（U_1、W_2）、（V_1、W_2）、（V_1、U_2）、（W_1、U_2）、（W_1、V_2）6 个运行区间。针对这 6 个运行区间，变频驱动电路有 6 组开关状态，所以变频控制电路有 6 组不同序列的控制信号对驱动电路实施控制。

转子旋转时，每经过一个运行区间就会在定子的绕组中产生感应电动势。不通电绕组中的感应电动势作为转子位置检测信号反馈给微处理器，微处理器根据转子位置控制功率管的通断时刻。关于转子位置的检测，也可以采用其他的方法。

需要指出的是，变频空调器中使用的直流电动机多数为四极电动机，定子绕组连接成四极形式。转子是 N - S - N - S 两对磁极，采用上述方式进行控制时，驱动电路每改变一次工作状态，磁场旋转 30°，转子也转动 30°，6 组开关状态要工作两次，转子才旋转一周。

4.9.3　变频空调器的性能特点

与普通空调器相比，变频空调器有以下特点。

1. 具有很好的节能效果

定频空调器由于压缩机的转速是固定的，在室外温度较低时制冷能力过剩，在室外温度较高时制冷能力不但不能提高，而且还有所下降。变频空调器在室外温度较低时可以低速运转，耗功量较小，在室外温度较高时高速运转，增大了制冷量，这样就实现了制冷量与房间热负荷的自动匹配，还减少了压缩机的开停次数，降低了启动损耗，所以能节电 30% 左右。图 4 - 103 是两种空调器与房间热负荷匹配示意图。

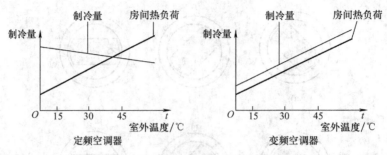

图 4 - 103　空调器与房间热负荷匹配示意图

2. 提高了房间的舒适性

定频空调器在制冷工况时，在房间的温度低于设定值时才停止压缩机工作，当温度上升高于设定值时又重新启动压缩机，这样就使房间的温度波动较大，其范围可达到 2 ~ 3℃。变频空调器在刚开机时，由于房间温度较高，很快进入高速运转方式，实现快速制冷，使房间温度迅速下降。当房间温度达到设定温度时就低速运转，减少制冷量，仅维持与室内热负荷的相对平衡，这样就使室内的温度基本保持不变，提高了舒适性，其温度波动范围不大于1℃。图 4 - 104 表示了两种空调器对温度的控制情况。

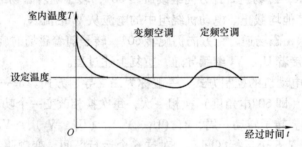

图 4 - 104　两种空调器对室温的控制示意图

3. 能适应较大的电源电压波动范围

定频空调器在电源电压低于180V 时，压缩机就不能启动，而变频压缩机是以最低频率启动的，电动机所需的启动功率较小，所以允许最低电压可达150V。

4. 改善了制热性能

定频空调器在热泵运行时，随着室外气温的下降制热能力也随之下降，当室外温度下降到低于 -5℃时，空调器几乎不能工作。对此，变频空调器通过提高压缩机的转速来增大制热能力，在室外温度较低时，仍能提供充足的热量。当室外温度下降到 -15℃时，空调器仍能正常工作。

4.10　实训

4.10.1　实训 1 —— 空调器电气件的检测

1. 实训目的

掌握选择开关、电容器、电磁换向阀、电压式启动继电器、除霜温控器、电磁式继电器、热敏电阻器、二极管、晶体管、发光二极管、LED 数码管、电压比较器和 RS 触发器等常用部件和元器件的检测方法。

2. 主要设备、工具与材料

调压器、万用表、选择开关、电容器、电压式启动继电器、电磁换向阀、除霜温控器、电磁式继电器、热敏电阻器、二极管、晶体管、发光二极管、LED 数码管、电压比较器和 RS 触发器电路板等。

3. 检测方法

（1）选择开关的检测

1）转动旋钮，检查转动部位有无卡阻。

2）将旋钮置于各个挡位，用万用表检测各对触点的通断情况。

3）据检测结果判断选择开关是否正常。

（2）电容器的检测

1）将万用表置 $R \times 100$ 挡或 $R \times 1k$ 挡，并调零。

2）将万用表的两表棒接电容器的两个接点。

3）观察万用表指针的偏转情况，判断电容器的性能是否正常。

（3）电压式启动继电器的检测

1）用万用表的欧姆挡测量继电器线圈的电阻值。

2）用万用表检测触点的通断情况。

3）将启动继电器的线圈与调压器输出端相连，逐渐增大调压器的输出电压。当听到启动继电器的动作声时，停止调压，记录启动继电器的动作电压，检查触点是否已通断转换。重复若干次，求出动作电压的平均值。

4）据检测的结果判断启动继电器的性能是否正常。

（4）电磁四通换向阀的检测

1）用万用表的欧姆挡测量电磁换向阀线圈的电阻值。

2）检查电磁换向阀各管口之间的通、阻情况。

3）由调压器向电磁换向阀的线圈通以 220V 的交流电，检查各管口之间的通、阻情况。

4）据检测结果判断电磁换向阀的性能是否正常。

（5）除霜温控器的检测

1）将除霜温控器放入冰箱的冷冻室内冷冻十几分钟，用万用表检查其触点间的通断情况。

2）将除霜温控器从冰箱冷冻室内取出，待温度回升后，用万用表检查其触点间的通断情况。

3）据检测结果判断除霜温控器的性能是否正常。

（6）电磁式继电器的检测

1）用万用表测量继电器线圈的电阻值。

2）用万用表检查继电器触点的通断情况。

3）将继电器的线圈与调压器输出端相连，由调压器向线圈提供工作电压，检查触点是否已通断转换。

4）据检测的结果判断电磁式继电器的性能是否正常。

(7) 热敏电阻器的检测

1) 用万用表测量室温下热敏电阻器的阻值。

2) 将热敏电阻器放入冰箱冷冻室内冷冻片刻，测量被冷冻后热敏电阻器的阻值。

3) 用手握紧热敏电阻器，测量被加热后热敏电阻器的阻值。

4) 据检测的结果判断热敏电阻器的性能是否正常。

(8) 二极管的检测

1) 用万用表的 $R \times 100$ 挡或 $R \times 1k$ 挡测量二极管的正向电阻值。

2) 万用表的 $R \times 1k$ 挡测量二极管的反向电阻值。

3) 据检测的结果判断二极管的性能是否正常。

(9) 晶体管（NPN 型）的检测

1) 晶体管管脚性质的判断。

① 将万用表的黑表棒接某一管脚，红表棒分别接另两个管脚，得到三组（每组两次）测量结果。

② 据测量结果判断晶体管的基极：两次指针偏转都较小的一组中黑表棒所接的即为 NPN 型晶体管的基极，如图 4 - 105a 所示（如两次指针偏转都较大的一组中黑表棒所接的即为 PNP 型晶体管的基极，如图 4 - 105b 所示）。

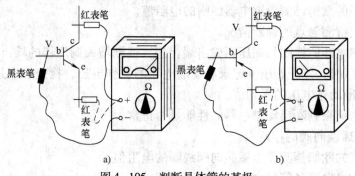

图 4 - 105　判断晶体管的基极

a）NPN 管　b）PNP 管

③ 用万用表的两表棒分别接集电极和发射极，用手指捏住基极和黑表棒所接触的引脚，记下万用表指针的偏转角度。

④ 交换两表棒，再次用手指捏住基极和黑表棒所接触的引脚，记下万用表指针的偏转角度。

⑤ 据步骤③和④中指针的偏转角度判断晶体管的集电极和发射极：指针偏转角度较大的一次，黑表棒所接的是集电极，红表棒所接的是发射极。

2) 晶体管性能的判断检测过程中，若晶体管的管脚间出现短路或断路现象，说明晶体管已损坏。

(10) 发光二极管的检测

1) 将万用表置 $R \times 1$ 挡。

2) 用万用表的红表棒接 1.5V 干电池的正极。

3) 用万用表的黑表棒接发光二极管的正极（较长引脚），干电池的负极接发光二极管的负极（较短引脚）。

4）据发光二极管是否发光判断其性能是否正常。

（11）LED 数码管的检测

1）将万用表置 $R \times 1$ 挡。

2）用万用表的红表棒接 1.5V 干电池的正极。

3）用万用表的黑表棒分别接 LED 数码管 7 个笔段的正极（或接它们的共阳极），用干电池的负极接 7 个笔段的共阴极（或分别接它们的 7 个负极）。

4）据数码管的发光情况判断其性能是否正常。

（12）电压比较器和 RS 触发器的检测

1）接通装有 RS 触发器和电压比较器的电路板的电源。

2）通过测量电压比较器的输入和输出电压判断其性能是否正常。

3）通过测量 RS 触发器的输入和输出电压，并根据其真值逻辑关系判断其性能是否正常。

（13）晶闸管的好坏判断

1）单向晶闸管（SCR）的好坏判断。

用万用表 $R \times 1k$ 挡的表笔任意搭接晶闸管的 3 个引脚，正常时只有两个脚之间能够导通，这两脚应为阴极 K 和门极（控制极）G，剩余的一脚为阳极 A；导通时万用表红表笔所接为阴极，黑表笔所接为门极，不符合以上条件的晶闸管均为废品。晶闸管的引脚排列如图 4 - 106 所示。

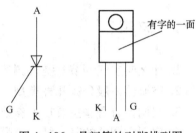

图 4 - 106　晶闸管的引脚排列图

2）双向晶闸管（BCR）的好坏判断。

双向晶闸管的好坏判断与单向晶闸管判断差不多，但双向晶闸管的触发信号可以是交流或脉冲，因此其阴极和门极之间没有极性，用万用表测量时，无论表笔怎么接，始终有几百欧姆至几千欧姆的电阻，否则就已损坏。

注意：

① 不能用万用表 $R \times 1k$ 挡测量小功率晶体管。

② 电子器件不能在电路中测量，否则将影响测量的准确性。

③ 在测量电子器件时，注意不要用力弯曲、拽拉引脚，当心引脚的根部折断。

4.10.2　实训 2 —— 房间空调器电气控制系统故障检修

1. 实训目的

通过房间空调器电气控制系统故障检修练习，掌握房间空调器电气控制系统故障判断和排除方法。

2. 主要设备、工具与材料

空调器一台、万用表一只、一字形和十字形螺钉旋具各一把。

3. 故障设置

1）空调器整机不工作的检修。

2）室内机工作正常，室外风机工作正常，压缩机不工作。

3）室内机工作正常，室外风机不工作，压缩机工作正常。

4. 操作步骤

1）对第 1 种故障，可按动室内机组上的"维修开关"，此时压缩机应能转动，说明供电电压正常，计算机板有故障，否则供电电压有问题，应设法排除。接下来拆开室内机组，取出计算机板，检查电源熔丝、电源变压器和直流输出电压，如不正常则修复，如上述检查正常则只有更换计算机板了。

2）对第 2、3 两种故障检修时，可打开待修空调器室内机面板，室外机外壳，检查电器盒、接线盒电线是否断或烧焦，熔断器是否烧断，电容、继电器等电气元器件是否烧焦变形。空调器接上电源通电试机，听是否有异常声音，仔细观察空调器的故障现象。根据故障现象分析故障部位检查确定故障点，排除故障、通电运行。

3）最后写出实训报告。

5. 注意事项

1）通电修理时注意防止触电。

2）检查测量电容器时注意充放电。

4.11　习题

1. 什么叫空气调节？空气调节的内容是什么？

2. 空调器一般分哪几种类型？各有什么特点？

3. 空调器有哪些主要技术参数？

4. 房间空调器的基本结构有哪几部分？

5. 房间空调器中有哪几种常见的节流元器件？各有何特点？

6. 比较冷风型、热泵型和电热型窗式空调器的结构、功能和原理。它们有哪些相同和不同之处？

7. 画出冷风型空调器的工作原理图，并简述其工作原理。

8. 热泵型空调器与冷风型空调器在结构上有何不同？它的制冷、制热是如何转换的？

9. 电热型空调器的结构是怎样的？它是怎样使房间升温的？

10. 热泵型窗式空调器的制冷系统主要由哪些部分组成？它是怎样工作的？

11. 热泵型空调器为什么要进行化霜？怎样进行化霜？

12. 为什么有的空调器中配有两根以上的毛细管？

13. 窗式空调器的换热器一般采用什么结构形式？它与电冰箱的换热器有什么不同？

14. 窗式空调器的空气循环通风系统包括哪几部分？室内空气循环系统常采用哪种形式？

15. 窗式空调器新风门是怎样工作的？

16. 窗式空调器的电气控制系统有哪些组成部件？它的功用是什么？

17. 画出普通风冷型窗式空调器的电路，并简述各部件的作用？

18. 什么叫分体式空调器？它同整体式空调器的结构有什么不同？

19. 简述挂壁式分体空调器的结构特点。

20. 分体式空调器室内和室外机组的连接管的管接头有几种类型？

21. 分体式空调器是怎样工作的？

22. 对分体式空调器 KF – 32GW 的室内机组及室外机组的原理图进行分析。

23. 变频空调器与定频空调器的节流装置有什么不同？为什么？

24. 电子膨胀阀是如何完成节流控制的？

25. 画出闭环变频控制电路方框图，各部分电路有什么作用？

26. 变频器是如何给异步电动机提供三相模拟交流电流的？

27. 变频器是如何对直流电动机进行转速控制的？

28. 与定频空调器相比，变频空调器有什么特点？

第5章 房间空调器的安装

5.1 房间空调器安装基础知识

5.1.1 空调器在安装前的准备工作

1）开箱检查。打开空调器的包装箱后，仔细检查空调器在运输过程中有无损坏和遗失配件，如发现有问题，应及时与销售商或生产商联系，加以解决。

2）阅读产品说明书。空调器在安装前，安装人员必须仔细阅读产品使用说明书和安装说明书，并按照说明书中介绍的方法进行安装。

3）选择安装位置。空调器的安装位置取决于房屋的建筑条件和用户的要求，安装者应妥善处理好二者的关系，选择较理想的安装位置。

4）检查电源。空调器的电源有 220V 和 380V 两种，一般家用空调器采用 220V 电源。空调器应使用专用插座、专用线路，不能与其他用电器共用一个电源插座。对于家用空调器应使用单相三孔插座，并应使其电气参数与空调器要求的参数一致，严禁更换空调器的三孔插头为二孔插头。电源电压要在允许范围内，即电源标称电压的 ±10%。如果电源电压达不到要求，空调器就不能正常起动运行，甚至会造成损坏。在电源电压正常的条件下，应检查电源线的线径是否能满足需要，若电源线过细，也同样不能使空调器正常工作，并会因电流过大发热而引发故障。

5）准备工具和材料。安装空调器前，应根据说明书的要求，制作好支架、底座和遮阳板等。同时应准备一些膨胀螺栓、涨塞等材料并准备好空调器安装用各种工具。

5.1.2 空调器安装位置的选择

空调器的种类和型式较多，不同类型的空调器有不同的安装要求，但也有共同的基本要求。

1）空调器最好安装在朝北或朝东的方向上，以利于空调器冷凝器的散热，若只能安装在朝阳的向南的方向上，对于窗式空调器应安装遮阳板。

2）空调器应安装在距液化气灶、火炉和暖气等设备较远的地方。

3）空调器的安装高度应离地面 1.5～1.8m，以利于操作和空气的对流。

4）空调器在室外侧的冷凝器部分，应有较好的通风散热环境，以利于其制冷剂的冷凝散热，提高散热效率。

5.1.3 空调器对用电的要求

安装和使用空调器时对用电的要求，从以下几方面说明。

1）空调器安装时对电源导线规格的要求。空调器使用中的工作电流是较大的、起动时的电流则更大，是额定电流的 5 ~ 7 倍。一台 KC – 30 型空调器工作电流在 6.25A 左右，如果是电热型的 KCD – 30 型空调器，所配的电加热元器件约为 3000W，当电加热元器件工作时，工作电流可达 7.5A。而一般家庭住房内的导线，均为照明线，最大允许电流不超过 5A，如果将空调器接在这样的导线上，很快会使导线过热烧毁，甚至引发火灾。所以用户在不清楚室内导线负荷的情况下决不能将空调器接在这种导线上。按空调器性能要求，空调器的供电线必须是三芯动力线，而且得专线供电。这是因为空调器的正常工作与电源的电压变化有关，为保证空调器处于正常工作条件，不受其他电器使用的干扰，也为了不因空调器运行时压缩机频繁启停而对其他电器产生干扰，一般都要求空调器的用电电源直接从电表中分出独立的一路线路，并独立使用一路保险丝或熔断器。空调器电源线截面选用表如表 5 - 1 所示。

表 5 - 1　空调器电源线截面选用表

额定电流 /(A)	铜心线直径/截面积 /(mm/mm²)	铝心线直径/截面积 /(mm/mm²)	额定流 /(A)	铜心线直径/截面积 /(mm/mm²)	铝心线直径/截面积 /(mm/mm²)
2.0 ~ 6.0	1.38/1.5	1.78/9.5	10.0 ~ 15.0	2.26/4.0	2.76/6.0
6.0 ~ 10.0	1.78/2.5	2.26/4.0	15.0 ~ 20.0	2.76/6.0	3.56/10.0

2）空调器安装时对电度表规格的要求。空调用户在安装空调器之前应按当地供电部门规定程序，申请线路、改装电度表，做到一户一表，而且每户应配有 5A 以上的电表，最好是每户一只额定电流在 10A 以上的电表，这样比较安全、可靠。

目前家庭使用较多的 5A 电表有两种，一种是标定电流为 5A，额定过载能力小于 10A，电表面板上只标 5A，后面没有带括号的数字；一种是标定电流为 5A，额定最大电流为 10A，电表面板上除标有 5A 外，后面有个括号（10），俗称为两倍表，如有括号（20），则最大额定电流为 20A，俗称为四倍表。对于前一种 5A 电表，可装额定输入功率 1100W 以下的空调器，但这时不应同时使用其他大功率的家用电器，而两倍表和四倍表可以安装各种家用空调器，可安装总电功率在 1500W 或 3000W 以下的空调器。

3）安装空调器对电网电压的要求。我国房间空调器规定的工作电源为：220V 单相 50Hz，电源电压允许波动 ±10%，即要求电源电压在 198V ~ 242V。电源电压低于 198V 空调器虽然能够工作，但寿命却会受到影响，因此用户不能因其仍可制冷而使之在低电压下工作。电压过高对空调器也是不利的，这将可能使电动机绝缘击穿且电动机工作电流会过大。我国城市供电普遍存在电网电压偏低，对电网电压较低的地区，为保证家用空调器正常工作，用户可在空调器供电电源上装入稳压器。

4）选择合适的空调器熔断器和熔丝。空调器的额定功率和额定电流在铭牌上已标明，有的空调器技术文件中也注明了熔断器或熔丝的规格，应按规定选用空调器专用线路中的熔断器或熔丝。一般熔断器的额定电流两倍于空调器的额定电流为宜，家用空调器的额定功率在 800 ~ 1500W，额定电流在 4 ~ 8A，可选用额定电流在 10 ~ 15A 的熔丝。

5）空调器安装时要有良好的接地措施。家用空调器一般属于 I 类防触电保护类型，内部各载流零部件和带电导体与空调器其他可以触及的金属零部件之间已有良好的绝缘称为基本绝缘。正常工作情况下即使没有接地措施，也无触电危险。但是一旦基本绝缘失效即某一部件的绝缘被损坏，就可能使空调器外壳等带电，这时如无接地措施，就可能发生触电危险。

接地时要注意接地触头是接大地的，不是接电网的零线或中性线，不要将接地线与零线短接作为接地保护。接地线是供电部门在用电所在地所设计的专门与大地良好连接的装置。接地装置不可用煤气管道、自来水管道代替。

6）空调器是一种耗电量较大的家用电器，市场上购置的空调器，通常是以名义制冷量来标明规格的，一般来说，将名义制冷量除以 2.5（空调器的能效比一般为 2.5）就可估算出空调器所需的电功率。如名义制冷量为 2500W 的 KC – 25 或 KFR – 25GW 空调器，它的消耗功率一般在 1000W 左右，质量好点的额定功率在 1000W 以下，差点的在 1000W 以上。家用空调器耗电量的粗略计算见表 5 - 2。

表 5 - 2　家用空调器耗电量的估算

规格	名义制冷量/W	耗电功率范围/W	规格	名义制冷量/W	耗电功率范围/W
KC – 20	2000	700 ~ 850	KF – 25	2500	900 ~ 1000
KC – 22	2250	800 ~ 950	KF – 28	2800	950 ~ 1100
KC – 25	2500	900 ~ 1050	KF – 31	3150	1100 ~ 1300
KC – 31	3150	1100 ~ 1300	KF – 35	3500	1200 ~ 1400
KC – 35	3500	1200 ~ 1450	KF – 45	4500	1900 ~ 2100
KC – 50	5000	1900 ~ 2200			

空调器的耗电量不仅与名义制冷量有关，还与其实际使用状况有关。一般来说，空调器的耗电量随着空调器负荷而变化，室外温度较高，如 35℃ 以上，空调器制冷消耗的功率就较大，有时可比额定功率高出 15% 以上，同样如果制冷时室内温度设定得过低也会增加功率消耗。当制热时，室外温度低于 0℃ 或接近 – 5℃ 时，空调器消耗功率也会偏大。所以考虑空调器用电量时应给予充分余量。

5.2　窗式空调器的安装

5.2.1　安装位置的选择

1）窗式空调器的安装位置可根据房屋的结构、朝向、室内陈设等条件决定。一般可安装在房间外墙的窗台上、气窗上或采用穿墙法安装，以减少噪声传入室内和不影响室内采光。

在我国，窗式空调器安装在北墙为最佳，东墙次之，南墙也可以考虑，但应采取一定的措施，避免朝西向。

2）窗式空调器安装高度以离室内地面 1.5m 左右为宜，一般不要超过 1.8m，安装高度过高或过低都会影响室内侧空气的对流，从而影响空调器的制冷（热）能力。

3）窗式空调器的安装位置应远离各种热源和房门，以提高工作效率和减少因开关房门引起的振动。

5.2.2 安装步骤与防护要求

窗式空调器无论是安装在墙上还是窗台上，都应辅以支架，以保证安全。若只能朝南向安装时，在室外侧应安装一个倾斜的遮阳板，如图 5-1 所示。遮阳板的长度以伸出空调器后部 200mm 为宜。

窗式空调器的具体安装步骤如下：

1）按图 5-2a 所示做个木制安装框，要求其内侧尺寸比空调器外形尺寸稍大（5~15mm）。

2）用 50mm×50mm 等边角钢或 80mm×80mm 的方

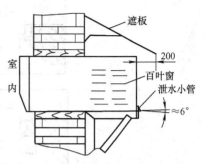

图 5-1　窗式空调器的安装示意图

木料做成图 5-2b 或图 5-2c 所示的三角形支架两个。按图 5-2d 所示要求，将木框、支架安装到墙上。为使蒸发器表面流下的空气冷凝水顺利流到室外，安装时要使空调器主体向室外下倾斜 5°~9°。

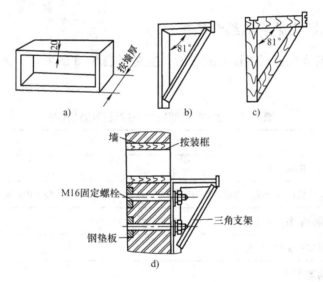

图 5-2　窗式空调器的安装

a）木制安装框　b）钢制三角形支架　c）木制三角形支架　d）安装示意图

3）安装前应对空调器做外观检查。操作方法是：取下其面板，将机体拉出外壳，检查各部分是否有因运输或其他原因而造成的损坏或变形；检查电气接线处有无松脱、折断等现象。

4）将空调器放进安装框里，注意要使窗式空调器两侧的进风百叶窗露在墙外，否则会因吸风侧受到堵塞而使冷凝器得不到足够的风量冷却，造成空调器制冷能力下降，严重时会使空调器不能工作。

用穿墙法安装空调器时，若墙厚大于 300mm 时。必须将遮住吸风百叶窗的墙削去，以保证吸收冷却空气的畅通，如图 5-3 所示。

5）窗式空调器固定安装好后，接上电源。将操作开关调到送风位置，风扇电动机即可转动，然后再调到制冷挡位，几分钟后应有冷风吹出。

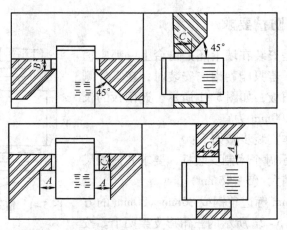

图 5 - 3 空调器在墙上的安装示意图

A—大于 400mm   B—大于 600mm   C—小于 300mm

5.2.3 窗式空调器安装后的综合检查

窗式空调器安装和试运行工作完成以后，应对照表 5 - 3 的要求，进行安装与试运行的综合检查。

表 5 - 3   窗式空调器安装与试运行检查内容

序号	项　　目	附　注
1	空调器安装高度宜为 1.5 ~ 1.8m	
2	空调器安装位置应以考虑室内布风均匀为原则	使室内各点温度较均匀
3	安装空调器的墙洞口中应装木框	
4	应检查三角架安装的牢固性	
5	空调器应向室外倾斜	
6	木框与空调器之间空隙应塞隔热材料	
7	空调器的室外部分要有遮阳遮雨措施	
8	空调器外部的百叶贸部分，在 500mm 内不可有障碍物	以利空气畅通
9	空调器外部的冷凝器出风面，在 500mm 距离内不可有障碍物	以利空气畅通
10	空调器应做排水试验	以试凝露水排放是否畅通
11	空调器应专线供电，供电线的电压降应小于 2%，并安装熔断器，接地线	
12	运行时的电压偏差应在额定电压的 ±10% 以内	
13	启动电压应不小于额定电压的 85%	
14	启动运行时，应无任何异常响声	指金属碰撞声、严重震动声

序号	项 目	附 注
15	将选择开并旋钮，按顺序旋转，接通各功能触点，检查各功能是否符合要求	指高风高冷、低风低冷、停等功能
16	将冷热开关拨向热端，试验是否能制热（指热泵空调器）	可听到换向阀换向气流声
17	旋转恒温开关，当旋到"0"位时，空调器应能停机	说明开关功能正常
18	空调启动运行后，室内侧出风口应有冷风吹出	一般在 1~2min 内
19	关闭门窗，在连续运行 2h 后进行温度测量：（1）室外环境温度 t_w（℃）；（2）室内空调进风温度 t_n（℃）；（3）室内空调出口风温 t_c（℃）	在环境温度 t_w＜35℃ 情况下测量
20	1）要求室内外温差达到 7℃ 以上；2）室内空调进出口温度要求达到 13℃ 左右	
21	调整恒温控制器，当室内温度降到 26~28℃ 时，将旋钮反时针旋转到停止运行（压缩机），并观其开机时进风温度，若在整定范围内，则为已调整好，以后不需旋动恒温开关旋钮	
22	调整出风栅：用手拨出风栅（横向和纵向），拨至满意的出风角度	
23	清洁工作：将空调器外表面擦清洁	

5.3 分体式空调器的安装

分体式空调器的安装比窗式空调器复杂，安装作业只能由指定专业人员进行并按说明书指示实施，否则容易出毛病，从而导致漏水、触电或火灾等事故。现以挂壁式分体空调器为例加以说明。

5.3.1 室内机组的安装

（1）选择最佳的安装位置

1）机组的安装位置必须靠近专用电路的电源插座，保证电源插头顺利插接。

2）一般出风口及回风口前 1m 处不得有障碍物，并防止进出口短路；距离顶棚至少为6cm；离墙角的距离至少为 5cm，如图 5-4 所示。

3）机组应安装在远离热源、气源和易燃气体的地方；壁面必须十分牢固，既能支撑室内机重量，又不会产生谐振音。

4）机组安装应选择排水容易且易与室外机组连接的地方。

5）安装地点不会受到阳光直射。

6）机组与电视机或收音机音响设备之间必须保持 1m 以上的距离，以防止对图像和声音产生不良影响。

（2）安装板的固定、穿墙孔的定位

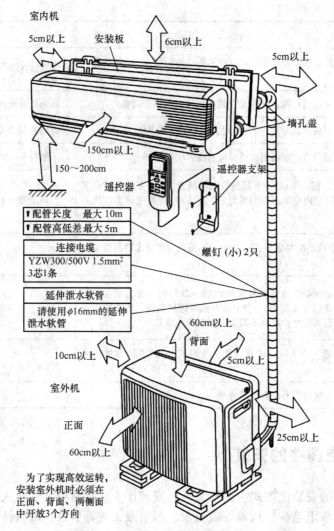

图 5-4　室内、外机组的安装位置

在横梁下或竖柱边的平整墙面上安装，首先用一个钢钉将安装板固定在墙面上。用一根系有螺钉的线，从板中心的上部垂下，使安装板上的标记线与吊线对准，或用水平仪调整到水平状态，用 4×50 的水泥钢钉固定。如果用膨胀螺钉固定，则用电钻在墙面上按安装板的位置钻孔（孔径为 4.8mm），然后将塑料脚套放入孔中，再将安装板贴在墙上，用 4×25 的螺钉固定。用卷尺测出穿墙孔的位置，如图 5-5 所示。

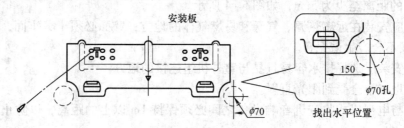

图 5-5　安装板的固定、穿墙孔的定位

（3）打穿墙孔、安装护圈

在安装位置的墙上打一个直径为 70mm 的墙孔，外侧稍微向下倾斜安装护圈，如图 5 - 6 所示。安装完毕，用石膏粉或油灰封住。

（4）将室内机组悬挂在安装板上

把室内机挂在安装板上的止扣上，左右移动一下机体，检查其固定是否牢靠；双手抓住机体的两侧，把机组压向安装板，听到"咔嗒"一声即可，如图 5 - 7 所示。

5.3.2 室外机组的安装

1）选择最佳的安装位置。

① 室外机组必须安装在避免阳光直射的地方和防雨的地方，应在机组上方设置遮篷。

② 室外机组应选择空气流通最佳的位置，其周围不应有妨碍进气和散热的物体，必须有足够的空间确保热气排出，如图 5 - 4 所示。

③ 连接管一般长在 3 ~ 5m，可以适当加长。室外机组必须装在离室内机组管长所能及的地方，且距离越短越好。

2）安装标准支架。支架应能承受室外机的重量，并且避免噪声和振动，注意与墙间有一定的回风距离。

3）将室外机用固定螺栓安装在支架上。

5.3.3 排水管、制冷剂管的连接

1）室内外机组连接用的制冷剂管有两根，细的管子为高压液管，粗的管子为低压气管，原装管已进行退火酸洗处理，较软，表面无氧化层和油污，一般都盘绕着，将盘绕的管子展开。

2）将粗、细连接管与室内机相连，连接时接口密封面应涂冷冻油后拧紧，扳手的使用方法如图 5 - 8 所示。

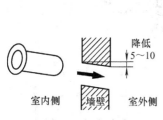

图 5 - 6 打穿墙孔

图 5 - 7 室内机组的安装

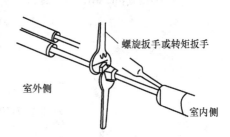

图 5 - 8 扳手的使用方法

3）将室内机出水管、电源线和控制导线及连接管整理好，用包扎带从室内机方向向外包扎（如图 5 - 9 所示），包扎至近墙外侧的位置，将出水管分开，继续包扎其余的管线，接近室外机接线盒处，将电线分出，再继续包扎连接管，直至室外机的连接阀门处。

4）用线绳暂时将出水管和导线绑扎在连接管上，将墙洞封头套管套进去。

5）将包扎好的管线从墙洞送出，同时注意弯曲靠近室内

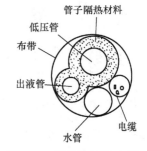

图 5 - 9 管道包扎的示意图

机处的连接管，以便把室内机挂在挂板上，将室内连接管部分整形好，并把墙洞封头套管送入墙洞，封好室内洞口。

6）把室外部分暂时捆扎的线绳去掉，将出水管放下来，连接导线分开，按室外实际情况弯曲整形好连接管。排水软管应放在最下面，不要使之呈波纹状，否则会导致排水难，或者使排出软管外壁产生凝结水而向下滴落。图5-10所示是应避免的排水管安装方式。

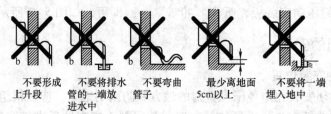

不要形成　不要将排水　不要弯曲　最少离地面　不要将一端
上升段　管的一端放　管子　5cm以上　埋入地中
　　　　进水中

图5-10　应避免的排水管安装方式

7）去掉粗细连接管室外端的封盖螺母，去掉室外机两只阀门与连接管相连螺口的阀芯帽，涂上冷冻油。

8）如图5-11、图5-12所示，将管道喇叭口也涂上冷冻油，然后对准阀门密封面，先用手拧紧螺母，保证螺口对准直至手拧不动，再用扳手拧紧螺母。对于采用喇叭口扩口接头方式的空调器，由于出厂前空调器所需的制冷剂已全部充灌到室外机组中，室内机组中没有制冷剂，室内机组及管道中都存有空气，所以管道喇叭口锁紧螺母在与阀门拧紧之前，一定要注意将其空气排出，具体操作方法见后。

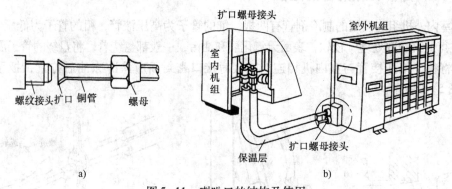

螺纹接头　扩口　铜管　　　　螺母

扩口螺母接头　　　　室外机组

室内机组

保温层　　　扩口螺母接头

a)　　　　　　　　　　b)

图5-11　喇叭口的结构及使用

a）扩口螺母接头的结构　b）喇叭口连接示意图

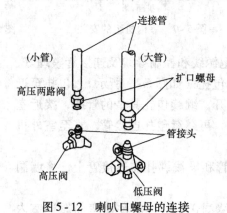

连接管

（小管）　　（大管）

扩口螺母

高压两路阀

管接头

高压阀

低压阀

图5-12　喇叭口螺母的连接

9）管道安装注意事项：盘绕的原装管在展开时一定要小心，连接管心必须退绕伸直，不要将管子弄扁、折裂，如图5-13所示。安放在地面上的制冷剂管严禁压置重物，管口要包好，以防进入水和灰尘。部分机组所带的管子有一段是可绕软管，这部分可绕软管应放在室内。可绕软管弯曲时角度不要太小，应尽可能在管子中部弯曲，弯曲半径越大越好。

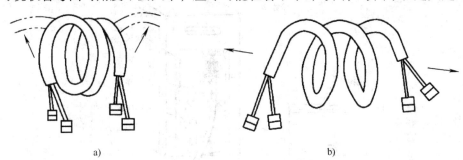

图5-13　连接管退绕伸直
a）正确　b）错误

校直管子时，切勿反复弯曲，弯管处的弯曲半径应等于或大于100mm，如图5-14所示。连接管路时，有充填阀的这一端应连接在便于维护的机组一端，在安装一次性快速接头的机组时，这一点必须引起注意。室内机组所带排水管，不够用时可用洗衣机软管代替。检查时，可以从室内排水管口处注入一些水，检查排水是否通畅。

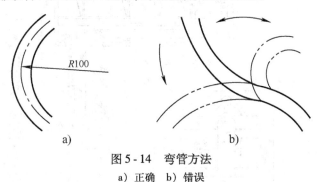

图5-14　弯管方法
a）正确　b）错误

5.3.4　线路连接

一切接线工作必须严格按照电气规程和随机接线图进行。

（1）室内机组接线

如图5-15所示，拆下机壳上的固定螺钉，将机壳拉出，把导线连接在接线板上。然后用线夹将线固定好，再把导线引到机壳外面。

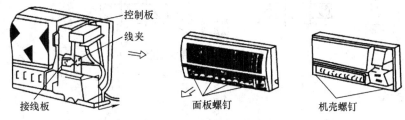

图5-15　室内机组的接线

（2）室外机组接线

如图 5 - 16 所示，拆下电源盖，把导线连接在接线板上。然后用线夹将线固定好，再装上电源盖板。

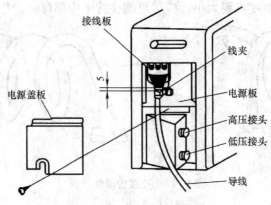

图 5 - 16　室外机组的接线

（3）紧固件安装

用管子紧固件将管子和连接电缆固定在机壳的背面，如图 5 - 17 所示。

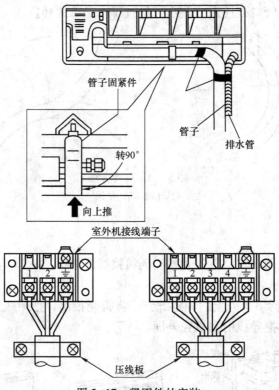

图 5 - 17　紧固件的安装

5.3.5　排空气

如图 5 - 18 所示，排除连接管和室内机组中空气的步骤如下：

1）拧开二通、三通阀上的螺母以及三通阀维修口螺母。

2）将二通阀的阀杆逆时针转动约90°，这时阀被打开，保持10s，然后将阀门关闭。

3）将三通阀维修口上的顶针推开3s，放开1min，这样重复3次。

4）用内六角扳手将二通阀和三通阀都置于打开位置，准备机组试运转。

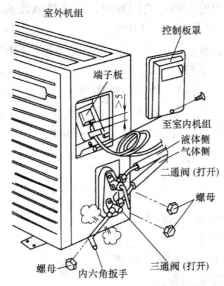

图5-18　排除连接管和室内机组中的空气

5.3.6　延长制冷剂管及补充制冷剂

分体式空调器室内外制冷剂连接管的长度应在规定范围之内，说明书对连接管最大长度和室内外机组最大高度差一般都有介绍。例如，KFR-24GW（J）空调器规定连接管最大长度为7m，最大高度差为5m。

室内外机组制冷剂管道越短越好，因为管道越长，制冷量损失越大。因此，分体式空调器连接管最大长度一般不超过10m，最大高度差限制在8m以内。

延长管制冷剂的补充量因机组型号而异，也随管道长度、管径大小而变化。制冷剂补充量可参考表5-4（最好使用压力表测试低压侧冷凝压力的方法对制冷剂进行精确的补充）。

表5-4应用举例。

设空调器（3HP）单路管长15m，需补充制冷剂量为

$$\chi = (15 - 5) \times 70 = 700g$$

表5-4　制冷剂补充量（管道长于5m）

空调器功率/HP	补充制冷剂量/（g/m）
3～4	70
5	100
7.5～10	150
15	150×2
20	150×2

5.3.7 试运转

在试运转前，应进行必要的检查。检查中，应注意以下几点：

1）为了运输安全，在压缩机的防振橡胶上，有的装有两块涂有黄漆的垫片，有的在压缩机下垫硬泡沫块。在试运转前必须将它们取出，才能使橡胶或减振弹簧起到减振作用。

2）电源电压应在额定电压的90%～110%。

3）接线柱在接地点的阻抗应在1MΩ以上，若阻抗低于1MΩ，则有可能发生漏电事故。未完成此项检查前，不要启动机器。

4）启动机器前，先查明室外机各管道止流阀是否已完全打开。

5）涡卷式压缩机不能反转。确信回转方向后，电源相线不能互换，更不能随意压下压缩机交流接触器的压钮。检查完毕后，方可开始试运转。

5.4 习题

1. 安装空调器前应做哪些准备工作？
2. 简述空调器对用电的要求。
3. 简述窗式空调器的安装步骤和防护要求。
4. 简述分体式空调器的安装步骤。
5. 分体式空调器的安装位置如何确定？

第6章 房间空调器的故障与维修

房间空调器产生故障的原因是多方面的，要做一个合格的空调维修人员，除需要有扎实的基础知识和在实践中不断积累丰富的工作经验外，还要能正确地使用各种修理工具及具有熟练的操作技能。分析空调器的故障应由表及里，由现象到本质，抓住故障的实质性问题，找出故障的根源，对症下药，减少维修工作的盲目性，应是每个维修工作者追求的目标。

6.1 房间空调器故障检查方法

房间空调器故障的检查方法与电冰箱故障的检查方法基本相同，但空调器又有自身的特点，它比电冰箱多了制热功能和通风循环系统，在控制机构上也比电冰箱复杂。有时会因空调器中某一部分发生故障，使整个空调器工作不正常。因此，空调器在出现故障，动手进行维修前，首先要判别：空调器工作不正常或不能工作是使用不当，还是空调器确实出现了故障，故障的部位在哪里？切忌在没有搞清楚之前，乱拆乱卸，否则不但不能排除故障，反而会造成新的故障或将原故障搞复杂。

空调器使用不当或使用者误以为的故障，一般称为"假性故障"。

6.1.1 空调器常见的"假性故障"

1. 空调器不运行的现象

1）电源熔断保护器熔断，空气自动开关跳闸，漏电保护器动作，空调器电源开关操作有误，没能闭合，定时器未进入整机运行位置，总之是空调器实际上未接通电源。

2）电源电压过低，电动机不能获得必需的启动力矩，使其无法正常启动运转，继而过载保护器动作，切断整机电源电路。

3）遥控器内置的电池电能耗尽，或电池正负极性接反，因而遥控开关不工作，空调器没有接到开机指令。此种故障出现时，可以看到遥控器显示屏显示的信号模糊或无显示。

4）空调器设定的温度不当，即制冷时设定的温度高于或等于室温，制热时设定的温度低于或等于室温。

5）正在运行中的空调器，关机后又马上开机，由于机内延时保护装置动作，空调器不启动工作。

6）环境温度过高或过低，如制冷时室外环境温度超过43℃，制热时热泵型空调器使用在室外环境温度低于-5℃，此时机内保护装置会自动切断本机电源。

2. 空调器制冷（热）量不足的现象

1）空气过滤网积尘太多，室内外热交换器上积有过多尘垢，进风口或排风口被堵，都会造成空调器制冷（热）量的不足。

2）制冷时设置的温度偏高，使压缩机工作时间过短，造成空调器平均制冷量下降；制热时设置的温度偏低，也会使压缩机的工作时间过短，造成空调器平均制热量下降。

3）制冷运行时室外温度偏高，使空调器的能效比降低，其制冷量也会随之下降；制热时室外温度偏低，则空调器的能效比也会下降，其热泵制热量也会随之降低。

4）空调房间的密封性不好，门窗的缝隙大或开关门频繁，都会造成室内冷（热）量流失。

5）空调器房间热负荷过大，如空调房间内有大功率电器，室内人员过多，都会使人感到空调器制冷（热）量的不足。

3. 噪声

空调器内部的转动部件（压缩机、风扇电动机）在运转时会产生一定的噪声，成为空调器的主要噪声源。在通常情况下，这些噪声很有规律，只要其噪声值在允许的范围内则属于正常现象。有时空调器在运行时会发出某种异常噪声，不一定是空调器本身的毛病。如窗帘被吸附在空调器吸风栅上，空调器运行时的声音会立即变调，此时只要把窗帘拨开，运行声会立即恢复正常；又如安装在窗框上的窗式空调器运行噪声一般会逐年增大，有时还会发出极强的噪声，这种现象一般是由窗户上玻璃与窗框间的松动引起的，只要将玻璃与窗框间紧固好即可。

4. 异味

空调器刚开机时、有时会闻到怪气味，这是烟雾、食物、化妆品及家具、地毯、墙壁等散发的气味附着在机内的缘故。因此，每年准备启用空调器前，一定要做好机内外的清洁保养工作，运行过程中也应定时清洗过滤网。平时在空调房间内不要吸烟，空调停机时，应经常开窗户通风换气。

5. 压缩机开停频繁的现象

制冷时设定的温度偏高，或制热时设定的温度偏低，都会造成压缩机频繁地开、停机。此时，只要将制冷时设定的温度调低一点，或将制热时设定的温度调高一点，压缩机的开、停机次数就会减少。

6. 上、下风向导板时动时停的现象

分体式空调器室内机组的风向导板有时会出现开开、停停，摆动角度不定的现象，这是其设在自动挡的缘故，控制系统根据检测情况，决定送风角度以及停摆的时间间隔，以使室温均匀分布，这是空调器运行的正常现象。

6.1.2 空调器故障的检查、判断方法

对空调器故障的检查、判断"一看、二摸、三听、四测"的方法。

一看：仔细观察空调器的外形是否完好，各部件有无损坏；空调器制冷系统各处的管路有无断裂，各焊口处是否有油渍，如有较明显的油渍，说明焊口处有渗漏；电气元器件安装位置有无松脱现象。对于分体式空调器可用复式压力表测一下运行时制冷系统的运行压力值是否正常。在环境温度 30℃ 时，使用 R22 作制冷剂的空调系统运行压力值，低压表压力应在 0.49～0.51MPa，高压表压力应在 1.8～2.0MPa。

二摸：将被检测的空调器的冷凝器和压缩机部分的外壳卸掉。启动压缩机运行 15min 后，将手放到空调器的出风口，感觉一下有无热风吹出，有热风吹出为正常，无热风吹出为不正常；用手指触摸压缩机外壳（应确认外壳不带电）是否有过热的感觉（夏季摸压缩机上部外壳应有烫手的感觉）；摸压缩机高压排气管时，夏天应烫手，冬天应感觉很热；摸低压吸气管应有发凉的感觉；摸制冷系统的干燥过滤器表面，温度应比环境温度高一些，若感

觉温度低于环境温度，并且在干燥过滤器表面有凝露现象，说明过滤器中的过滤网出现了部分"脏堵"；如果摸压缩机的排气管不烫或不热，则可能是制冷剂泄漏了。

三听：仔细听空调器运行中发出的各种声音，区分是运行的正常噪声，还是故障噪声。如离心式风扇和轴流风扇的运行声应平稳而均匀，若出现金属碰撞声，则说明是扇叶变形或轴心不正。压缩机在通电后应发出均匀平稳的运行声，若通电后压缩机内发出"嗡嗡"声，说明是压缩机出现了机械故障，而不能启动运行。

四测：为了准确判断故障的部位与性质，在用看、听、摸对空调器进行了初步检查的基础上，可用万用表测量电源电压、绝缘电阻；用钳形电流表测量运行电流等电气参数是否符合要求；用卤素检漏灯或电子卤素检漏仪检查制冷剂有无泄漏或泄漏的程度。

分析空调器常见故障的原则：

分析空调器常见故障要从简到繁，由表及里，按系统分段，推理检查。

先从简单的、表面的分析起，而后检查复杂的、内部的；先按最可能、最常见的原因查找，再按可能性不大的、少见的原因进行检查；先区别故障所在的系统（如制冷系统、风路系统、电器控制系统），然后按系统分段依一定次序推理检查。简单地说，就是遵循筛选及综合分析的原则。了解故障的基本现象后，便可根据空调器构造上及原理上的特点，全面分析产生故障的可能原因；同时根据某些特征判明产生故障的原因（如制冷系统经常发生的故障是制冷剂量不足），再根据另一些现象进行具体分析，找出故障的真正原因。

如空调器不起动，应先看电源是否有电，熔丝是否完好。若电源和熔丝都正常，其次就要检查起动继电器是否有故障。若起动继电器没有故障，就要检查过载保护器、温控器和电容器是否完好。若过载保护器、温控器和电容器正常，最后就要检查压缩机是否烧毁，直至找到故障的真正原因。

分析故障必须根据空调器的构造和工作原理来进行。故障发生后，首先应该辨别现象，要养成勤于思考和具体分析的习惯，掌握先想后动的原则，严禁盲目乱拆、乱卸。由于思考混乱或侥幸心理而对空调器进行盲目的乱拆、乱卸，常带来不良的后果，并可能引起新的故障。因此，拆卸只能作为在经过缜密分析后而采用的最后措施。

由于空调器的制冷系统、电气系统、空气循环系统彼此有联系和互为影响，而看、摸、听和检测等检查手段所获得结果，大多只能反映某种局部状态，因此，对这些局部状态现象要进行综合比较、分析，从而全面、准确地判断出故障的部位与性质，采取针对性的维修，减少维修工作的盲目性。

6.2 空调器制冷系统常见故障与维修

空调器制冷系统主要由制冷压缩机、冷凝器、毛细管、干燥过滤器和蒸发器等部件组成。在这些制冷系统的主要组成部件中，最易出现故障的是制冷压缩机和毛细管。下面就这些主要部件的常见故障作一下分析。

6.2.1 空调器压缩机常见故障与维修

1. 故障分类

空调器所用的制冷压缩机有全封闭往复活塞式、旋转活塞式和旋转滑片式等几种类型，其常见故障有：

（1）机械类故障

机械类故障主要是由于零件的机械磨损、零件疲劳损伤、制冷剂混有水分后对零件的腐蚀及修理不当所造成的。如压缩机"咬煞"、压缩机效率变差或失去工作能力、压缩机有撞击声和压缩机接线柱处有泄漏等。

（2）电气类故障

电气类故障主要是由于供电电压不稳，压缩机过载、过热，冷冻润滑油变质，电器元器件本身损坏及电路接线错误等造成的。如压缩机电动机绕组短路、断路、烧毁、接地或压缩机的启动、过载保护器失灵等。

压缩机发生机械性故障后，故障现象多种多样，其主要现象有：

1）压缩机制冷效率下降。压缩机制冷效率下降是指压缩机的实际排气量下降，达不到标称的名义制冷量，出现制冷量不足的现象。产生这种现象的原因是：由于压缩机使用时间过长，造成运动部件的磨损，使活塞与缸壁之间的间隙增大，压缩机在进行压缩排气时，汽缸内一部分气体便经过间隙泄漏，使压缩机达不到设计的排气量。另外压缩机汽缸垫被击穿或压缩机的吸、排气阀破裂，均可造成制冷效率下降或不能制冷。

2）压缩机"咬煞"。压缩机出现"咬煞"是指压缩机的运动部件的磨合面相互抱合而不能运动。产生"咬煞"的原因是润滑油路被堵死。

3）压缩机内电动机损坏。接通电源后，压缩机不能启动，而电源熔丝熔断或空气开关跳闸。产生这种故障的原因有电动机绕组过热，使绕组上的绝缘漆烧焦或绕组碰壳。引起原因是空调器长期超负荷运行，而过载保护装置又动作失灵，使绕组长期工作在过热状态下，绝缘层逐步老化，以致最后绝缘层被破坏。

另外，匝间短路也会使电动机定子绕组中部分绝缘被破坏，造成绕组碰壳。引起原因：定子绕组在制作或装配时，局部漆皮损伤，运行一段时间后，伤痕扩展而击穿绝缘。

4）压缩机外壳接线柱"渗漏"。由于生产过程中的问题，空调器所用的全封闭式压缩机有时会出现接线柱"渗漏"故障，造成制冷剂大量泄漏，而使空调器出现压缩机运转，但不能制冷的故障现象。

2. 故障判断及维修

（1）压缩机效率变差的故障判断

压缩机效率变差一般表现为排气压力下降，吸气压力升高。在空调器运行中，若出现压缩机还能运行，但运行电流偏小，此时可在压缩机吸、排气口上各接上一只压力表，在制冷剂量合适的情况下，启动压缩机运行，观察高低压侧表压的变化。若观察到高压压力 20min 后仍不上去，而低压压力又下不来时，即可认定是压缩机效率下降。

（2）压缩机"咬煞"的故障判断

通电后压缩机不运转，过载保护器随即起跳；断开电源后用万用表测量压缩机的 3 个接线柱，阻值关系正常，即可判断压缩机出现了"咬煞"故障。出现"咬煞"故障后，可采取强行启车的方法，用大电流启动压缩机，同时也可用木锤或木棒轻轻敲击几下压缩机外壳，这样反复数次，若还不能使压缩机启动，对于全封闭旋转式压缩机只能采取更换的方法，而对全封闭活塞式压缩机则可以采取开壳维修的方法。

（3）压缩机内电动机损坏的故障判断

通电后压缩机不能启动，电源熔丝立即熔断或电源上的空气开关跳闸，发生此种故障现象时，可粗略判断为压缩机内电动机出现了故障（电路没有出现短路的情况下）。此时可用万用表测量压缩机上3个接线柱的阻值关系，若发现阻值关系不正常或出现阻值为零的情况时，即可判断压缩机内电动机绕组出现了短路的情况。若测量出3个接线柱间的阻值关系正常，此时可用兆欧表测量一下3个接柱与外壳间的阻值能否达到2MΩ以上，若达不到，则证明是压缩机电动机绕组搭壳。出现此种故障时，一般应采用更换压缩机的方法。

另外空调器内电动机绕组还会出现"断路"故障。判断方法是，当用万用表测压缩机外壳上的3个接线柱，若出现有任意两个接线柱间的阻值为无穷大时，即可判断为压缩机电动机绕组"断路"。排除的方法是更换压缩机。

（4）压缩机外壳上接线柱"渗漏"故障的判断

空调器在运行过程中，出现制冷能力变差，而压缩机运行状态正常，此时可粗略判断是制冷系统中出现了制冷剂泄漏，造成了空调器制冷能力变差。在做了基本检查确认制冷系统管道及蒸发器和冷凝器不泄漏的情况下，应怀疑压缩机接线柱处是否有漏。方法是拆下接线柱上的电气元件，在制冷系统内仍有制冷剂的情况下，用电子卤素检漏仪检测接线柱及其附近，看是否有泄漏；检漏时移动检漏仪吸气口的速度要慢，因为接线柱附近的泄漏都是属于渗漏性质的，渗漏量很微弱，不易察觉。确认渗漏后，若很微弱，可用胶粘的方法进行排除。即可选用能耐高温、耐油脂、可粘接金属的组合型胶水进行粘补。为保持粘补面的清洁，可在粘补前用毛笔蘸内酮溶液将粘补面擦干净，然后涂上配制好的胶水，在室温条件下固化24h后，再检测其是否渗漏，若不渗漏，即可补氟，恢复制冷系统正常工作。若接线柱处泄漏很严重，一般则采取更换压缩机的方法进行故障的排除。

6.2.2 空调器压缩机冷冻润滑油变质的判断与更换方法

国产空调器压缩机一般采用25号冷冻润滑油。进口空调器压缩机的冷冻润滑油一般采用冻宝石牌和SUN11SO - 3GS和CF - 32.2GSD等。优质的冷冻润滑油是很纯的，颜色淡黄或为无色透明的液体。

在压缩机中使用过一段时间的冷冻润滑油颜色会逐渐变深，透明度也会随之逐渐变差，造成变质。变质的冷冻润滑油，其冷却和润滑效果变得很差，在压缩机运转过程中会生成碳化物，很容易造成制冷系统的脏堵。

1. 判断冷冻润滑油是否变质的方法

1）滴纸法。取一张干净的白纸，将压缩机壳中的冷冻油取出一点，滴在白纸上，过一会儿观察白纸上油滴的颜色，如果油滴颜色很浅而且分布比较均匀，说明冷冻油质量较好，可以继续使用；如果发现白纸上有深色的圆点或圆环，则说明冷冻润滑油已变质或所含杂质过多，应考虑更换。

2）对比法。取没有使用过的冷冻润滑油若干，倒入干净的玻璃试管或量筒内静置一段时间后，作为标准试样。再将需判断的冷冻润滑油从压缩机中取出一点，也倒入同样的另一个容器中，用眼睛观察比较。若从压缩机中取出的冷冻润滑油的颜色、透明度与标准冷冻润滑油的颜色、透明度差不多，说明没有变质；若从压缩机中取出的冷冻润滑油与标准冷冻润滑油相比有较明显的区别，变成橘红或红褐色的混浊状态，说明冷冻润滑油已变质，不能继续使用，应更换冷冻润滑油。

2. 空调器压缩机更换冷冻润滑油的方法

将压缩机与制冷系统断开，拆下压缩机，将其倒置，把机壳内变质的冷冻润滑油倒入事先准备好的容器中，称量出冷冻润滑油的容积。然后以此为依据，将新的冷冻润滑油倒入盛油容器中，在量上应增加原量的10%，作为加油量。具体操作方法是：

1）将准备好的冷冻润滑油放入一个干净的小容器中。

2）将压缩机装回空调器的原安装位置上，在压缩机的排气管上接一只复式三通修理阀，连接时把三通修理阀的中间管道与压缩机排气管相连，左侧的管道放入盛有冷冻润滑油的容器中，右侧管道与真空泵相连。

3）将三通修理阀左侧阀门关闭，右侧阀门打开，然后启动真空泵运行。

4）真空泵运行5～10min停机，关闭右侧阀门，打开左侧阀门，冷冻润滑油在压缩机内外压差作用下流入压缩机内，待容器中冷冻润滑油全部流入压缩机内时，加油工作结束。

5）用气焊将压缩机与制冷系统焊好，以便进行下一步维修操作。

6.2.3 毛细管和干燥过滤器常见故障与维修

空调器制冷系统除了制冷压缩机是出故障的重点部件外，毛细管与干燥过滤器也是易出故障的部件。

1. 毛细管常见故障的判断与维修方法

空调器制冷系统中的毛细管易发生的故障与电冰箱制冷系统中易发生的故障基本一样，均为"脏堵"或"冰堵"。

空调器制冷系统中毛细管出现"脏堵"后的故障现象是：压缩机运行一段时间后，蒸发器口处仍无冷风吹出或吹出的风温度较高。此时冷凝器侧也无热风吹出。

毛细管"脏堵"现象，易与空调器制冷系统亏氟、漏氟和室外侧冷凝器表面过脏，不能很好进行热交换等故障现象混在一起，不易判断。为准确判断是否是毛细管出现了"脏堵"，可在分体式空调器室外机组的出液阀、回气阀上挂压力表，起动压缩机运行，观察压力表的变化情况，若发现运行时高压表表压较高，而低压表压力趋近于零，则说明制冷系统不亏氟，而是出现了"脏堵"。为了判别是毛细管"脏堵"，还是干燥过滤器"脏堵"，可用剪刀将毛细管与干燥过滤器处剪开一个小口，看有无制冷剂喷出，若有制冷剂喷出，说明是毛细管出现了"脏堵"；若无制冷剂喷出，则说明是干燥过滤器出现了"脏堵"。

发生脏堵以后，最好更换同内径同长度的毛细管。若手头没有合适的毛细管，可用加热的方法，即用气焊的外焰加热毛细管，将其内部的脏东西烧化。在加热的同时可从毛细管的出口端（即与空调器蒸发器相连的一端）用氮气加压吹气，把积存在毛细管内的脏东西吹出来。

空调器制冷系统中的毛细管还会发生"冰堵"故障，特别是热泵型空调器更宜发生此种故障。产生空调器制冷系统"冰堵"故障的原因和电冰箱制冷系统发生"冰堵"故障的原因相似，一般均系制冷系统组装时操作不规范所致。

空调器制冷系统出现"冰堵"后的故障现象也与电冰箱制冷系统产生"冰堵"故障相似，即会出现一会儿空调器制冷系统工作正常，一会儿制冷系统工作不正常，如此反反复复。

空调器制冷系统出现"冰堵"故障后的排除方法是：放掉制冷系统中的制冷剂，更换干燥过滤器，然后对制冷系统进行长时间的抽真空，以求彻底清除系统残存的水分。充灌制冷剂时一定要按规范要求进行。

在进行空调器制冷系统与毛细管相关的故障维修时，若空调器是使用两根以上毛细管，要十分注意，每根毛细管的管径、长度和位置均不能搞错，因为在设计时是按不同的蒸发面积和分流需要确定毛细管的内径与长度的，搞错后会影响空调器的性能与功能。这一点维修时要注意。

2. 干燥过滤器常见故障的判断与维修方法

空调器制冷系统中的干燥过滤器最易产生的故障是"脏堵"。产生"脏堵"故障的主要原因是：制冷系统焊接时操作不规范，加热时间过长，使管道内壁产生大量的氧化层脱落；压缩机长期运转造成的机械磨损产生金属碎屑，制冷系统在加入制冷剂前未清洗干净等。

空调器制冷系统干燥过滤器产生"脏堵"时的故障现象与其毛细管产生"脏堵"故障时类似，判断方法也相同。即断开毛细管与干燥过滤器的接口后，看不到有大量的制冷剂喷出时，再断开冷凝器与干燥过滤器的接口；若看到有大量制冷剂喷出，即可判定是干燥过滤器出现了"脏堵"。

干燥过滤器"脏堵"故障的排除方法：拆掉"脏堵"的干燥过滤器，用高压氮气（表压 0.4MPa 即可）吹一下制冷系统，重点是高压侧。然后更换一只新干燥过滤器。

6.3 空调器电气系统常见故障与维修

空调器的电气控制系统有主电路与控制电路两部分。因它们的控制原理不同，所以产生的故障也就不同，本节重点介绍主电路主要故障现象的分析，同时也对控制电路的工作过程、典型故障作一些介绍。

6.3.1 主电路常见故障分析与维修

主电路就是指控制电源为单相 220V 或为三相 380V 的供电电路。这部分控制电路中主要有压缩机电动机、风扇电机、温度控制器、电磁换向阀等部件。

1. 空调器用压缩机电动机的主要故障分析与维修

空调器用压缩机电动机一般有 3 个接线柱，电源向电动机供电是通过接线柱传给电动机的绕组。接线柱的绝缘层一般以玻璃或陶瓷体烧结在柱体之间。接线柱的数目多为 3 个，也有 5 个的（其中两个为内埋式过热保护器的接线柱），接线柱所连接的绕组端在压缩机壳上用符号进行标示。即 S 表示起动端，C 表示公共端，M 或 R 表示运转端。

判断空调器用压缩机电动机绕组是否有故障时，测量其 3 个接线柱间的阻值是关键的一步。一般空调器用电动机绕组的阻值都比较小，测量时可用万用表 $R \times 1\Omega$ 挡进行测量。其正确的阻值关系应为 $R_S > R_M$；$R_{SM} = R_S + R_M$。但也有例外，有些进口空调器的压缩机电动机用电容启动方式的启动绕组阻值反而小于运行绕组。

对于使用三相电源的电动机，测量时，3 个接线柱间的阻值应是一致的。

空调器用压缩机电动机常出的主要故障是：绕组断路、短路和接地。

压缩机电动机绕组断路是由于绕组短路，电流过大而烧毁的。判断时用万用表 $R \times 1\Omega$

挡测量压缩机电动机 3 个接线柱间的阻值，若出现某两个接线柱的阻值为无穷大，即可判断为其内部绕组断路。

压缩机电动机绕组短路是由于绕组的绝缘层被破坏，使相邻的导线金属接触，造成匝间短路。电动机出现短路故障，会使运行电流增大，继而烧毁电动机。判断时用万用表 $R \times 1\Omega$ 挡，测量电动机 3 个接柱间的关系，若出现总阻值小于两个分阻值之和，就可判断为其内部绕组短路。

压缩机电动机接地是指压缩机电动机绕组的绝缘层损坏与压缩机外壳相碰，形成短路的故障现象。产生这种故障后的特点是，一通电，电源熔丝即熔断。判断时用万用表任一电阻挡，将一只表笔接触公共端接线柱，另一表笔接触刮掉漆皮后的压缩机外壳或压缩机的吸排气管。测量时若观察到有导通现象，即可判断压缩机电动机出现了接地故障。

当压缩机电动机出现上述故障后，对于房间空调器来说一般采用更换压缩机的方法予以排除。对于大型空调器来说，可将出现故障的压缩机拆下，送专业修理部门重绕电动机绕组。

空调器用压缩机三相电动机多使用在落地式分体空调器中。这种压缩机电动机常出现的故障有：

1）电源缺相而烧毁压缩机电动机。所谓缺相是指供电系统中一相的熔丝熔断或配电设备出现故障，造成电源供电时缺一相的故障现象。电动机缺相可分为起动前缺相和运行中缺相两种情况。起动前缺相会使电动机无法正常起动，造成过载保护装置动作，切断电源；运行中缺相会造成二相中通过的电流是正常三相时的 150%，从而引起绕组过热而烧毁。

2）三相电压不平衡使压缩机电动机运行不正常。三相电压不平衡时，电压加到压缩机电动机绕组上时，会产生大的不平衡电流，使电动机线圈的温升变得不平衡，从而导致电动机的烧毁。

3）电源反相。电源反相对压缩机电动机没有直接危害，但会导致压缩机反转，从而引起压缩机不供油，产生卡缸、抱轴等故障，因此，此种电动机中应装有防止反相的装置，达到保护的目的。

三相电动机绕组好坏的判断可用万用表 $R \times 10\Omega$ 挡来测量，若每相邻的两个接线端之间的电阻值均相等，说明三相电动机的绕组是好的。

三相电动机易出现的故障有：不起动，起动困难或在运行中发出"吭吭"声。

造成压缩机三相电动机不启动的原因一般是电源断电或电动机绕组断路。检查时可先检查电源是否断电，熔丝是否熔断，各类控制开关是否闭合，各项检查完毕后，可合闸起动试运行。若此时压缩机电动机仍不能起动运行，可用万用表 $R \times 10\Omega$ 挡检查绕组是否出现了断路，出现断路故障后应更换压缩机。

压缩机三相电动机通电后起动困难，一般是由于电源电压过低或压缩机电动机绕组短路所造成。检查时应首先检查电源电压是否过低，若电源电压低于额定电压 10%，应暂停使用。若电源电压正常，应对压缩机电动机绕组进行检查，看是否有短路故障，如有短路故障，应更换压缩机。

压缩机三相电动机在运行过程中若发出"吭吭"声，一般是由于三相电流严重不平衡所致，产生的原因是电源缺相。此时可用万用表电压挡检查电源进线看电源是否缺相，恢复电源供电正常后，即可排除此故障。

2. 空调器用风扇电动机的主要故障分析与维修

空调器用风扇电动机的作用是带动空调器的离心风扇和轴流风扇工作。风扇电动机容易出现的故障是：风扇电动机绕组烧毁，风扇电动机运转电容器损坏，风扇电动机转子与轴松动，风扇电动机轴弯曲变形，以及风扇电动机轴承损坏。

1）风扇电动机绕组烧毁是风扇电动机的常见故障之一，其故障现象是：通电后风扇电动机不转，此时应首先依次检查电源、选择开关、风扇电动机运转电容器，在确认上述各部分都无问题的情况下，风扇电动机仍不工作时，可用万用表 $R \times 10\Omega$ 挡测量一下风扇电动机各抽头之间的阻值，若出现阻值为零或无穷大的情况，即可判断为电动机绕组烧毁。风扇电动机绕组烧毁后，一般可采取重绕绕组或更换电动机的方法予以修理。

2）风扇电动机运转电容器也是风扇电路中的易损坏零件之一。它串接于起动绕组后，与运行绕组并联。风扇电动机电路产生运转电容器损坏的故障特征是：电源正常，选择开关良好，通电后电动机发出轻微的"嗡嗡"声而不能运转。

检测风扇电动机运转电容器好坏的方法：将电容器与空调器电路断开，用改锥的金属部分碰一下电容器的两个端子，放一下电。然后用万用表 $R \times 100\Omega$ 或 $R \times 1k$ 挡进行测量。测量时，将两表笔分别接触电容器的两极，若表针先指向低阻值，并逐渐退回高阻值，说明该电容器具有充放电能力，是好的。若表针指示在低阻值而不能退回，说明电容器已短路。若表针一开始就指示在高阻值或表针根本就不动，说明该电容器已断路。

在确认电容器损坏以后，维修方法是更换同型号的电容器。为了便于在维修时选用合适的电容器，表 6-1 列出了电容器的规格参数，供维修时参考。

表 6-1　常用电容器的规格参数

电动机输出功率/kW	0.2	0.4	0.75	1.0	1.5	2.0	2.2	3.0	3.7	4.0	5.0	5.5	7.5	10	11	15
电容量/μF	15	20	30	30	40	50	50	50	75	75	100	100	150	200	200	200

选用电容器时还要注意其耐压情况。电容器上所标明的额定电压是允许使用电压，如果将电容器接在超过其标定的工作电压的电路中，电容器将被击穿。

另外，如果电路中使用的是电解电容器，而空调器又长期不用，电容器中的电解质易干固，使其容量下降，造成风扇电动机不能正常运转，这一点在维修时要十分重视。

3）风扇电动机在工作过程中还易出现电动机转子与轴松动的故障。产生这种故障后，电动机在运转过程中会产生"哗啦、哗啦"的机械冲击声，使空调器运行中噪声增大。

判断转子与轴是否松动的方法是：拆掉风扇扇叶和端盖，把转子从电动机壳中取出。然后用铜箔把轴端包住，以免加紧轴端时损坏轴端。操作时一手用钳子夹紧轴端，一手握住转子，用力拉动，以感觉其松动程度。

转子与轴松动后的维修方法是：如果松动严重，应把轴从转子中挤出来，重新加工一根轴，把新轴压入转子孔内，校正位置即可。若没有维修条件，应更换新的风扇电动机。如果松动轻微，可想办法将轴从转子中敲出约为 10mm 长，然后用挫刀对称加工出深约为 3mm

的凹槽，（轴两端均如此处理。）然后将轴复位，并在凹槽内灌入环氧树脂，放置约为48h，使其固化即可恢复电动机正常运转。

4）风扇电动机轴弯曲变形会导致转子径向跳动过大，失去运转精度，与定子产生摩擦，从而产生机械噪声。

风扇电动机轴弯曲变形的维修方法是：若是轻微弯曲变形，可通过校直方法进行修复，操作方法是：将转子从风扇电动机中拆出，把转子两端轴用顶针固定，取一支铁架台，在其上固定一只千分表，并使表针接触转子表面，用手慢慢转动转子，观察千分表的跳动量，找出最大变形位置，用木条垫在轴上变形处，用铁锤逐点轻轻敲击调直，要边校边试，将轴的径向跳动量控制在 0.01 ~ 0.04mm。

若是轴弯曲变形严重，则应更换转子轴或更换风扇电动机予以彻底排除。

5）风扇电动机的轴承多使用滚动轴承，使用过程中常会发生损坏，如轴承的内外钢圈产生裂纹、滚珠碎裂、锈蚀、磨损和松动等。这些故障现象以磨损、松动或缺油所引起的故障居多。

风扇电动机的轴承损坏后的故障特征是：电动机运转时，其内部发出"哗啦、哗啦"的机械碰撞声，机身迅速升温，长时间运转会造成电动机烧毁。若轴承损坏严重，还会造成电动机不能启动运转。

风扇电动机轴承损坏后的维修方法：拆下电动机的端盖，用拉具的拉脚扣住轴承的内圈，缓慢地将轴承拉出。将拆下的轴承放到煤油中浸泡一会儿，然后用毛刷边刷轴承上的油污、边转动轴承，把轴承刷洗干净后，一手捏住轴承的内圈，用手指拨动轴承的外圈，观察其旋转情况。若旋转自如，说明该轴承完好，只是过脏造成工作不正常，涂上黄油后还能继续使用。若转动时噪声较大，有突然停止、卡滞或倒退的现象，说明轴承已磨损，应更换同规格轴承。

轴承安装时，先在轴承内圈上涂上少量润滑油（20号机油），将轴承套在轴端，找一段长度适中、内径与轴承内圈一样的钢管，放在轴承内圈上，用铁锤敲击钢管，使轴承平滑地套进轴颈原位即可。

在实际维修空调器工作中，在多数情况下，为了尽快修好空调器，一般多采用更换空调器风扇电机的办法来进行维修。表6-2列出了部分风扇电机技术数据可供更换时参考。

表6-2 部分风扇电动机技术数据

型号	功率/W	转数/(n/min)			电源/V (50Hz)	电容器 /μF	空调器制冷量/W	噪声 /dB(A)
		高	中	低				
KFD-1	50	920	860	800	200	3	2300	36
KFD-2A	50	920	860	800	200	3	2300	36
KFD-2B	50	920	860	800	200	3	2300	36
KFD-3	30	920	860	800	200	2.5	1340	136
KFD-4	100	920	860	800	200	4	3480	36
KFD-5	120	920	860	800	200	6	4660	36
KFD-6	35	1350	920	—	200	2.5	2330	36
KFD-14	120	1350	920	—	380	—	2480	36

3. 空调器用机械压力式温控器的常见故障分析与维修

温控器是对空调房间温度幅差进行控制的电开关装置。它的作用是：通过调节温控器的旋钮，改变所需控制的温度，使空调房间在选定的温度范围自动控制空调器压缩机的开、停。

目前，绝大多数窗式空调器的温控器是机械压力式的，近来生产的分体式空调器采用了电子式温控器。

机械压力式温控器常见的故障主要有感温元器件中感温剂泄漏、触点粘连或触点烧蚀等。

机械压力式温控器故障的判断方法是：在空调器在室温达到要求时，压缩机仍不能停机或通电后空调器风扇电动机工作正常，但压缩机却不能正常起动的情况下，可将温控器从电气系统中拆下来，把调节旋钮放置到制冷位置，然后用万用表 $R \times 1\Omega$ 挡，测量温控器两主接线端间是否导通。若不导通，一般是感温机构中的感温剂泄漏光了，此种情况下应更换同规格、同型号的温控器。若是因为不能停机而要进行检修，可将拆下的温控器的感温包，故入冰水混合液中 $3 \sim 5min$ 后，再用万用表测其两主接线端间是否导通，若仍导通，说明触点粘连。

机械压力式温控器触点粘连后的维修方法是：用小旋具轻轻撬温控器金属外壳两侧，触点的绝缘板即可取下，用小刀将触点撬开，然后用双零号细纱纸将触点表面打磨光亮即可。

4. 电磁换向阀常见故障的分析与维修

电磁换向阀又称为四通换向阀，它是热泵型空调器中自动换向实现制冷、制热的一个部件。电磁换向阀常见的故障有：电磁线圈烧毁，换向阀内活塞上的泄气孔被堵塞，造成阀体不能换向，电磁换向阀上毛细管堵塞等。

1）电磁换向阀不能换向。造成这一故障现象的原因很多，归纳起来主要有以下原因。

① 电磁阀的线圈烧毁。当电磁换向阀不能进行换向时，切断其电源，用万用表 $R \times 10\Omega$ 挡，测量其线圈的直流电阻，一般房间空调器电磁换向阀的线圈阻值应约为 700Ω 左右。若测出线圈电阻值为 0，说明线圈短路；若线圈电阻值为无穷大，说明线圈已断路。更换新线圈即可恢复其正常工作。

② 电磁换向阀活塞上的泄气孔被堵塞。电磁换向阀活塞上泄气孔径只有 0.3mm，孔前虽然设置有过滤网，但若压缩机排气中混有过多的杂质，仍然会将其堵塞，使其不能换向。排除这一故障的方法，可采取多次接通，切断电磁线圈电路，使换向阀连续换向，以便冲除杂质，若还不行，可更换新电磁换向阀或将换向阀部拆开维修。

③ 制冷系统中制冷剂泄漏，高低压力差减少，使得换向阀换向困难。这种故障判断起来较困难，测一下制冷系统的高低压力值，若高低压力值低于额定值，则说明制冷系统亏氟，向制冷系统中适当补充些制冷剂即可。

④ 电磁换向阀上毛细管脏堵。压缩机起动运行以后，本应迅速发热的毛细管，只有与换向阀相连的端头处发热，而其他部分不热，说明是毛细管出现了脏堵，从而造成了电磁阀不能换向。排除方法是：多次通断电磁阀，用变换的气流冲除污物，若不见效，只能将电磁阀拆下，打开阀体进行维修。

⑤ 压缩机效率下降，高低压力差减少，使电磁换向阀不能正常工作。遇到这种故障，应先检查制冷系统是否亏氟。在确认系统不亏氟的情况下，断开压缩机与制冷系统的连接，单独测一下压缩机的吸排气能力，最简单的办法是：用手指顶住压缩机的吸排气口，感觉一

下是否有很强的吸排气能力，若感觉吸排气能力较弱，应更换压缩机。

2）电磁换向阀换向不完全。造成这种故障的原因是：换向阀内滑块换向行程开始后，由于换向阀阀体损伤，使活塞不能顺畅运动，无法到达工作位置，造成电磁换向阀换向不完全的故障。产生此种故障后的现象是：压缩机吸气管发热，蒸发器出风不冷，换向阀左右两侧毛细管均发热。遇到这种故障时应更换新的电磁换向阀。

3）电磁换向阀内部泄漏。造成这种故障的原因是：电磁换向阀使用一段时间后，阀内聚四氟乙烯活塞上的顶针与阀体上的阀座不密封，造成高压侧制冷剂气体向低压侧泄漏。产生此种故障后的现象是：换向阀左右两侧的毛细管均发热。遇到此种故障现象，排除方法是更换电磁换向阀。

6.3.2 控制电路常见故障分析

窗式、挂壁式或柜式空调器所用的微型计算机控制器的硬件结构基本相同。它由微型计算机、传感器、控制开关、显示器和电源组成，其控制电压为12V或24V。近年生产的空调器微型计算机控制器使用内部带A/D转换的芯片，大大减少了控制器外围元器件。

微型计算机控制器在空调器中一般有下述功能：温度控制、风量控制、节能控制、湿度控制、风向控制、睡眠控制、定时控制、除霜控制和制热时防止冷风吹出控制及压缩机过热或过载时的停机控制。

温度控制是微型计算机控制器的全功能，它是通过控制压缩机的开停或运转速度，使室内空气温度达到所需要的温度值，根据室内吸入空气的温度来自动调整室内风机的速度。其控制电路是把设定的温度值预先储存在计算机中，由室温传感器测量当时的温度值。然后与设定值进行比较、判断，从而控制压缩机的开、停，使室温基本控制在所需要的范围内。

风量控制就是根据使用要求，设定为高、中、低三挡中任意一挡风速工作，也可以按自动方式工作，如制冷时，设 t_A 为室内温度值，t_S 为设定温度值。在空调器运行过程中将测得的室内温度 t_A 与设定温度值 t_S 进行比较，当 $t_A - t_S > 4℃$ 时，风机以高速度运行；当 $2℃ < t_A - t_S ≤ 4℃$ 时，风机以中速运行；当 $t_A - t_S ≤ 2℃$ 时，风机以低速运行。

为了使空调器实现节能控制，微型计算机控制器控制空调器在制冷或制热达到设定的温度值以后，会继续按设定值工作1h后，会将设定温度值在制冷时自动提高1℃，制热时自动降低1℃，以减少压缩机的工作时间来达到节能的目的。近年推出的变频器是一种理想的节能方式，它可根据制冷或制热负荷的变化来改变压缩机的转速，在以较大的功率快速制冷或制热后，以较小的功率运转达到维持室温的目的。

微型计算机控制器中对空气湿度控制有直接法和间接法两种方法。直接法是利用湿度传感器直接控制湿度。它将设定的湿度值分为高、中、低3挡，将湿度传感器测得的湿度值与设定值进行比较，以确定制冷系统是除湿运行还是制冷运行。间接法是对室内风扇电动机和压缩机的工作进行计时，从而间接控制湿度，不使用湿度传感器。在工作时，根据室内的温度值，先让制冷系统以制冷方式运行，使室内空气达到既降温、又除湿的目的。然后再控制风扇电动机和压缩机以间隔方式开、停，以达到控制室内空气湿度的目的。

微型计算机控制的空调器为防止人们在开机的情况下睡眠时不舒适，而设置了睡眠控制功能。其控制过程是：当设定睡眠方式时，在制冷状态下，工作1h后，设定的温度值会自动升高1℃，又经过1h后，再升高1℃。在制热状态下，工作1h后，设定的温度值会自动降低2℃，又经过1h后再降低3℃。睡眠功能设计的温度变化值，一般在设定值为2～3℃的范围内变化，以适应人体睡眠时的生理变化要求，又具有一定的节能效果。

微型计算机控制的空调器在制热运行时，为防止起动运行时，由于室内侧热交换器中制冷剂蒸汽温度低，会吹出冷风使人感觉不舒服，在室内侧热交换器的盘管上安装了一只温度传感器。当刚开始制热运行时，检测到盘管表面的温度较低，传感器控制风扇电动机不工作，只有当检测到盘管表面温度达到一定值后才能起动室内风扇电动机，从而有效地防止了空调器启动时向室内吹冷风的现象。

微型计算机控制的空调器，电路部分常见的故障有：

1）开机后空调器不能工作。当按下运行键时，空调器不能工作。出现这种情况是说明电源没有接通，应检查电源有无故障即电闸是否合好，熔丝是否熔断，若是三相电源，是否有缺相；室内机电路板上的压敏电阻是否损坏，各线簇连线的插件是否接触不良；按键开关接触不良或电路板上元器件损坏等。要逐一检查，排除后即可恢复空调器起动运行。

2）开机后室内风机运转，但压缩机不运转，且故障灯闪烁。用微型计算机控制的空调器，故障灯闪烁，说明系统有故障，应参看说明书进行故障检查，也可按下述内容进行逐项检查，以求查出故障原因，予以排除。

① 检查电源是否电压过低或缺相。

② 检查压缩机电动机的过载装置是否动作或动作后不能复位。

③ 检查室外风扇电机是否工作正常，有时会因室外风扇电机不工作，而引起压缩机高压侧压力过高，导致过载保护器动作，使压缩机不能启动运行。

④ 检查压缩机和室外风扇电动机的接线头处是否有接触不良，从而导致故障。

⑤ 检查控制压缩机供电电路的交流接触器线圈是否烧毁，造成其不能吸合，而无法接通压缩机电路。

⑥ 检查压缩机保护元器件——高低压压力继电器是否动作，或其内部触头是否损坏，而造成压缩机不能启动。

若上述各项均没有故障，应检查计算机控制板是否本身存在故障而造成压缩机电路不能导通。

3）空调器启动一会儿就停机，且故障灯闪烁。造成这一故障既可能是制冷系统有故障所致，也可能是电气系统有故障所致。

检查时最好查其说明书，对照故障灯所示内容进行排查。若手头没有本机的说明书，可重点检查：

① 是否因压缩机排气压力过高（超过2MPa表压），而引起压力继电器动作，切断了压缩机电路。

② 是否因制冷系统亏氟或脏堵，引起低压压力过低（低于0.2MPa表压），而最终引起压力继电器动作，使压缩机停机。

③ 是否因压缩机或风扇电机的过载保护器动作，而引起高压压力过高，压力保护装置动作，使压缩机停机。

总之，对于计算机控制的空调器电气系统常见故障的分析，一是对照故障灯的指示，查说明书；二是顺着电气系统的构成元器件，逐步分析、查找即可找到故障位置，进行有针对性的维修，以减少维修中的盲目性，提高工作效率。

6.4 窗式空调器的故障与维修

6.4.1 窗式空调器故障的分类

维修各种空调器前要搞清楚：空调器哪部分出现了故障，是制冷系统还是电气系统，不得在没搞清楚故障所在部位前动手拆卸，造成事倍功半的结果。应首先向空调器使用者了解基本情况，然后根据基本情况，进行认真的检测和分析，以确定故障的性质和部位，再动手进行维修。因此维修的基本操作步骤应是：了解故障原因，观察故障现象，分析故障位置，确定故障元器件，拆卸故障元器件，检测故障元器件，修复或更换故障元器件，重新组装系统，认真进行工艺操作，全面调试、检测，交付使用。

窗式空调器的故障现象一般可归纳为：

漏，即制冷系统有裂痕，造成制冷剂和冷冻润滑油泄漏。

堵，即制冷系统内部发生冰堵或脏堵及蒸发器或冷凝器表面积尘太多，造成热交换能力下降或不能进行热交换。

烧，即压缩机电动机、风扇电动机绕组、电磁换向阀线圈及各种继电器线圈和线路触点烧毁。

断，即电气系统中的导线损坏、熔丝熔断或压力继电器及过载保护器动作，从而切断电路。

卡，即压缩机卡缸或风扇电动机的扇叶与空调器的外壳间卡住。

6.4.2 窗式空调器常见故障及检修方法

窗式空调器常见故障及检修方法见表6-3。

表6-3 窗式空调器常见故障及检修方法

故障现象	故障原因	检修方法
空调器不运转	1）停电，电源插头松动，电源线脱焊或断路，熔丝烧断 2）电压过低 3）电源引线截面积太小，引线过长，造成压缩机起动时电压降过大 4）主控开关插片脱落或触点接触不良 5）温控器传动装置损坏或感温管泄漏 6）电容器损坏或容量太小 7）过载保护器触点过早断开或双金属片烧毁 8）压缩机线圈烧毁或匝间短路，压缩机"卡缸"、"咬轴"，压缩机密封接线柱击穿	1）用测电笔检查电源线路是否有电。拧紧插头，接通断线及更换熔丝 2）电压不能低于铭牌规定值的10% 3）选用较粗的引线 4）按产品电气线路图检查各插片是否脱落、接线是否正确、开关旋转时各触点工作是否正常，进行修复或更换 5）检查温控器，修复或更换 6）用万用表检查电容器，若击穿则更换 7）更换过载保护器 8）更换或修理压缩机

故障现象	故障原因	检修方法
压缩机能起动，但断续停转	1）电压过低、导线直径过小，过载保护器断路 2）冷凝器通风不畅 3）冷凝器排出热风重回空调器 4）冷凝器污阻 5）过载保护器损坏 6）室温降到相应控制温度而自动停机	1）在压缩机运转时，检查电压和电流；停机，对电源线采取相应措施；更换过载保护器 2）检查冷凝器进出风口有无障碍物并清除 3）检查冷凝器排出间隙是否恰当，检查回风的原因 4）检查并清洗冷凝器及过滤网 5）检查并更换过载保护器 6）正常现象，不是故障
有送风但不制冷或不除湿（即风扇转而压缩机不动）	1）电控问题。总开关、温控器发生故障 2）压缩机问题。起动电容损坏，过流过热保护器烧断，压缩机电动机线圈短路或烧毁 3）制冷系统问题。系统内发生制冷剂泄漏或堵塞 4）湿度传感器故障	1）用万用表检查，并予以修复或更换 2）用万用表测量，鉴定后更换或开机检修 3）用氮气加压法对系统进行查漏和吹清，补漏、抽空灌气 4）更换新湿度传感器
压缩机及风扇电动机均运转，空调器无冷风吹出	1）制冷系统泄漏 2）制冷系统堵塞 3）压缩机高、低压腔短路，吸排气阀片损坏 4）除霜温控器损坏	1）查出泄漏，补漏 2）处理方法如前 3）剖开压缩机机壳，更换汽缸盖密封垫片或阀片 4）更换新的除霜温控器
整机起动后迅速停机	1）接线错误 2）制冷剂过多 3）蒸发器或冷凝系统内不清洁而受阻 4）制冷系统内有空气 5）轴流风扇、离心风扇、电动机出故障 6）压缩机过热，一是新的压缩机机械配件较紧，转动后温度上升；二是温度电流过载，保护器自动断路造成 7）压缩机胶着	1）按电控线路图检查并予更正 2）排出适量制冷剂 3）拆下并清洗管道系统，再重新装配，注入制冷剂后加以转动 4）排清制冷剂后重新抽真空，再灌入定量的制冷剂 5）对风扇电动机作常规检查，看绕组是否正常，接线是否正确，电容器有无损坏，风扇排风量是否正常，发现问题后加以处理 6）解决办法是可让压缩机反复起动数次，每次间隔2min，若运转顺利，但仍过热，则应更换压缩机 7）按说明书电气原理图检查压缩机绕组是否开路、断路或短路，如果有上述3种情况就必须更换压缩机或送厂修理 　　冷媒高低压区域压力尚未平衡，电动机无法克服大转矩，必须有足够的时间让冷媒压力自动平衡后再试起动 　　过载保护器尚未复位或损坏。待压缩机充分冷却后再试起动，若还不能起动，则应更换过载保护器
空调器运作正常，但制冷（热）量不足	1）空气过滤网阻塞 2）蒸发器的散热肋片粘附灰尘 3）冷凝器有脏物堵塞或积尘太厚 4）空调器新、排风门不密闭 5）室外空气进入空调器 6）系统中制冷剂泄漏，热交换媒介不足 7）毛细管部分堵塞	1）检查过滤网，清理污尘 2）检查并清理尘污 3）检查清理 4）检查有无出现缝隙并进行修理 5）检查门窗关闭情况 6）检查漏点，补焊后再检漏，抽真空，灌制冷剂，最后封口 7）清洗毛细管后，用氮气吹净，保证其畅通，然后再焊回制冷系统

故障现象	故障原因	检修方法
空调器运作正常，但制冷（热）量不足	8）压缩机内阀片损坏，系统内高低压区无法形成 9）压缩机过载保护器故障 10）温控器出故障 11）风扇电动机转速慢或转向错误或扇叶打滑 12）空调器安装位置不当 13）房间热负荷过大，房内人数过多，热源较多，空调器的制冷量偏小	8）更换压缩机或送有关部门修理，更换阀片 9）检查并更换 10）检查温控器感温管有无泄漏，调整触点开关，检查温控器位置是否适当，或更换型号相同的温控器 11）检查连线是否错误，然后予以更正、检查电动机是否有局部短路，电容器是否有问题，予以修理更换；检查及加固扇叶 12）调整或选择合适的安装位置 13）减少房内人数，减少热源，选择制冷量恰当的空调器
空调器振动	1）压缩机装运垫木或螺钉未拆除，地脚螺栓松动 2）排气管或吸气管有敲打金属的声音 3）压缩机接线盒及电容松脱 4）风扇叶片弯曲或松脱	1）去掉垫木及螺钉，紧固地脚螺栓 2）将配管略微弯曲，使之与金属件的距离加大 3）上紧有关部位 4）检查，调整，加固
风扇噪声	1）风扇敲击声 2）轴流风扇或离心风扇螺钉松动 3）扇叶弯曲	1）检查风扇位置及距离 2）紧固风扇的固定螺钉 3）检查并调整扇叶
空调器冷凝水往室内流	1）空调器水平位置不好 2）接水盆、排水管堵塞或渗漏	1）校正水平，一般窗式空调应向外下方略倾斜 2）清理堵塞物，用柏油或其他防水密封物将漏处堵好
蒸发器表面结冰	1）空气滤清器阻塞 2）离心风扇故障 3）室温过低	1）清洗滤清器 2）检查离心风扇及电动机 3）当室温低于21℃时进行制冷运行，蒸发器表面会结冰
热泵型空调器制热量不够或无热风	1）参照空调器制冷量不足的原因检查并排除 2）室外温度太低 3）电磁换向阀工作不正常	1）同前 2）更换电热型空调器 3）检查电磁换向阀线圈有无断线或接触不良，或是否烧毁；检查换向阀块是否卡住等，查出故障并排除
空调器失火	1）电容器击穿 2）空调器的风扇因故卡住 3）热保护器故障 4）密封接线柱击穿，压缩机冷冻油从击穿孔流入空调器底盘	1）选择耐压符合要求的电容器 2）风扇电动机装热保护器 3）检查更换热保护器 4）注意密封接线柱的质量，不要把空调器放在易燃物上，定期对空调器进行检查维护

6.5 分体式空调器的故障与维修

6.5.1 故障检查步骤及检查方法

1. 故障检查步骤

分体式空调器无论是制冷系统，还是电气控制系统，都比窗式空调器要复杂一些，因此在分析和检查故障时，应慎重、严谨，一般可分为3步。

第1步：查电源。看有无断电、欠电压或配电设备损坏。

第2步：查电器设备的工作情况。看压缩机电动机、风扇电动机和电磁换向阀及电加热的工作状态是否正常。

第3步：查制冷系统。看有无制冷剂泄漏，冷凝器散热情况和蒸发器吸热情况是否正常；有无"脏堵"或"冰堵"现象。

2. 故障检查方法

进行故障分析时，可采用原理分析、观察法检测和查表等方法。

（1）原理分析法

运用原理分析来判断分体式空调器故障是维修工作中使用的主要方法之一。空调器的故障种类很多，主要故障可以总结为6大类，包括：不制冷、制冷效果不好、不制热、制热效果不好、漏水和噪声大等。下面以壁挂机为例，总结出前4大类故障的检修流程，立柜式空调与其类似，如图6-1~图6-4所示。

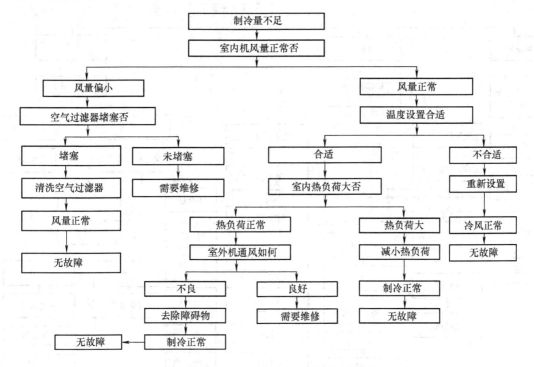

图6-1 分体壁挂式空调器制冷量不足的故障检查程序

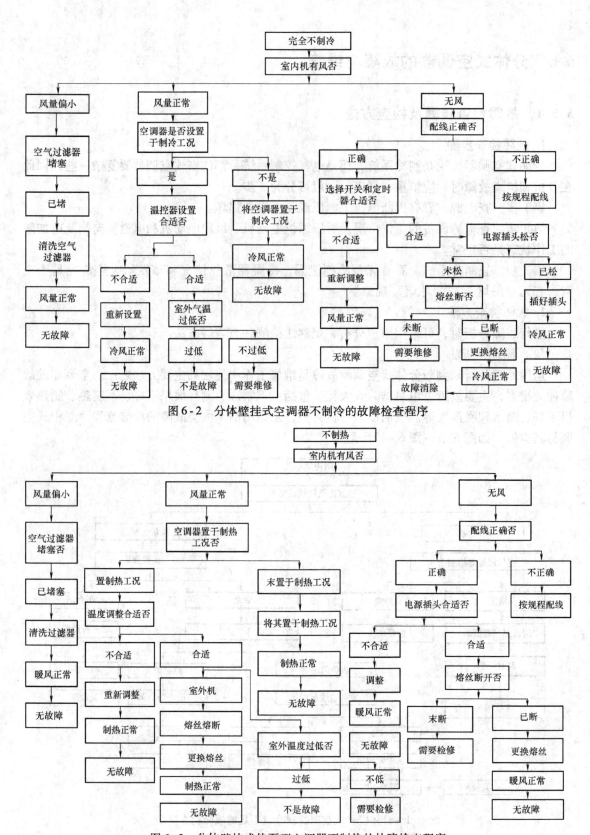

图 6-2　分体壁挂式空调器不制冷的故障检查程序

图 6-3　分体壁挂式热泵型空调器不制热的故障检查程序

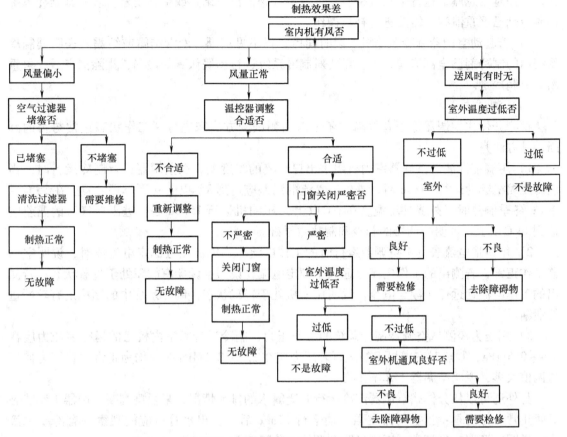

图 6-4 分体壁挂式热泵型空调器制热不足的故障检查程序

（2）查表法

查表法也是检测和维修时常用的方法之一，它的优点是简明、快捷。分体式空调器常见故障及其检修方法见 6.5.2 节。

（3）观察法

用观察法检测分体式空调器运行状态，也是维修过程中判断故障的方法之一。其基本检测方法是：

1）起动空调器制冷压缩机运行 3min 后，室外机组外部的液阀、液管出现结露现象，运行 10min 以后，气管、气阀也出现结露现象，表明空调器制冷运行正常，制冷系统制冷剂充足。

2）若起动空调器制冷压缩机运行，液阀、液管一开始出现结霜现象，几分钟以后，霜又溶化成露，运行 15min 后，气管、气阀出现结露现象，表明空调器制冷系统略微亏氟，但还基本够用，一般不用补充制冷剂。

3）若起动空调器制冷压缩机运行后，液阀、液管出现结霜情况，过 15min 后，气管、气阀也出现结霜情况，表明制冷系统内制冷剂充足，是室内机组的空气过滤网过脏，热交换效果不好所致。

4）若起动空调器制冷压缩机后，一开始液阀、液管出现结霜现象，几分钟后霜不但不化，反而越结越厚，运行十几分钟后，气管、气阀仍没有结露或结霜现象，表明其制冷系统内制冷剂已严重泄漏，需要进行补氟操作。

5）若起动空调器制冷压缩机一段时间后，仍不见液阀、液管结露或结霜。表明其制冷系统内的制冷剂已全部泄漏光了，需要对制冷系统进行彻底认真的检漏，排除漏点后，再重新充灌制冷剂。

（4）测试法

检测分体式空调器是否有故障，还可以用测试的方法来进行其工作状态正常与否的判断，其方法是：

1）用温度计测试空调器室内机组进出口气流的温度差，在空调器进行制冷运行时，当制冷压缩机起动运行15min后，进出口气流的温差应达到8℃以上（夏季环境温度在35℃以下）；冬季制热时（外界环境温度在7℃以上）压缩机运行15min后，进出口气流的温差应达到14℃以上，说明空调器的制冷和制热效果好。

2）用钳形电流表测量空调器运行时的工作电流，当电流接近额定电流值时，说明空调器工作正常，若测出的工作电流远远大于额定电流，说明空调器有故障处于过载状态；若测出的工作电流远远低于额定电流，说明压缩机处于轻载状态，制冷系统中的制冷剂有较严重的泄漏。

3）用压力表测试空调器制冷系统的工作压力，制冷运行时室内机组的运行表压力应在0.4~0.5MPa，制热时室内机组的运行表压力应在1.5~2.1MPa时，均为正常。若压力偏离这两值太多，说明空调器工作不正常。

另外还可以从分体式空调器制冷运行时凝露水的排泄情况，来粗略判断空调器工作状态是否正常。方法是：当空调器在强冷挡运行15min后，从出水管口应能观察到有冷凝水滴出，说明空调器工作正常，否则说明空调器工作不正常。

6.5.2 分体式空调器常见故障及检修方法

分体式空调器常见故障及检修方法见表6-4。

表6-4 分体式空调器常见故障及检修方法

故障现象	故障原因	检修方法
压缩机、风机不运转	1）停电	1）等待复电
	2）电源熔丝熔断	2）查明原因，换合适熔丝
	3）电源插头插座或空气开关接触不良	3）修复或更换
	4）相序保护（三相旋转式压缩机）	4）调接任意两根相线
	5）电源缺相或缺零	5）修复
	6）过欠压保护	6）检查电源
	7）机内接插件接触不良	7）重插至导通
	8）变压器或电控板内熔丝、压敏电阻损坏	8）修复或更换
	9）发射器、接收器故障	9）修复或更换
	10）风机热保护装置断开	10）查明原因，排除
	11）电控板故障	11）修复或更换
	12）选择开关断路	12）更换

故障现象	故障原因	检修方法
室内风机运转但压缩机不转	1）温度设置不合适 2）电压过低 3）热过载保护器断 4）压缩机运转电容损坏 5）室内外连接线错误或接触不良 6）电源缺相（三相压缩机） 7）控制压缩机交流接触器，继电器损坏 8）电控板故障 9）缺氟利昂（在有低压保护的机器中） 10）压缩机损坏 11）温控器损坏（如温控器感温管泄漏） 12）选择开关损坏	1）重新设置 2）起动电压应达额定电压 85% 以上 3）更换 4）更换 5）修复 6）修复 7）更换 8）修复或更换 9）充氟利昂 10）更换 11）更换 12）更换
压缩机运转但室内风机不运转	1）除霜过程中 2）风机运转电容损坏 3）风机线路接触不良，接插件松脱 4）风叶、离心轮贯流风叶卡死，风机轴固定螺钉松动 5）风机损坏 6）电控板故障 7）制热温度未到（防冷风管温度保护） 8）选择开关损坏	1）等待恢复 2）更换 3）修复 4）修复 5）更换 6）修复或更换 7）等待 8）修复或更换
压缩机风机均运转，不制冷（热）	1）制冷剂泄漏 2）系统内堵塞（脏堵、油堵重点检查过滤器毛细管） 3）电磁换向阀损坏 4）压缩机损坏	1）检漏、补漏、充氟 2）清洗、抽真空、充氟 3）更换 4）更换
制冷（热）效果差	1）制冷剂不足或过量 2）房间负荷太大 3）室内外热交换器、过滤网脏，风量下降 4）系统内有局部堵塞现象 5）压缩机效率低 6）系统内混入空气 7）室外环境温度过高（制冷时）或过低（制热时） 8）化霜部分故障（制热时） 9）电磁换向阀故障	1）调整至正确值 2）增加机组容量 3）清洗 4）清洗 5）更换 6）重新抽真空、充氟 7）设法改善 8）修复 9）更换
压缩机频繁开停	1）热过载保护器动作 a. 电网电压不稳定、偏低、电流过大 b. 冷凝器通风散热不良 c. 室外风机不转或风叶转速慢 d. 制冷剂过多，电流大 2）压力保护器动作、压力过高过低 3）房间保温性能太差，造成负荷太大 4）温控器温度控制差太小 5）温控器感温管位置不对 6）安装部位过低 7）压缩机故障	1）查（电流、温度）原因后排除 a. 改善或安装稳压器 b. 改善 c. 排除修复 d. 调整 2）修复 3）提高保温性能 4）更换 5）调整 6）调整 7）更换

故障现象	故障原因	检修方法
噪声振动大	1）安装不良 2）铜管、风叶、壳体间碰擦 3）电压过低 4）风道内进入异物 5）接触器吸合时产生电磁噪声 6）风叶平衡不好，变形 7）壳体螺钉松动 8）压缩机内部机件损坏 9）溅水声	1）调整 2）调整 3）改善或安装稳压器 4）取出 5）修复或更换 6）更换 7）紧固 8）更换 9）修复
漏水	1）安装不符合要求 2）排水孔堵塞 3）排水管破裂 4）积水盘、底盘损坏渗漏	1）重新调整 2）疏通 3）修复或更换 4）修复或更换
漏电	1）感应电 2）电器零部件击穿 3）绝缘损坏	1）接地或接零 2）更换 3）修复
不停机	1）房间负荷太大 2）温控器故障 3）电控板故障 4）空调机制冷（热）效果差	1）增加机组容量 2）修理或更换 3）修复或更换 4）修复

6.6 实训

6.6.1 实训1 —— 房间空调器的计算机控制板功能检测

1. 实训目的

学会房间空调器的计算机控制板功能检测的方法，对维修空调器电气控制系统故障有很大的帮助，因为有相当部分房间空调器电气故障是由计算机控制板引起的。

2. 主要设备、工具与材料

房间空调器的计算机控制板一套，万用表一只，电源插头线一根。

3. 操作步骤

1）空调器的计算机控制板插上电源，用遥控器控制空调器的计算机控制板。

2）将运行模式设定在制冷状态，温度设定小于环境温度：测量压缩机、室外风机、换向阀和室内风机继电器吸合情况。然后将温度设定大于环境温度：测量压缩机、室外风机、换向阀、室内风机继电器吸合情况，将两次测量结果填入实训报告。

3）将运行模式设定在制热状态，温度设定小于环境温度：测量压缩机、室外风机、换向阀和室内风机继电器吸合情况。然后将温度设定大于环境温度：测量压缩机、室外风机、换向阀和室内风机继电器吸合情况，将两次测量结果填入实训报告。

4）将运行模式设定在通风状态，温度设定小于环境温度：测量压缩机、室外风机、换向阀和室内风机继电器吸合情况。然后将温度设定大于环境温度：测量压缩机、室外风机、换向阀和室内风机继电器吸合情况，将两次测量结果填入实训报告。

5）再测量遥控器控制计算机控制板的有效距离，即遥控器离计算机控制板多少距离计算机板都能接收信号，超过这个距离计算机控制板接收不到遥控器所发射的遥控信号。

6）填写实训报告。

4. 注意事项

1）检测时因有 220V 交流电要注意安全。

2）检测时万用表的量程选择不要搞错，以防损坏万用表。

3）继电器吸合情况可以这样测量：测量继电器线圈两端是否有 12V 直流电压，有 12V 直流电压则继电器吸合动作，再测继电器常开触点是否闭合，有否 220V 电压输出。春兰 KFR - 25GW 分体挂壁式空调器计算机控制板上，各个继电器的分工如下：K1 - 换向阀、K2 - 室外风机、K3、K4、K5 - 室内风机（高、中、低 3 个风速），压缩机继电器 K6 在室外机上，线圈电压由电路板上插座 X6 通过连接线到室外，测量压缩机继电器 K6 吸合情况只要测 X6 两端上有否 12V 直流电压即可。

6.6.2　实训 2 —— 房间空调器制冷系统常见故障与检修

1. 实训目的

1）熟悉房间空调器常见的故障。

2）掌握空调器常见故障的判断与检修技术。

2. 主要设备、工具与材料

分体壁挂式空调器、500 型绝缘电阻表、螺钉旋具、万用表。

3. 操作步骤

（1）制冷剂泄漏的检修

将带压力表的修理阀通过空调器加液管和转换接头，接在三通阀的加液旁通孔上，运转压缩机观测压力，1 ~ 1.5HP 的分体空调器表压力应在 0.45MPa 左右，如压力太低则判断为制冷剂泄漏，应补充制冷剂。

（2）压缩机不运转的检修

根据电路图，检查室外机组供电端子电压 220V 是否正常，如正常，应检查压缩机电容、保护器、接线以及压缩机本身，如不正常，则检查计算机板相应输出端的直流电压是否正常，若正常则继电器或接线故障，更换继电器，若不正常则计算机板故障，应更换计算机板。

空调压缩机电动机绕组间的电阻值较小，一般都小于 10Ω，所以使用万用表低阻挡（$R \times 1$ 挡）测量，零点一定要调好，有条件者可用数字万用表测量。电动机线圈的阻值与温度有关，温度越高阻值越大，若阻值异常，尤其是零或无穷大，应更换压缩机。

如电气部分检测均正常，则压缩机可能是机械部分的卡死故障，应排除卡死故障，如排除困难则应更换压缩机。

（3）冷暖空调不制热

冬天开制热时，空调在运转但不制热。这时应手摸室内机管道，如管道很凉说明是四通阀不换向，如管道还有点热一般情况都是制冷剂泄漏不足。

四通阀不换向应检查线圈是否良好，如无问题则是四通阀机械部分问题，滑块卡死，或内部高低压之间泄漏，应予更换。

4. 注意事项

1）每组 2~4 人，以抽签的形式确定故障机，完成后交换。

2）操作过程中应听从指导教师的指挥和安排，按照操作规程严格操作。

6.7　习题

1. 空调器有哪些假性故障？

2. 对空调器故障的检查可采用哪些方法？

3. 如何判断空调器制冷系统中的润滑油是否变质？

4. 空调器用风扇电动机会出现哪些故障？

5. 如何判断电容器的好坏？

6. 电磁换向阀有哪些常见故障？如何排除？

7. 窗式空调器的故障现象可以归纳为几种？

8. 简述窗式空调器降温效果不好的原因及排除方法。

9. 窗式空调器的风扇和压缩机都不运转是什么原因？

10. 窗式空调器的风扇运转，但制冷系统不工作，可能是什么原因？

11. 若窗式空调器运转正常，但制冷（热）不足，试分析可能的原因？

12. 一台窗式空调器运行中压缩机开、停频繁，试说明可能的原因？

13. 空调器起动后迅速停转，可能是什么原因？

14. 热泵型空调器或电热型空调器不制热，可能存在哪些故障？

15. 空调房间内温度已很低，但空调器仍运转不停，可能是什么原因？

16. 空调器运行时，蒸发器表面结冰可能是什么原因？

17. 空调器工作时噪声太大是什么原因？

18. 空调器漏水可能是什么原因？

19. 试分析市电电网频率对窗式空调器制冷力和运行的影响。

20. 窗式空调器运行中，蒸发器上冷凝水时多时少，表面结霜时有时无，试分析其原因。

21. 试分析市电电源的稳定性对空调器的制冷力和运行的影响。

22. 维修分体式空调器时可分哪几步进行检查？

23. 如何用观察法判断分体式空调器工作情况？

24. 如何用测试法判断分体式空调器工作是否正常？

25. 分体式空调器压缩机、风扇不运转的原因是什么？如何处理？

26. 分体式空调器冷量不足的原因是什么？如何处理？

第7章 制冷设备维修操作技术

7.1 制冷维修工具及其使用

在制冷设备维修操作时，除了一套常用工具外，还需要一些专用工具和材料。

7.1.1 常用维修工具

常用的修理工具有：活扳手（150mm、200mm、300mm 的各一把）、套筒扳手一套、钢丝钳、尖嘴钳、扁嘴钳、电工钳、各种规格的螺钉旋具、各种锉刀（圆锉、方锉、扁锉、什锦锉200～300mm）、钢锯、台虎钳、三角刮刀、杂锦刮刀、锤子、橡皮锤、木锤、剪刀、万用表、钳形交流电流表、绝缘电阻表（500V）、压力表（0～1.5MPa 和 0～2.5MPa 各一个）、电钻及各种规格钻头、酒精温度计几支，绕线机、磅秤、电烙铁和试电笔。

7.1.2 专用维修工具及使用

修理制冷器具的专用工具有：气焊设备、电焊设备、真空泵、卤素检漏灯、电子检漏仪、制冷剂定量加液器、制冷剂钢瓶（R12、R134a 等）、氮气钢瓶、割管器、胀管器、弯管器、棘轮扳手、修理阀、管路的接头和接头螺母以及灌气工具（包括阀、真空压力表及带接扣的连接管等）。

1. 割管器

割管器又称为切管割刀，它是一种专门切割管子的工具。其结构如图7-1所示，由支架、切轮和调整钮组成。调节调整钮可使切轮上下移动。

操作时要将切轮的刀口与管子垂直夹住，不能歪斜或侧向扳动切轮，以防切割刀口崩裂。进刀量不能超过每转1/4圈，不然，会出现内凹的收口或者割坏管口。图7-2是两种不同的切割管口形状。旋转转柄时要用力均匀，同时将割管器旋转，即边拧边转，直至切断。切断后的管口要用绞刀将边缘上的毛刺去掉。

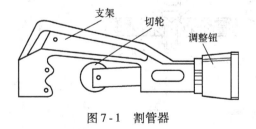

图7-1 割管器

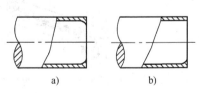

图7-2 两种不同切割管口的形状
a) 切口不好 b) 切口好

2. 弯管器

弯管器是专门弯曲铜管的工具。在使用中，不同的管径要采用不同的弯管规格模子，而且管子上的弯曲半径应大于管径的 5 倍（$R \geq 5D$），如图 7-3 所示。弯好的管子，在其弯曲部位的管壁上不应有凹瘪现象。

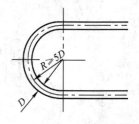

图 7-3 管子弯曲时的
最小半径

弯管时，应先把需要弯曲的管子退火，再放入弯管器，然后将搭扣扣住管子，慢慢旋转杆柄使管子弯曲，如图 7-4 所示。当管子弯曲到所需角度后，再将弯管退出弯管模具。

直径小于 8mm 的铜管可用弹簧弯管器。这种弯管器外形如图 7-5 所示。弯管时，把铜管套入弹簧弯管器内，可把铜管弯曲成任意形状。

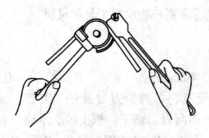

图 7-4 用弯管器弯曲管子

图 7-5 弹簧弯管器

在对铜管退火时，要注意掌握退火的长度与弯曲角和铜管直径的关系：

在铜管的弯曲角为 90°时，加热段的长度等于铜管直径的 6 倍。

在铜管的弯曲角为 60°时，加热段的长度等于铜管直径的 4 倍。

在铜管的弯曲角为 45°时，加热段的长度等于铜管直径的 3 倍。

在铜管的弯曲角为 30°时，加热段的长度等于铜管直径的 2 倍。

3. 胀管器

胀管器又称为扩管器，是铜管胀口的专用工具，如图 7-6 所示。当采用螺纹接头时，为保证连接处的密封性，管口要胀成喇叭口形状。胀管器由一块厚钢板分成对称的两半，其上钻有各种管径的孔，孔的上口为 60°的倒角。倒角的大小和高度按照管径的要求而定，经淬火处理而成。

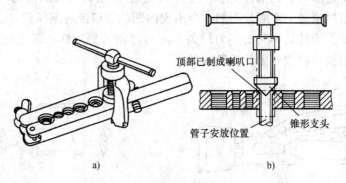

顶部已制成喇叭口

锥形支头

管子安放位置

图 7-6 胀管器
a）扩喇叭口工具 b）扩口情况

胀管器两半的连接，一端使用销子，另一端使用蝶形螺母和螺栓压紧。使用时，胀口尺寸大小要合适，铜管必须高出胀管器的上平面，为胀口垂直高度的 1/3，如图 7-7 所示。同时在管口处涂上少许润滑油，以保证胀口质量。

胀管时，将铜管夹在胀管器内，用顶尖顶住管口，把顶尖向下旋转 3/4 圈，再倒转 1/4 圈。如此反复进行，达到要求为止。这样能够保证胀口的锥度和锥面圆滑。再向下旋转，只要顶尖达深度的 7/8 即可，剩余的 1/8 留在连接管路时，用螺母压紧成形。这样胀好的喇叭口接触严密，不易引起泄漏。

当铜管直径大，管壁较厚时，可采用二次胀管法，如图 7-8 所示。胀口的喇叭口的锥面要光滑，边缘无裂纹，压紧螺母在铜管胀口上转动灵活，不得有卡死现象，旋紧螺母时铜管不能跟着转动。旋紧螺母时，先用手拧紧，直到管子喇叭口贴紧后再用扳手锁紧。

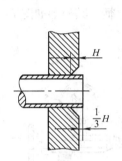

图 7-7 需胀铜管露出胀管器

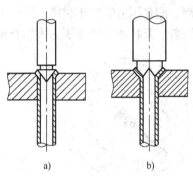

图 7-8 二次胀管法
a）初扩 b）二次扩胀

管子焊接时，需将一根管子插入另一管内。若两管管径相差太小无法使管径小的管子插入另一管时，必须将其中一管（常常是管径略大的）胀成套管。在胀口时，被胀的一端留约为 20mm 长，用气焊火焰加热，然后在空气中自然冷却，使其退火。冲扩前自制一个钢冲，钢冲的尺寸如图 7-9 所示。将铜管放在胀管器中夹紧，如图 7-10 所示，铜管上部露出 10~15mm，将钢冲对准管口，用铁锤轻轻敲打。钢冲往下走一点，铁锤敲打一下，边胀口边转动钢冲，待钢冲全部打进去后，取出钢冲。胀口时不宜过急，一次胀口不宜过深，否则钢冲不容易拿出。冲扩完毕，用砂纸将管端打光，并用干布拭净。合格的杯形口应是杯形正圆，无扁无裂。

目前专用的胀管器附有不同规格的钢冲附件。根据不同管径选择合格的钢冲，旋到管口扩张器的螺杆上即可，如图 7-11 所示。

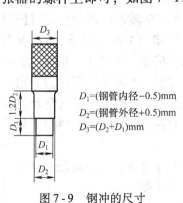

$D_1=$（钢管内径-0.5）mm
$D_2=$（钢管外径$+0.5$）mm
$D_3=(D_2+D_1)$mm

图 7-9 钢冲的尺寸

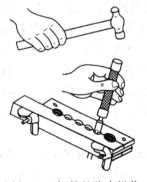

图 7-10 铜管的胀套操作

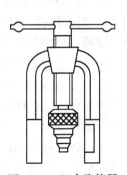

图 7-11 组合胀管器

4. 真空压力表

图 7-12 所示为一种类型的真空压力表。表盘上从里向外第一圈刻度是压力数，单位是兆帕（MPa）；第二圈刻度也是压力数值，0 以下单位为 inHg（英寸汞柱），0 以上单位为 1bf/in²（磅力每平方英寸），它们与法定单位 Pa 的换算关系如下：

1inHg（英寸汞柱，0℃）= 3386.389Pa；

1lbf/in²（磅力每平方英寸）= 6894.7573Pa。

5. 修理阀

修理阀又称为检修阀、三通修理阀、三通检修阀及检修表阀。在对电冰箱进行抽真空、充注制冷剂、测量压力等操作时需要用到修理阀。修理阀为铜质组合结构，由内阀孔、阀针、密封垫、压盖、阀杆和手柄与压力表组合而成，有 3 个接口和 1 个手柄，其外形如图 7-13 所示。

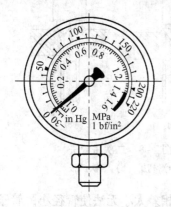

图 7-12　真空压力表

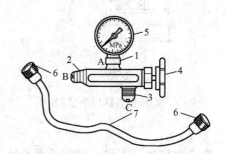

图 7-13　修理阀和充冷管的外形结构图
1—修理阀　2—顺向接口　3—横向接口　4—手柄
5—压力表　6—连接螺母　7—充冷管管体

1）修理阀上的 A 接口处刻有内螺纹，可固定装配压力表。修理阀上配用的压力表的量称为 −0.1 ~ 2.5MPa。

2）修理阀的 B 接口俗称为顺向接口，与带喇叭口的螺母连接。螺母另一端与制冷系统压缩机工艺管焊接或连接充冷管后再与其他阀门活连接。

3）C 接口俗称为横向接口，可以接氮气瓶、真空泵和制冷剂钢瓶。通过旋转修理阀的旋柄，即可实现对制冷系统的加压检漏、抽真空和充注制冷剂。

4）修理阀的手柄起关闭和开启阀孔的作用。按顺时针方向旋转修理阀手柄，可使阀孔缩小。当按顺时针方向将修理阀手柄旋转到底时称为关闭，C 接口关闭（截止），而 B 与 A 两端接通，可断开制冷系统与外界的气路；可通过表压力指示值监视制冷系统的变化，确定是否正常。按逆时针方向旋转修理阀手柄，可使阀孔增大。逆时针转动手柄称为开启，此时，B、C、A 接口呈三通状态，可通过 C 接口对制冷系统进行加压检漏、抽真空及充注制冷剂等操作。无论修理阀开启还是关闭，制冷系统与压力表总是导通的，可以随时对制冷系统进行测压。

另一种三通修理阀的结构如图 7-14 所示。修理阀门上装有两块表，一块是真空表，用来监测抽真空时的真空度；另一块是压力表，用来监测充注制冷剂时的压力。3 个连接口分别与制冷剂钢瓶或定量充注器、压缩机和真空泵进行连接。进行抽真空时，右端阀门开关阀门打开、左端阀门开关阀门关闭；进行充注制冷剂时，左端阀门开关阀门打开、右端阀门开关阀门关闭。

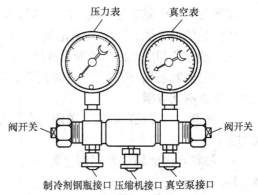

图 7-14 三通修理阀结构

6. 封口钳

封口钳用于夹扁封闭管路的某一点，以便检修时装拆压缩机、冷凝器、蒸发器或其他部件。图 7-15 所示为封口钳（手动夹扁钳），其颚口呈半圆形，不能夹断管路，只能将管口夹扁，还需要采用其他方法切割封口。

7. 棘轮扳手（方榫扳手）

棘轮扳手是专门用于旋动各类制冷设备阀门杆的工具，如图 7-16 所示。扳手的一端是可调的方榫扳孔，其外圆为棘轮，旁边有一个撑牙由弹簧支撑，使扳孔只能单向旋动。扳手的另一端有一大、一小的固定方榫孔。小方榫孔可以用来调节膨胀阀的阀杆。

图 7-15 封口钳

图 7-16 棘轮扳手

8. 带接扣的连接管

带接扣的连接管（直径为 6mm 的紫铜管）的锥形接头如图 7-17 所示。

9. 卤素检漏灯

卤素检漏检漏灯是电冰箱制冷系统用的检漏工具，如图 7-18 所示。

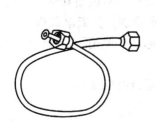

图 7-17 连接管（充灌管）示意图

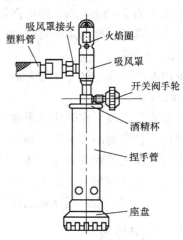

图 7-18 卤素检漏灯

使用卤素检漏灯时，点燃酒精后，火焰呈蓝色，当氟利昂蒸气与火焰接触后即由蓝变绿。根据火焰的颜色变化即可判断有无泄漏及泄漏量的大小。

卤素灯的工作原理是：氟利昂气体与卤素灯火焰接触后即分解为氟、氯元素气体。氯气与灯内炽热的铜接触，便生成氯化铜，火焰颜色变绿或紫绿色。泄漏量由微漏至严重泄漏时，火焰的颜色相应地由微绿变为浅绿、深绿直至紫绿色。卤素检漏灯的使用方法如下：

1）将座盘旋开，向捏手管内的铜管灌满酒精，最好使用高纯度的无水酒精，再将座盘旋紧，检查有无渗漏。

2）将开关阀手轮向右旋，关闭阀心，在酒精杯内加满酒精，用火点燃，对座盘内的酒精加热。

3）酒精杯内酒精快燃尽时，将手轮向左旋，使阀心开启一圈左右，使火焰圈喷出气体，即可点燃。

4）在吸风罩接头处接好塑料管，管口朝向检漏部位，观察火苗的颜色，判断是否有渗漏现象。

5）检漏灯在使用过程中遇到火焰熄灭时，应检查捏手管内有无酒精。如果有酒精而火焰熄灭，一般是因喷嘴小孔堵塞。将手轮向右旋转，关闭阀心，拆下吸风罩，从座盘底部取出通针清除喷嘴小孔中的污物，或拆下喷嘴，清除污物后再重新点火。

卤素检漏灯检漏的灵敏度较低，最低检知量为 300 克/年（年泄漏量）。

10. 卤素检漏仪

卤素检漏仪主要用于制冷系统充入制冷剂以后的精检。图 7-19 所示是一种常用的卤素电子检漏仪，可检测每年低于 5g 的泄漏量。它的工作原理是：卤素原子（氟、氯等）在一定电位的电场中极易被电离而产生离子流。氟利昂气体由探头、塑料管被吸入白金筒内，通过加热的电极，瞬间发生电离而使阳极电流增加，在微电流计上发生变化，经放大器放大后，推动电流计指针指示或使蜂鸣器报警。

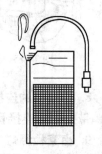

图 7-19　卤素检漏仪

使用电子检漏仪检漏时，将其探口在被检处移动。若有氟利昂泄漏，即发出警报。探口移动的速度应不大于 50mm/s，被检部位与探口之间的距离为 3～5mm。由于电子检漏仪的灵敏度很高，所以不能在有卤素物质或其他烟雾污染的环境中使用。

11. 真空泵

家用电冰箱抽真空用的真空泵一般采用直联高速旋片式真空泵。规格有抽气速率为 1L/s、4L/s、8L/s 等几种。

直联式真空泵工作时应水平放置，无需用螺栓紧固。真空泵与被抽真空的冰箱间用输液管相连接，抽空时间不少于 15min。真空泵电动机应按要求接线。接通电源后，应观察其旋转方向与泵座上的箭头方向是否一致。真空泵应一次通电起动。使用一定时间后因受到机械杂质或化学杂质的污染，需定期更换真空泵油。

实际维修中，常常用冰箱的压缩机经改装后代替真空泵及打气泵。

7.1.3　专用设备

1. 制冷剂定量加液器

定量加液器的结构如图 7-20 所示。内筒为耐高压玻璃管，用以盛装制冷剂；外层为有机玻璃的转筒，上面刻有几种制冷剂在不同压力下的容重线。向定量加液器充注制冷剂时，先用真空泵抽去加液器中的空气，将制冷剂钢瓶接在出液截阀上，即可向加液器内加液。待加液器玻璃管内制冷剂液面升到套筒上的最大刻度线为止。

向制冷系统充注制冷剂时，将出液截阀接在制冷系统工艺管上。然后转动刻度套筒，在套筒上找到与压力表读数相对应的定量加液线。再缓缓开启出液截阀，加液器中制冷剂即流入制冷系统中直到玻璃管内制冷剂液面下降到规定充注量为止。

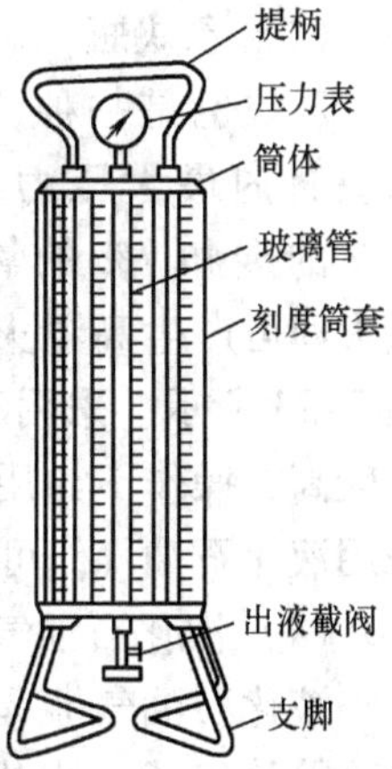

2. 气焊设备

气焊设备包括氧气钢瓶、乙炔瓶、焊枪（焊炬）、减压器和胶管等。在维修电冰箱制冷系统时，由于气焊所使用的温度并不高，因此使用液化石油气作为可燃气体比较方便。

（1）氧气钢瓶

氧气钢瓶是贮存和运输氧气的一种高压容器。它的充灌压力约为15MPa 的高压氧气。气焊时通过减压器、胶管和焊枪将氧气送出，作为气焊用的助燃气体。

氧气瓶的结构如图 7 - 21 所示，它主要由瓶体、瓶阀、瓶帽、瓶箍和防震圈等组成。氧气瓶的瓶体涂以天蓝色，并标明黑色的"氧气"字样。平时氧气瓶直立放置，并加以固定。使用时，按逆时针方向旋转瓶阀手轮，瓶内的氧气即经减压后送出。焊接结束后，按顺时针方向旋转瓶阀手轮，关闭氧气瓶。将瓶帽盖好、拧紧，以保护瓶阀。

氧气瓶内的氧气不允许用完，至少应保留 0.2MPa 的剩余压力。应关紧瓶阀，防止杂质空气或其他气体进入氧气瓶内，以保证下次充气时不会降低氧气的质量。

（2）减压器

减压器一般称为氧气表。减压器的作用是把瓶内高压气体调节成工作需要的低压气体，并保持输出气体的压力和流量稳定不变。

目前生产上用的减压器大多为反作用式。减压器上装有高压表和低压表。高压表指示氧气瓶内氧气的压力，低压表则指示工作压力。图 7-22 所示为 YOY - 12 型氧气减压器的外形与结构。

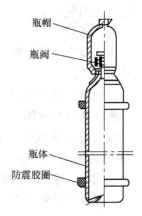

图 7 - 20　氟利昂定量加液器

图中标注：提柄、压力表、筒体、玻璃管、刻度筒套、出液截阀、支脚

图 7 - 21　氧气瓶

图中标注：瓶帽、瓶阀、瓶体、防震胶圈

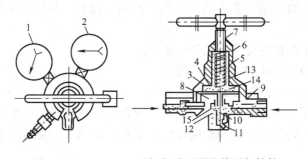

图 7 - 22　YOY - 12 型氧气减压器的外形与结构

1—低压表　2—高压表　3—薄膜片　4—弹簧垫块　5—调压弹簧　6—罩壳　7—调压螺钉　8—低压气室
9—本体　10—高压气室　11—副弹圈　12—减压活门　13—螺钉　14—活门顶杆　15—活门座

（3）乙炔瓶

乙炔也是一种广泛用于气焊的可燃气体。乙炔瓶内最大压力为17MPa。乙炔内含有约93%的碳和7%的氧，与适量的氧气混合后，点火即可产生高温火焰。氧气乙炔焊接设备如图7-23所示。采用乙炔进行气焊，其火焰的温度较高，操作不如用液化石油气方便。目前多采用液化石油气作可燃气体。

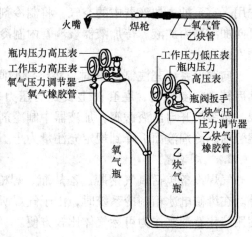

图7-23　氧气乙炔焊接设备

（4）液化石油气瓶和调压器

液化石油气瓶是由瓶体、瓶阀、瓶保护圈和手轮等组成，规格有10kg和20kg两种。液化石油气瓶的瓶体涂以银灰色，并标有红色的"液化石油气"字样。在液化石油气瓶的阀口处安装有调压器，以降低输出液化石油气的压力，并保持稳定均匀供气。使用时需将低压胶管紧套在出气口上。

（5）胶管

按气焊安全操作要求，工作场地应距离氧气瓶和石油气瓶为10m，需要使用胶管连接，以输送气体。

一般氧气胶管使用红色的高压胶管，它的内径为8mm，工作压力为1.5~2.0MPa，应具有耐磨和耐燃性能。

液化石油气或乙炔胶管选用绿色的低压胶管。它的内径为8~10mm，工作压力为0.2MPa左右。

使用时，这两种胶管不允许相互代用或接错。新胶管在使用前应吹除内壁的粉尘。焊接时，一旦氧气胶管着火，应迅速关闭氧气瓶阀和减压器，以停止供氧。禁止采用折弯氧气胶管的办法来断氧灭火。

（6）焊枪（焊炬）

焊枪又称为焊炬或熔接器。它的作用是将氧气和乙炔（或液化石油气）按一定的比例混合，喷出的混合气体点燃后可产生高温，加热工件进行焊接。

焊枪的好坏直接影响到焊接火焰的性质和焊接的质量，因此，焊枪应满足下列要求：

1）能使氧气和乙炔（或液化石油气）按比例均匀混合，且在焊接过程中保持气体混合比例不变。

2）混合气体喷出的速度应等于燃烧的速度。

3）火焰要有小的体积和便于施焊的形状。

4）构造简单、轻巧，调节方便，使用安全。

5）每把焊枪要配一套规格不同的焊嘴，以便在焊接不同形状和厚薄的工件时选用。

6）制造焊枪的材料要有一定的耐腐蚀性和耐高温性能。一般是用黄铜，但焊嘴采用青铜或紫铜制作。

焊枪的种类很多，大小不同，但就其构造原理来说，有射吸式和非射吸式两种。目前我国使用的多数是射吸式。图7-24所示是常用的H01-6型射吸式焊枪。

把氧气阀打开后，具有一定压力的氧气（0.1～0.8MPa）经氧气导管进入喷嘴，并以高速从喷嘴流出，进入射吸管内，使喷嘴周围空间形成真空区。乙炔导管中的乙炔气体（或液化石油气）被吸入射吸管内，并在混合气管内与氧气充分混合为混合气体，混合气体从焊嘴喷出，点燃后就形成了焊接火焰。

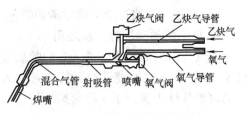

图 7-24　射吸式焊枪结构图

H01-6 型射吸式焊枪有 5 个不同孔径的焊嘴。可根据所需火焰的温度选择焊嘴。根据维修经验，采用液化石油气体作可燃气体时，采用丙烷焊嘴，或将原配焊嘴的孔径扩大到 1.5mm 左右比较合适。

使用焊枪前，将红色氧气胶管套在焊枪的氧气进气口上，用铁丝扎紧，并打开氧气阀，通入氧气以清除焊嘴内的灰尘。然后检查其射吸能力。检查时，将氧气压力调在 0.1～0.4MPa 的表压位置。打开焊枪上的氧气阀和乙炔阀，用手指按住乙炔接管嘴口，若感到内部吸力很大，说明射吸能力正常；如果没有吸力，甚至氧气从乙炔接管嘴口倒流出来，说明其射吸能力不正常，必须进行修复。检查射吸能力合格后，再将绿色的液化石油气管紧套在焊枪的液化气进气口上。

点火时，先将氧气阀调到很小的氧气流量，然后缓慢地打开乙炔阀，点燃，然后调节氧气和液化气的流量，直到火焰为合适的中性焰，即可进行气焊操作，熄灭火焰时，先关闭氧气阀，后关闭液化石油气阀。

7.2　气焊的基本知识

气焊是一项专门技术。在制冷设备、电冰箱的维修中，涉及铜管与铜管、铜管与钢管、钢管与钢管的焊接都应用气焊。

"气焊"是利用可燃气体和助燃气体混合点燃后产生的高温火焰，加热熔化两个被焊接件的连接处，并用（或不用）填充材料，将两个分离的焊件连接起来，使它们达到原子间的结合，冷凝后形成一个整体的过程。在气焊中，一般采用乙炔或液化石油气作为可燃气体，用氧气作为助燃气体，并使两种气体在焊枪中按一定的比例混合燃烧，形成高温火焰。焊接时，如果改变混合气体中氧气和可燃气体的比例，则火焰的形状、性质和温度也随之改变。焊接火焰选用及调整正确与否，直接影响焊接质量。在气焊中，根据所需温度的不同，选择不同的火焰。下面以液化石油气（以下简称为石油气）作可燃气体为例，介绍焊接火焰方面的一些基本知识。

7.2.1　焊接火焰的要求、种类、特点及应用

1. 对焊接火焰的要求

1）火焰要有足够高的温度。

2）火焰体积要小，焰心要直，热量应集中。

3）火焰应具有还原性质，不仅不使液体金属氧化，而且对熔池中的某些金属氧化物及熔渣起还原作用。

4）火焰应不使焊缝金属增碳和吸氢。

2. 火焰的种类、特点及应用

在气焊时，如果改变进入焊枪的氧气和可燃气体之间的比例关系，所形成火焰的形状和性质也随之改变。根据火焰的形态可分为中性焰、碳化焰和氧化焰3种。下面以液化石油气作为可燃气体为例介绍3种火焰的特点。各种火焰如图7-25所示。

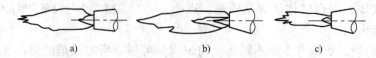

图7-25　火焰的种类
a）中性焰　b）碳化焰　c）氧化焰

（1）中性焰

中性焰是3种火焰中最适用于铜管焊接的火焰。点燃焊枪后，逐渐增加氧气流量，火焰由长变短，颜色由淡变为蓝色。当氧气与石油气按（1~1.2）：1的比例混合燃烧时，就得到图7-26所示的中性焰。中性焰由焰心、内焰和外焰3部分组成。

焰心是未燃烧的混合气体刚从焊嘴喷出，燃烧后，温度上升的部分。在这一部分由于石油气分解，产生出微小的碳粒层，经燃烧，炽热的碳分子发出明亮、耀眼的白光，使焰心呈现出明显的轮廓。焰心的温度一般为1000℃左右。

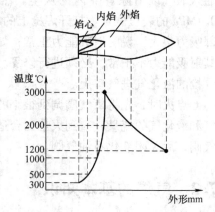

图7-26　中性焰的外形及温度分布

内焰是整个火焰内温度最高的部位，它位于距离焰心末端约2~4mm处。内焰的温度约在2100~2700℃。整个内焰呈蓝白色，并有杏核形的蓝色线条。一般用这个区域焊接，所以叫做焊接区。它能对许多金属氧化物进行还原，所以焊接区又称为还原区。

外焰是整个火焰的最外层部分。外界空气中的氮气也进入火焰中参加反应，所以在这个区域内，除燃烧不完全的一氧化碳、氢气与空气中的氧气化合燃烧形成二氧化碳和水蒸气外，还存在着氮的成分。外层部分的温度低于2000℃，并且由里向外温度逐渐降低。整个外焰呈橘黄色。

在外焰中，由于二氧化碳和水蒸气在高温时很容易分解，分解后产生的氧原子对金属有氧化作用，故外焰也称为焊接火焰的氧化层。外焰温度较低，且具有氧化性，不适用于焊接。

（2）碳化焰

碳化焰是内焰区中的一种有自由碳存在的气体火焰。碳化焰中的氧气与石油气的比值小于1。在中性焰的基础上减少氧气或增加石油气，均可得到碳化焰。碳化焰的火焰变长，焰心轮廓不清，温度较低。当石油气过多时，还会产生黑烟。

碳化焰燃烧过程中，过剩的石油气分解为碳和氢，内焰中过量的炽热碳微粒能使氧化铁还原，因此碳化焰也称为还原焰。用碳化焰焊接钢时，由于高温液体金属吸收火焰中的碳微粒（即游离状态的碳渗入到熔池中去），使熔池产生沸腾现象，增加焊缝的含碳量，改变焊缝金属的性能，使焊缝常常具有高碳钢的性质，塑性降低，脆性增大。而过多的氢进入熔池，也容易使焊缝产生气孔和裂纹。

轻微的碳化焰常常用于焊接高速钢、高碳钢、铸铁及镁合金等。在火焰钎焊及钢件上堆焊硬质合金及耐热合金时，为使基本金属增碳，改善金属性能，也使用碳化焰。

（3）氧化焰

在中性焰的基础上增加氧气就得到了氧化焰。在氧化焰中，氧气与石油气的比值大于1.2。由于氧气的供应量较多，整个火焰氧化反应剧烈，火焰的焰心、内焰和外焰的长度缩短，内焰和外焰之间没有太明显的界线。焰心呈青白色，且短而尖，外焰也较短，略带淡紫色。整个火焰很直，燃烧时还发出"嘶，嘶"的响声。在3种火焰中，氧化焰的温度最高。但由于氧化焰的内焰和外焰中有游离状态的氧，二氧化碳以及水蒸气存在，因此，整个火焰具有氧化性。用氧化焰焊接焊件时，焊缝中会产生许多气孔和金属氧化物，烧损金属中的元素，使焊缝发脆。在焊接钢件时，氧化焰中过多的氧能与钢溶液化合，会出现严重的沸腾现象，产生气泡及大量的火花飞溅。

轻微的氧化焰一般用于焊接黄铜及青铜等。

总之，焊接不同的材料，要使用不同性质的火焰，这样才能获得优良的焊缝。可参照表7-1选择火焰。

表7-1　各种金属气焊时应采用的火焰

焊件材料	应采用火焰	焊件材料	应采用火焰
低碳钢	中性焰或石油气较多的中性焰	锰钢	氧化焰
中碳钢	中性焰或石油气较多的中性焰	铬镍钢	中性焰或石油气稍多的中性焰
低合金钢	中性焰	镀锌铁皮	氧化焰
紫铜	中性焰	高碳钢	碳化焰
青铜	中性焰或氧稍多的轻微氧化焰	灰铸铁及可锻铸铁	碳化焰或石油气稍多的中性焰
铝及铝合金	中性焰或石油气稍多的中性焰	镍	碳化焰或石油气稍多的中性焰
铅、锡	中性焰或石油气稍多的中性焰	蒙乃尔合金	碳化焰
不锈钢	中性焰或石油气稍多的中性焰	硬质合金	碳化焰
黄铜	氧化焰		

7.2.2　气焊的基本操作技术

1. 气焊规范的选择

气焊规范的选择主要包括以下几方面。

（1）火焰的选择

选择哪种火焰根据所焊工件的性质、大小而定。在进行电冰箱管路的焊接时，一般选用中性焰，烧烤部件或观看焊缝照亮时采用碳化焰。

（2）火焰能率的选择

"能率"粗略地可以理解为单位时间内火焰释放的能量。火焰能率的大小取决于氧气和石油气混合气体流量的大小。流量的调节分粗调和细调两种。粗调靠改变焊嘴的规格实现。细调靠调节焊枪上的调节阀实现。

（3）焊料的选择

气焊中一般有铜与铜焊接、铜与钢焊接、钢与钢焊接等。正确的选择焊料及熟练地操作是焊接质量的有效保证。表7-2为几种国产气焊焊料的参数。

表7-2 国产气焊焊料

焊料	品名	熔点/℃	化学成分		
			铜	锌	银
铜锌焊料	36号铜锌合金	833	34%~38%	余数	—
铜锌焊料	48号铜锌合金	850	46%~50%	余数	—
铜锌焊料	54号铜锌合金	870	50%~56%	余数	—
银焊料	12号银合金	785	36%	52%	12%
银焊料	25号银合金	765	40%	35%	25%
银焊料	45号银合金	720	30%	20%	45%

电冰箱、空调器等小型制冷器具的管道为紫铜管，焊接时一般选用铜磷焊料或银焊料。这些焊料具有良好的流动性、填缝和润湿性能。需要指出的是，原电冰箱焊缝为银焊时，维修时仍需用银焊料，否则会影响焊接质量。

凡进行铜管与铜管、钢管与钢管间焊接时宜选用银焊料，还须配用焊粉或硼砂。对蒸发器铝管件的焊接，可用纯铝焊丝进行焊接，也需配备焊剂。在焊接时，焊剂的作用是熔化后可去除金属表面的氧化膜并保护表面不再氧化，以保证焊接质量。

（4）焊剂的选择

焊剂也称为焊药。在气焊过程中焊药可以防止被焊金属及焊料氧化，有效地除去氧化物、杂质，使焊料能够流动。同时，还可以减少已熔化了的焊料的表面张力，容易去除熔渣。

焊剂可以将对被焊金属及焊料的腐蚀作用限制在最小的限度内。

焊剂分非腐蚀性和活化性两种。非腐蚀性焊剂是硼砂和硼酸的混合物，对气焊温度在800℃以上的金属有效。活化性熔剂是加入了氟化钾、氯化钾、氟化钠、氯化钠和氯化锂等化合物的硼砂、硼酸混合物，这可以增加清除氧化膜的能力。

活化性熔剂的熔渣吸湿性强，有腐蚀作用，焊完后必须全部予以清除。

不同金属间的焊接所用的焊料、焊剂等见表7-3。

表7-3 不同金属间的焊接所用的焊料、焊剂

金属	铜	钢	铸铁	不锈钢	黄铜
部件	电冰箱、空调器的铜管	制冷用的钢管、钢板	曲轴箱塞	制冷器具的不锈钢板、钢管	凸缘接头
铜	银焊、磷铜焊，黄铜焊	银焊、黄铜焊，需焊剂	银焊、黄铜焊需焊剂	银焊料，需焊剂	银焊料
钢	—	银焊、黄铜焊需焊剂	银焊、黄铜焊，需焊剂	银焊料，需焊剂	银焊料，需焊剂
铸铁	—	—	银焊、黄铜焊，需焊剂	银焊料，需焊剂	银焊料，需焊剂
不锈钢	—	—	—	银焊料，需焊剂	银焊料，需焊剂
黄铜	磷铜焊	—	—	—	银焊料，需焊剂

2. 点火与火焰的调节

选择好气焊规范后，在点火前应先关闭焊枪的氧气和石油气调节阀，再按操作规程分别开启氧气瓶和石油气瓶的开关阀门，使低压氧气表指示在0.2MPa左右，石油气表指示约为0.05MPa，然后先微开焊枪的氧气阀，放出微量的氧气，再少许打开石油气阀，同时从焊嘴的后面把火迅速送至焊嘴口处点火。火焰点燃之后，再根据焊接的需要，调节气体成分，获得需要性质的火焰。点燃火焰时，如果没有微量的氧气，石油气就不能充分燃烧，产生黑色的碳丝。点火时，如发生连续"放炮"声或点不燃，这是因为氧气压力过大或石油气不纯（石油气内含有空气）。这时应立即减少氧气的送给量或先放出不纯的石油气，然后重新点火。

用火柴点火时，手应偏向焊枪的一侧，同时要特别注意火焰的喷射方向，不要在焊嘴正面或对准他人点火，更不能在电弧上进行点火，以防灼伤或影响他人工作。如遇到调节阀失灵或灭火现象，应检查焊枪是否漏气或管路是否堵塞。

3. 焊接

火焰调好后，即可开始焊接。由于焊件起始温度较低，为利于预热，此时焊嘴与焊件之间的夹角应大些，火焰的焰心距焊件以2～4mm为宜。这是因为此时热量的调节是通过改变焊嘴与焊件的距离，以及改变焊嘴与焊件表面的夹角来实现的。当焊嘴垂直于焊件表面时，火焰的热量最集中，同时焊件吸收的热量也最大，随着夹角的减小，焊件吸热量下降。一般被焊金属厚度越大，熔点和导热性越高，焊嘴与被焊工件表面的夹角就应越大；焊件越薄，熔点越低，焊嘴与被焊工件表面的夹角就应越小。一般焊嘴与被焊工件表面夹角的变动范围为10°～80°，如图7-27所示。

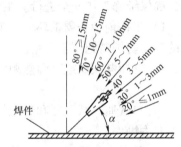

图7-27 焊嘴倾角与焊件厚度的关系

焊接铜质焊件时，焊嘴与被焊工件表面的夹角为60°～80°。火焰应吹在套管端，不能吹在插入管上。

为使焊件加热均匀，还应使火焰缓慢地往复移动。当被加热的焊件呈暗红或焊料熔化时，即可将焊料的端部送至焊缝处。焊口处金属的表面温度足以熔化焊料，不可以直接用焊枪加热焊条，如图7-28所示。

焊料遇热后熔化并流向两管间隙处，如图7-29所示。

图7-28 焊接   图7-29 焊接过程

图7-30和图7-31所示的是加热不当所造成的缺陷。

图7-30是因铜管重合处未被确实加热而将焊料先加热时，焊口处的热量传不到内管，这是造成焊接不牢的原因。

图 7-31 是因加热过量而引起焊料流动过量，造成内管口堵塞的情形。

图 7-30 焊接不牢 　　　　　　　　　　　　　　图 7-31 堵塞

焊接完毕，应先关闭氧气阀，后关闭石油气阀。在焊接两个厚度或大小不同的焊件时，例如将毛细管与干燥过滤器相焊接时，为保证焊缝两边的温度均匀，不使薄件或小件烧熔，火焰应重点加热干燥过滤器一边。在加热干燥过滤器时也应均匀加热，以免将它烧熔，甚至穿孔。

7.2.3　气焊操作的安全注意事项

气焊是一种具有危险性的工作，因此，对于使用的助燃和可燃气体、工具、设备及操作方法都必须加以注意。任何微小的疏忽大意，都可能造成爆炸、火灾、烫伤和中毒等重大恶性事故。每个操作人员都必须熟悉与自己本职工作有关的安全注意事项，遵守气焊的操作规程，确保维修工作安全进行。主要的安全注意事项有以下几点：

1）工作前检查周围环境，工作场所不许放置易燃物品，同时应配备灭火器材，采取适当的安全防护措施。

2）气瓶与火源或高温热源的距离不得小于 10m，氧气瓶与石油气瓶两者的距离不得小于 5m。

3）氧气瓶、减压器和焊枪等有铜件的部位及胶管上严禁粘上油脂，也不准戴粘有油脂的手套去操作。

4）气瓶应防止曝晒，严禁用火烤及锤击。在气瓶附近不许吸烟或点燃明火，以免发生爆炸。

5）使用射吸式焊枪时，应经常检查其射吸性能是否良好。

6）焊接完毕后，应关闭气瓶，检查现场，确认无隐患后才能离开。

7）对充有 R12 的制冷系统，不能在充有制冷剂的情况下或在制冷剂泄漏的情况下进行焊接，以防止 R12 遇明火产生有毒的光气毒害人体。

8）要经常检查所用氧气瓶、液化石油气瓶和焊枪等工具设备是否漏气，发现问题要及时解决。

7.2.4　气焊焊接实例

1. 铜管的焊接

焊接铜管时，接头连接端需加扩管。被扩管的内径比插入管外径大 0.07~0.25mm，插入深度不应小于插入管的直径，如图 7-32 所示。

如果连接时不扩管，也可以外加套管连接。套管内径要比插入管外径大 0.2~0.3mm，套管长度是插入管直径的3倍，插入深度为管外径的 1.2~1.5 倍，如图 7-33 所示。

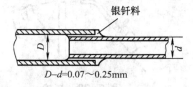

银钎料

$D-d=0.07\sim0.25mm$
图 7-32　最佳焊接情况

焊接前先用细砂布把焊接部位上的油脂、漆膜和氧化层清除干净，将铜套管和被套管套好。然后点燃焊枪，调整火焰，加热铜管。加热时应左右前后移动焊枪，使管受热均匀，直至到达焊点温度为止。为了防止焊料从间隙流入管内，焊接时管接头必须呈水平状态，最好使接头的焊口向下，绝对不能使接口向上焊接，如图7-34所示。

焊接时，应使用中性焰，内焰呈透明状为最好。为避免受热面积过大，应使焊接火焰与铜管成90°的夹角，如图7-35所示。

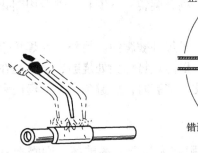
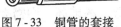
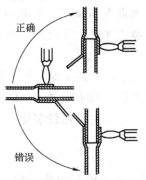
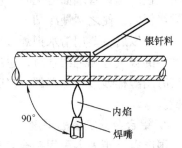

图7-33　铜管的套接　　　图7-34　焊接时的管道位置　　　图7-35　使用银焊条时的正确位置

2. 毛细管切口与过滤器的焊接

毛细管与干燥过滤器的焊接要注意插入深度，过深或过浅都不好。正确的位置如图7-36所示。管口与滤网的距离应保持在5mm左右。焊接时可以先把毛细管插入并碰到滤网，再将其退出5mm左右，并在毛细管表面做上印记或在此位置将管弯折。然后在印记或弯折处焊接。如果错误地安装成图7-37a所示的位置，则焊接时毛细管进口易于堵塞，运行时杂质容易进入毛细管，增加堵塞的可能性。按图7-37b所示位置安装，会使毛细管阻力增加，易于堵塞。

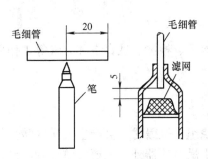
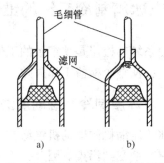

图7-36　毛细管与干燥过滤器　　　图7-37　毛细管与干燥过滤器的错误安装
　　　　的正确安装位置　　　　　　a) 错误安装位置1　b) 错误安装位置2

不同管径毛细管的焊接如图7-38所示。焊接前用夹钳夹扁管口，要求内管不得变形或堵塞，外管夹扁长度为1.5～2mm，毛细管插入深度为2.5～3cm，即毛细管伸出夹扁口最少约1cm。

3. 铝蒸发器铝铜管接头的焊接

焊接前，应将蒸发器用四氯化碳或汽油清洗干净并烘干。如果铜、铝管的接合部位漏气，但没有断裂，也应烧断重新焊接。烧断时，用中性火焰加热铜管部分即可，严禁烧接合处或铝管部分，否则有烧熔铝管的可

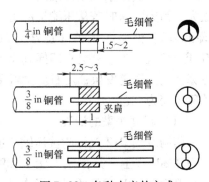

图7-38　各种夹扁的方式

能，给重新焊接造成困难。铜、铝管的断面要处理干净。用平板锉将铜、铝管的断面锉平，使铜、铝管对合后没有明显的裂缝。锉蒸发器的铝管时，应将蒸发器铝管平放或管口朝下，防止铝屑掉入蒸发器内。管口断面处理后立即涂上用蒸馏水调成糊状的铝焊粉。然后用手钳住铜管的一端，另一端与铝管对正，在距焊缝1cm的铜管部分加热。加热要缓慢，不能操之过急，火焰不能烧到铝管部分。铜的熔点在1080℃，铝的熔点在658℃，铜管在658℃时发暗红色。当铝管端面熔化时，应立即停止加热，同时加压稍微旋转一下铜管，然后用碳化焰烘烤保温，使之缓慢冷却。

焊完以后，要用清水把焊接部位刷洗干净，以免时间长了焊件被腐蚀。另外，在焊接铝蒸发器的吸气管和毛细管时，也应注意加热时间不能过长，以防止将焊接处烧断，最好是在焊接时用湿棉纱敷在铝管部分来吸收热量，以防止铝管熔化。安装时，要避免过度的弯曲和碰撞。

4. 铝合金蒸发器的焊接

国产电冰箱大多采用铝合金蒸发器。使用中如出现砂眼和人为造成的破坏，则需要补焊。铝合金蒸发器的补焊比其他种类蒸发器的补焊困难。下面介绍一种补焊方法。

先用硬脂酸和氧化锌按1∶1的比例混合后加热，待熔化成糊状后停止加热，冷却后即成为白蜡状的专用助焊剂。

焊接前，先将补焊处用锯条刮干净，再用酒精清洗，然后用烙铁均匀地涂上助焊剂。将烙铁挂满焊剂后，在补焊处反复摩擦，焊剂就会牢固地焊在砂眼处。如果一次不成功，可重新涂助焊剂。焊完之后在焊处涂上环氧树脂胶，待24h胶干后即可充灌制冷剂。

7.3　电冰箱制冷系统的维修

制冷系统的检修是项细致的工作。如果在清洗、吹污、检漏、抽真空和充气等工作中粗心大意，会使整个检修工作失败。

7.3.1　电冰箱制冷系统的清洗

电冰箱压缩机的电动机绝缘被击穿，匝间短路或绕组被烧毁时，会产生大量的酸性氧化物而使制冷剂受到污染。因此，除了要更换压缩机、干燥过滤器外，还要对整个制冷系统进行彻底的清洗。

电冰箱制冷系统被污染的程度可分为轻度和重度。轻度污染时，制冷系统内冷冻油没有被完全污染。这时若从压缩机的工艺管放出制冷剂和润滑油，油的颜色是透明的；若用石蕊试纸试验，油呈淡黄色（正常为白色）。重度污染时，打开压缩机的工艺管会立即闻到焦油味；以工艺管倒出冷冻油，其颜色发黑；用石蕊试纸浸入油中，5min后纸的颜色变为红色。

（1）轻度污染的清洗

用制冷剂R12气体吹洗压缩机或干燥过滤器，吹洗时间在30s以上，其方法如图7-39所示。制冷剂钢瓶中有R12，放于40℃的温水桶中是为了增加压力。清洗

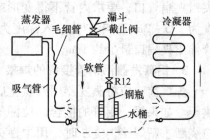

图7-39　电冰箱制冷系统的清洗

后应及时更换压缩机和干燥过滤器，并立即组装封好。

（2）严重污染的清洗

严重污染的清洗如图7-40所示。具体操作时，首先将压缩机和干燥过滤器拆下，然后将毛细管与蒸发器断开，用一根耐压的软管将蒸发器与冷凝器连接起来，再用一根软管将清洗设备与拆掉压缩机的吸、排气管牢固地连接起来即可。

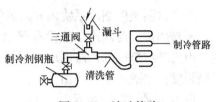

图7-40　清洗管路

可正、反进行数次清洗，直至清洗剂不是酸性为止。最后将三通阀与氮气相通，以吹净系统内的清洗剂。

有的电冰箱蒸发器不能移动，这种情况下可采用分别清洗蒸发器和冷凝器的办法。为增加效果，可采用气、液交替清洗的方法，即先用清洗剂R113从漏斗注入（约200mL），并关闭漏斗上的截止阀，然后将制冷剂R12钢瓶的截止阀打开，依靠R12将R113冲入被清洗的系统中。然后用氯气清洗一次。反复进行多次，即可清洗干净。

小型空调器的全封闭式压缩机系统的清洗方法与电冰箱的大同小异，空调器的制冷剂为R22，清洗剂仍可用R113。

7.3.2　电冰箱制冷系统的吹污

一般制冷设备安装后，其系统内不可避免地残存焊渣、铁锈及氧化皮等物。这些杂质污物残留在制冷系统内，与运转部件相接触会造成部件的磨损。有时，污物还会使制冷系统堵塞，在膨胀阀、毛细管和过滤器等处发生堵塞（脏堵）。污物与制冷剂、冷冻油发生化学反应，还会导致腐蚀。因此，在正式运转以前，制冷系统必须进行吹污处理。

吹污即是用压缩空气或氮气（也可用制冷剂）对制冷系统的外部或内部进行吹除，以使之清洁通畅。

制冷设备外部的吹污可用压缩空气进行，比如风冷式的冷凝器、冷却用的翅片、盘管等外部积灰太厚时可进行吹除，但是翅片和盘管上的油污则必须用中性洗涤液清洗方可除去。

系统吹污时要将所有与大气相通的阀门关紧，其余阀门应全部开启。

吹污的气压一般为0.6MPa。由于制冷系统的管网、设备的位置高低不平，最好采用分段的方法进行，用压缩空气或氮气先吹高压系统，再吹低压系统。排污口应选择在各段的最低位置。每段的排污口事先应用木塞堵住（用钢丝拴牢）。

使排污系统充压到0.6MPa以后，停止充压。然后将木塞迅速拔出，利用高速气流将系统中的污物排出。

检验排污是否彻底，可在排污口挂一白色纱布，视其清洁程度。若排出的气体在白纱布上没有留下污染的痕迹。即表明此系统内已吹除干净，可停止吹污。反之，则应继续吹污。

为保证制冷系统吹污后的清洁与干燥，必须安装新的干燥过滤器，以便滤污和吸潮。

7.3.3　电冰箱制冷系统的压力试漏和检漏

压力试漏也称为打压试验，其目的是确定制冷系统有无泄漏。试漏与检漏不同。试漏是初步的，而检漏是具体地测出泄漏部位。试漏为检漏提供依据，是不可缺少的环节。

制冷系统的总体压力试漏，一般在对该系统清洗、吹污以后进行，以保证制冷系统的气密性。

压力试漏是向制冷系统内充入氮气。氮气是一种比较安全的气体，它比较干燥，价格便宜，不易燃烧，对制冷系统没有腐蚀性。充气时最好是通过气体调节器减压后充入制冷系统，因为装满氮气的钢瓶内压力很高，在15MPa左右，直接充入制冷系统，会破坏系统的机械强度，造成不必要的损失。

压力试漏的方法如下：

1）在制冷系统压缩机的工艺管口焊接一个三通阀，如图7-41所示。一个阀门口和氮气瓶连接，另一个阀门口连接压力表。

2）全部连接好后，修理阀处于开启状态。微微开启氮气瓶阀门，当压力达到1MPa时，关闭氮气瓶阀门，而后将修理阀关闭。

3）用毛笔或小毛刷沾肥皂液刷涂在可能发生渗漏的部位。每涂一处要仔细观察。如有气泡出现，即表明该处有泄漏，当出现大气泡时，说明渗漏严重。如果是微漏，则可能间断出现小气泡。检漏是一项比较细致的工作，不能急躁，要反复2~3次才行。

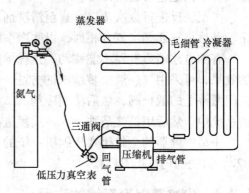

图7-41　向制冷系统内注入气压的连接

4）最后进行稳压试漏。制冷系统内压力为1MPa，稳压12h左右，如果其压力没有明显变化，说明没有渗漏。如果压力值下降，则说明制冷系统还有渗漏，仍要用肥皂液找出渗漏位置并加以处理。

5）发现有渗漏时就应进行补漏。补漏时应把制冷系统内的氮气或空气放出后才能进行补焊工作。补焊结束后，应重新对制冷系统进行压力检漏。

7.3.4　电冰箱制冷系统的抽真空

制冷系统经过压力检漏合格后，放出试压气体，并立即进行抽真空处理。抽真空的目的有3个，第一是排除系统中残留的试压气体氮气。因为氮气与氟利昂气体混合后绝热指数会增大，当受到压缩机压缩时会使冷凝压力、冷凝温度增高，并导致金属、氟利昂和油发生化学反应，引起腐蚀和破坏润滑，进而造成压缩机消耗功率增加，制冷量下降，压缩机寿命降低；第二是排除系统中的水分。根据压力降低能使水的蒸发汽化温度下降的原理，抽真空可使压缩机、蒸发器和冷凝器等部件中的残留水分，全部蒸发变成饱和蒸汽后被真空泵抽去，从而有效地避免冰堵的发生；第三是进一步检查制冷系统有无渗漏，即系统在真空条件下的密封性能，外界气体是否会进入系统中。

制冷系统的抽真空可用真空泵进行，也可用压缩机自身抽真空，有时用压缩机和真空泵交替进行。

1. 用真空泵抽真空

对于小型的制冷机或使用全封闭式压缩机的电冰箱、空调器系统，要用真空泵抽真空。家用电冰箱抽真空用的真空泵规格为120~240L/min。

电冰箱制冷系统通常采用的抽真空有单侧和双侧两种方式。

单侧抽真空是在低压侧抽真空，即用压缩机的工艺管与真空泵相连接进行抽真空。抽真空时，整个系统中的空气都从低压侧抽出，其接法如图 7-42 所示。

在压缩机工艺管处先接上带有真空压力表、三通阀 V1 的抽气接管，然后将真空泵的抽气管直接与三通阀 V1 相连。抽气时，先开动真空泵，再打开三通阀 V1，待系统内的真空度达到真空压力表指针在红色真空范围

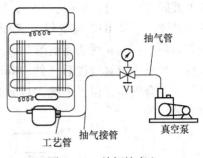

图 7-42　单侧抽真空

内的最低处，即 $1.013 \times 10^5 Pa$ 后，仍继续使真空泵运转 2h 以上。然后先关闭三通阀 V1，再关掉真空泵。

这种抽真空方法简单，操作方便，但存在着低压侧真空好，高压侧真空度不易达到要求的缺点。高压侧的真空度要比低压侧高出 10 倍左右，抽真空效果较差。因此用此方法抽真空时间长，至少需要 2h。

双侧抽真空则是从高、低两侧同时进行抽真空，两个抽气接管分别从压缩机壳上的工艺管与过滤器端部引出，其接法如图 7-43 所示。用三通抽气接管的两端分别接压缩机工艺管和干燥过滤器的进口端，另一端接带有真空压力表的三通阀 V1。真空泵的抽气管与三通阀相接。抽气时的操作步骤与单侧抽真空的相同。

双侧抽真空克服了只由低压抽真空时毛细管流阻对高压侧真空度的不利影响，高、低压两侧的空气能同时被抽出，系统内真空度高，抽气时间短，效率高。若用 ZX-4 型真空泵抽气 30min，系统真空可达 26.66 ~ 69.65Pa。这种抽真空方法适用于双进口端的干燥过滤器。如是单端进口，则可在进口端加接一只三通，如图 7-44 所示。或者把三通接在压缩机排气管处，或在排气管端钻孔，直接接管引出。

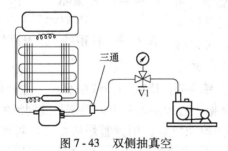

图 7-43　双侧抽真空

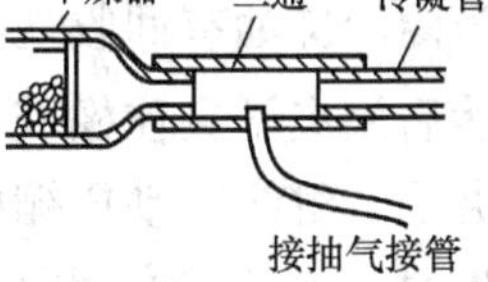

干燥器　三通　冷凝管

接抽气接管

图 7-44　三通结构与装配

在实际维修中，制冷系统一次抽真空到规定的真空度所需的时间较长，尤其当制冷系统只有低压侧充注口时，因毛细管的节流作用，高压侧真空度始终达不到要求。此时可采用二次抽真空（或称为二级抽真空）的方法，在短期内即可获得较高的真空度。

二次抽真空法是在一次抽真空以后，在系统内充入 R12 蒸气，使系统内的压力达到与外界气压相同的数值。第二次抽真空至一定的真空度以后，系统内残留空气极少。

二次抽真空原理如图 7-45 所示。用一只三通抽气管，两端分别接三通阀 V1 和抽气阀 V2，另一端接加液装置的加液阀 V3。具体抽真空的方法是：先关闭 V1、V3，在打开 V2 起动真空泵后，打开 V1 对系统进行抽真空。10min 后，关闭 V1 及 V2，停下真空泵。然后打

开加液阀 V3，再打开三通阀 V1，对系统灌注制冷剂 R12 使系统内的压力恢复到大气压力。这时系统内已是 R12 与少量空气相混合的混合气体。关闭 V3 及 V1，将电冰箱接通电源，使其运转 1～3min 后切断电源。10min 后，起动真空泵，打开 V1 和 V2 对系统进行第二次抽真空，抽至一定真空度后（约 10min），关闭 V1 和 V2，灌注制冷剂。此时系统内残留的虽然仍为混合气体，但其中绝大部分是 R12 气体，空气只占微小的比例，从而达到减少残留空气的目的。

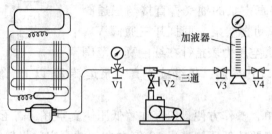

图 7-45　二次抽真空原理

这种抽真空方法操作麻烦，阀多，开关次数多，比较容易产生漏气现象，还会浪费部分制冷剂；但是它能用低性能的真空设备使系统获得很高的真空度，因而仍不失为一种实用的抽真空方法。如果真空设备性能更差，则可采用两侧三级、四级抽真空，或者增加制冷剂的中间灌注量，即提高制冷剂的灌注压力，对空气进行充分稀释。

2. 利用电冰箱自身的压缩机抽真空

在没有真空泵的情况下，可采用电冰箱自身的压缩机对制冷系统进行自身排气抽真空，如图 7-46 所示。

先在压缩机高压管处开一小孔，用 $\phi 6 \times 0.8$ 的铜管与其焊接作为排气管。再在排气管口处套上另一端装有玻璃管的橡胶管，将玻璃管插入存有冷冻润滑油的容器中。然后接通电源，起动压缩机。此时，润滑油内有大量气泡溢出。当润滑油内气泡逐渐减少乃至无气泡产生时，可以看到玻璃管内冷冻油有回收现象，说明系统中已基本呈真空

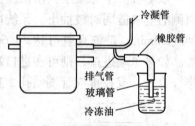

图 7-46　利用压缩机自身抽真空

状态。然后用夹子夹住橡胶管，在系统中加入一些制冷剂，待其在系统中循环一段时间后，再放开夹子，继续开动压缩机，让加入的制冷剂从橡胶管中逐渐排出。等恢复到润滑油内无气泡产生时，立即用专用封口钳将排气管夹扁，去掉橡胶管，用铜管焊将排气口封死（注意封口时千万不要关掉压缩机）。再按说明书加入一定数量的制冷剂，电冰箱就可以正常运行了。

7.3.5　电冰箱加注制冷剂及冷冻油

1. 制冷剂的注入量对电冰箱性能的影响

在维修电冰箱制冷系统故障时，一般都得重新灌注制冷剂，这一操作习惯上称为加氟。加氟是整个维修过程中最后一步操作，也是极为重要的一步操作。制冷剂灌注量是否恰当，直接影响电冰箱制冷效果的好坏。家用电冰箱的容积小，制冷剂的充注量很小，一般仅为 80～200g，因此对充注量的要求比较严格。

每台电冰箱的铭牌上都标注着"制冷剂名称及装入量"。通过比较可以发现，同一类型相同规格的电冰箱制冷剂量可能是不同的。制冷剂装入量的大小与电冰箱整个制冷系统有关。例如，蒸发器、冷凝器大小不同，装入制冷剂的量也就不同。但就同一生产厂家的同类型电冰箱，更确切地说，就是对每一台电冰箱而言，制冷剂注入量必须按照铭牌上的标准量注入，不能过多或过少。

制冷剂注入量过多，会使电冰箱的低压压力过高，高压压力也过高；不光使它的蒸发器结霜，还会使靠近压缩机的吸气管结霜；压缩机的负载增大，电冰箱的输入功率增大，耗电量增加，致使温升过高，机壳发烫，严重时，电冰箱还会因压缩机温度过高而保护性停机。若制冷剂注入量超过很多的话，还会使压缩机产生液击，即制冷剂冲破压缩机的高低压腔密封垫圈，使电冰箱失去制冷能力。

制冷剂注入量过少，会使电冰箱的低压压力过低，高压压力也过低，电冰箱制冷能力降低；使蒸发器表面结霜不全，吸气管不凉或微热，箱内温度降低速度变慢；冷凝器高温区缩小，甚至无高温区，整个冷凝器温热，温度无明显变化；电冰箱压缩机运行时间加长，耗电量增加，容易烧坏压缩机电动机绕组。

总之，电冰箱制冷剂注入量过多或过少，都要影响电冰箱的制冷性能。因此，在修理电冰箱时，必须严格掌握制冷剂的注入量。

2. 充注制冷剂的基本操作方法

全封闭式压缩机制冷系统充灌制冷剂常用的方法有低压气体灌注法、高压液体灌注法及定量加液法3种。

（1）低压气体灌注法。

电冰箱一般采用低压气体灌注的方法，操作方法如下：

1）连接管道及阀门。

充注制冷剂是在系统检漏、抽真空之后进行的，它的管路连接与真空泵抽真空时的管路连接一样。制冷系统抽真空结束后，可将与真空泵一端连接的软管旋下，然后与制冷剂钢瓶连接，如图7-47所示。

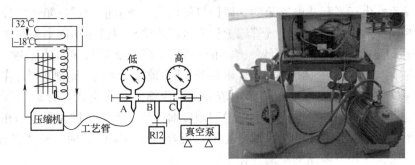

图7-47　抽真空充注制冷剂

2）排除连接管道内的空气。

关闭修理阀，旋松软管与修理阀接口连接的螺母，微微开启制冷剂钢瓶，使制冷剂蒸气从修理阀螺母处喷出，用制冷剂蒸气将软管内的空气冲排出去。待手感到冷意时，迅速旋紧螺母，此时不要开启修理阀，也不要关闭制冷剂钢瓶阀门。

3）充注制冷剂。

螺母旋紧之后，开启修理阀，旋开制冷剂钢瓶阀门。这时制冷剂会通过工艺管进入压缩机内，向制冷系统内充入制冷剂气体。注意观察压力表，当气压上升到 0.15MPa 左右时，关闭修理阀。

4）试运行。

起动压缩机，此时可看到随着压缩机的运转，压力表上的指针在缓慢下降，说明充注的制冷剂蒸气已被压缩机吸入，并已排至制冷系统中。观察几分钟后，若表压低于 0MPa，应打开修理阀的阀门，继续补注制冷剂，直到制冷剂充注量满足要求，再关闭修理阀及制冷剂钢瓶阀门。

5）判断最佳的制冷剂充注量。

压缩机起动后开始制冷，此时仔细观察制冷效果，判断制冷剂充注量是否适当。制冷剂的充注量是否适当，可以用以下方法进行判断。

① 按低压压力判断。按低压压力判断是指按接在压缩机低压侧工艺管上的修理阀压力表显示的压力值判断。充注 R12 时，在一般情况下，电冰箱低压侧的表压力应为 0.034MPa，但由于电冰箱所处环境不同，其压力值也略有差别，夏季高温天气，压力值应在 0.05 ~ 0.07MPa，冬季寒冷天气，压力值应在 0.02 ~ 0.04MPa，春秋适中天气，压力值应在 0.03 ~ 0.05MPa。尤其是对于双系统的电冰箱而言，对制冷系统充注制冷剂时宁可少充些而不能多充，因为制冷剂过多对制冷系统的影响程度大大超过制冷剂偏少的情况，因此要控制在吸气压力适中的范围内。

由于 R600a 电冰箱压缩机工作时，工艺管压力为负压，因此不能通过观察压力表的压力值来判断充注量是否足够，通常采用电子秤称量充注量的方法。

② 按蒸发器结霜情况判断。充注制冷剂且制冷 60min 后，若直冷式电冰箱的冷冻室和冷藏室蒸发器壁面或对应的箱内胆壁面结霜层均匀而光滑，用湿手触摸有粘手感觉，则可判断制冷剂充注量正常；若间冷式电冰箱的冷冻室和冷藏室出风口手感为极凉，或打开冷冻室隔板发现蒸发器翅片结霜层均匀而光滑，用湿手触摸有粘手感，均视为制冷剂充注量正常。

③ 按回气管温度判断。制冷剂充注量适当时，距蒸发器出口端 100 ~ 200mm 处的回气管结霜层应粘手。由于平背式电冰箱的这段回气管内藏，故只能通过出箱体部分至压缩机回气管这段来判断，用手触摸这段回气管感觉温度极凉或略出现微量结露则为充注量正常。

④ 按冷凝器温度判断。触摸冷凝器（含副冷凝器、门框防露管），感觉其温度，若其进端剧热、中端高热、出端温热，干燥过滤器和外露毛细管温度略高于体温，则制冷剂充注量适当。

⑤ 按压缩机工作电流判断。用钳形电流表测量压缩机工作电流，看是否与电冰箱铭牌上标注的额定电流接近。如果电流过小，说明制冷剂充注量不够；过大则说明充注过量。单凭电冰箱压缩机电流变化来判断制冷剂充注量是否合适并不准确，因为充注量过多或过少，对电流影响不大，这与空调压缩机的变化不同。

要正确判断制冷剂充注量是否适当，除了观察压缩机电流、压力外，还要仔细观察蒸发器、冷凝器和回气管等部件，然后综合进行分析，如图 7 - 48 所示。如果充注量不足，则继续充注，但要注意充注速度应缓慢，应采用少量多次补注的方法。如果充注过量，则应放出一部分制冷剂气体，同样放气速度也要缓慢，也应采用少量多次放气的方法，直到适当为止。只有当制冷系统中充注适量制冷剂时，整个制冷系统才能在设计工况下工作，制冷效果才最好。

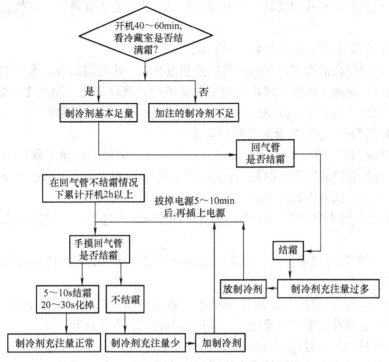

图 7-48　制冷剂充注量是否合适的判断方法

（2）高压液体灌注法

事先准备一个小台秤，将制冷剂钢瓶放在台秤上，瓶口朝下，使制冷剂液面高于瓶口，保证充入制冷系统的是液态制冷剂，以减少不凝气体进入制冷系统，台秤与电冰箱的连接如图 7-49 所示。

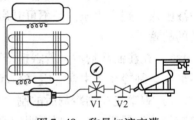

图 7-49　称量加液充灌

正式充灌制冷剂之前，先使连接管与修理阀 V1 的连接呈松动状态，连接螺母不要拧紧，并稍微打开加液阀 V2 放出一些制冷剂，以便将连接管内的空气完全排除。当听到"咝咝"声时，说明排出的已经是制冷剂，这时可以旋紧管子与 V1 的连接螺母，并关闭制冷剂瓶上的加液阀 V2。然后秤出这时候制冷剂瓶的重量，可减去制冷剂的充灌量，调好秤砣的位置。

正式充灌制冷剂时，先旋转修理阀的针阀杆，打开 V1 的通道，再缓慢地打开加液阀 V2，将制冷剂缓慢地灌入制冷系统内。在充灌过程中，要注意台秤的状况，当台秤的秤杆上移时，说明制冷剂的充灌量已经够了，要立即关闭制冷剂瓶上的阀 V2和 V1。

（3）定量加液法

定量加液法是用专门的定量加液器充灌。图 7-50 所示是利用复合式压力表（修理三通阀）和定量加液器进行抽真空充灌的

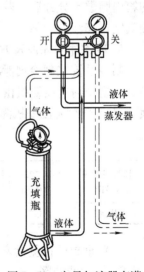

图 7-50　定量加液器充灌

管路连接图。充灌时，先从加液器中放出微量制冷剂，使连接管路中的空气放出，然后拧紧阀门。

抽真空时，先起动真空泵，抽真空 30min。

充灌制冷剂时停止抽真空。开启定量加液器截止阀，然后起动电冰箱压缩机，制冷剂即进入制冷系统中。充灌过程中应密切注视定量加液器的液位变化，到达充灌量时关闭阀门。再用热毛巾将充液管道加热。以便使管内残留的制冷剂减少到最低限度。

3. 充注制冷剂过程中异常现象的判断与排除

1）充注制冷剂时，压缩机内有气流声；运行了好长时间后，蒸发器仍不结霜，冷凝器也不热。造成这种故障的原因可能是，充注的气体中制冷剂极少而大部分是空气，制冷系统中有的地方有脏堵，或制冷系统抽真空效果不好。

2）压缩机回气管全部结霜并粘手。这说明充注制冷剂过多，应放掉多余的制冷剂，直至正常。

3）压缩机回气管有温感不凉，蒸发器末端不结霜。这说明充注的制冷剂量不足，应补加制冷剂，直至正常。

4）吸气压力过高，蒸发器结浮霜不粘手，略放出制冷剂后，霜层融化，压力不降低。这说明新选配的毛细管过短或内径过大，应重选毛细管，直至正常。

5）吸气压力过低，蒸发器末端不结霜，补充制冷剂后无明显变化。除说明毛细管本身微堵外，还说明选配的毛细管过长或内径过细，应重选毛细管。验证吸气压力过低时，可将修理阀引接的充冷管头置于冷冻油内，开启修理阀后充冷管管口有气泡冒出时为正压；若有油液吸入，则为负压。切不可开启修理阀用手感验证，以防负压下将空气吸入制冷系统引起新的故障。

6）充注制冷剂后，若触摸冷凝器进端部位热，出端或下部位发凉，多数是由于抽真空不彻底，制冷系统中含有空气引起的，应将制冷剂放出重新充注制冷剂。

7）观察充注制冷剂后的制冷过程，一旦发现吸气压力由正压逐步呈负压、冷凝器由热变凉、蒸发器脱霜时，则说明制冷系统堵塞，应及时停机验证。用热毛巾敷在毛细管出端的箱内胆数十分钟后，若突然听到气流声，则证明毛细管冰堵，应更换干净的制冷剂，重新抽真空、充注制冷剂。

4. 冷冻油的充注及方法

制冷系统在制冷剂泄漏的同时，也会泄漏一些润滑油，压缩机修理过程中润滑油损失更多。小型全封闭压缩机由于没有视油镜，很难判断缺油量，只能根据损失量的多少来补充。表 7-4 是全封闭压缩机灌油量的参考值。

表 7-4　全封闭压缩机灌油量的参考值

压缩机功率 [W (HP)]	122 (0.16)	183 (0.25)	367 (0.5)	551 (0.75)	735 (1.0)	1102 (1.5)	1470 (2.0)	2205 (3.0)
油量 (L)	0.28	0.35	0.50	0.75	1.5	2.0	2.0	2.5

（1）全封闭往复活塞式压缩机制冷系统充注冷冻油

① 把润滑油倒入一个干净的油桶（杯）内。

② 用一根软管接在压缩机低压工艺管上，排除软管内的空气并充满油后，将软管另一端插入油桶（杯）中。

③ 启动压缩机，润滑油可从低压管吸入。

④ 按需要量充入后即可停机。

（2）旋转式压缩机制冷系统充注冷冻油

因旋转式压缩机壳内为高压区，故充油方法与往复活塞式压缩机有所不同。

① 将压缩机的低压工艺管封死。

② 将润滑油倒入一个清洁的油桶（杯）中。

③ 在压缩机的高压管上接一个带压力表和真空表的组合阀，按图 7 - 51 所示方法连接。

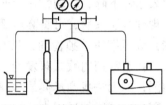

图 7 - 51　旋转式压缩机的充油

④ 启动真空泵将压缩机内部抽成真空后，关闭真空泵。

⑤ 打开组合阀上的阀门，润滑油被大气压入压缩机中，充入需要的数量后关闭阀门即可。

（3）开启式压缩机制冷系统充注冷冻油

充油的方法主要有 3 种：从曲轴箱下部加入，从加油孔中加入和从吸气截止阀的旁通孔吸入。常用的方法是从吸气截止阀旁通孔吸入的加油方法：

① 关闭吸气截止阀，启动压缩机运转几分钟，将曲轴箱中的制冷剂排入冷凝器中，使曲轴箱内呈真空状态。关闭高压截止阀后停机，然后旋下高压截止阀上的旁通孔堵塞，放出高压腔内气体。

② 旋下吸气截止阀上旁通孔堵塞，并接上锥牙接头，接头上接软管或紫铜管。把管的另一端放入盛有润滑油的容器中。

③ 启动压缩机运转片刻停机，使曲轴箱、连接管中呈负压，其内的气体从高压截止阀旁通孔排出。

④ 润滑油因大气压的作用流入吸油管，进入曲轴箱内。

⑤ 观察曲轴箱视油镜，当油液面高度达到视油镜中线时，表明油已充够。

⑥ 拆下锥牙接头，旋紧堵塞，启动压缩机，排出曲轴箱内的空气后旋上高压截止阀上的堵塞，最后开启吸、排气截止阀。

5. 工艺管的封口

工艺管的封口是电冰箱制冷系统维修中的最后一步，因此，在封口前必须确保其制冷剂及冷冻油的充注量已准确适当。确认电冰箱制冷剂充注量适当，制冷效果良好后，关闭修理阀，用专用封口钳将工艺管夹扁两处，并将尾端一处用钢钳夹断，使之与修理阀分离。拆下修理阀后，将工艺管向下弯曲，用钎焊的方法把工艺管的末端焊成一个光滑的水滴状焊点，然后把其放入水中或肥皂水中检漏。初步确认无泄漏后可停止压缩机的运行。待制冷系统内高、低压平衡后，再检查一次焊珠是否有泄漏，若无泄漏才可确定封口获得成功。

7.3.6　电冰箱的开背修理

为了便于冷冻贮藏各类物品，电冰箱的内壁通常是洁净光滑的铝板或塑料板，在内胆的里侧，则盘绕着蒸发器盘管。当这些蛇形盘管因某种原因发生泄漏时，就会造成制冷量不足，或不制冷，此时就必须对整个系统进行查漏。当通过分段检测法，确定泄漏处在蒸发器时，就需要对内藏式蒸发器进行拆除保温层的开背修理。所谓开背修理就是指将冷冻柜或电冰箱从背面拆开，把埋在保温层内的蒸发器或接头部位拆露出来，进行修理、或重制。

1. 内漏的检测和判断

在维修中，对制冷剂渗漏的判断要十分慎重。在检漏中，不能以一次试压检漏，发现压力表指针下降，就匆忙作出开背修理的结论。一般应采取分段检漏法，即在第一次试压检漏发现确有泄漏后，可将高压部分（排气管至毛细管末端）、低压部分（吸气管至毛细管入口端）和压缩机单独检漏，只有在确定低压部分确有渗漏后才可决定开背修理。

我们常把内藏式蒸发器的渗漏称为内漏。在检漏中，也仅仅能够确定渗漏的部位，但对内漏，仍无法找到具体的渗漏点。所以，究竟是蒸发器的管道渗漏，还是铜铝接头的渗漏，就需要在试压的过程中，拆开保温层，逐段地剖露出蒸发器盘管，用肥皂水起泡的方法检查泄漏点。在进行这种查漏的操作之前，应意识到开背找漏后的种种可能。一种是开背后，稍稍剖拆部分保温层，经过检查便很快找到泄漏点，并且容易进行修补使故障得以排除；而另一种可能是把电冰柜或电冰箱的夹层挖去相当一大部分后，泄漏点仍无法找到，此时应决定是继续寻找还是重新绕制。另外，目前大部分的内藏式蒸发器盘管为铝制，铜铝接头的泄漏现象造成了开背后的处理方法的困难，粘补的方法使用寿命短，更换的方法又耗时耗资较大，所以对开背修理应事先征得用户的同意。

2. 开背的选位与蒸发器形式的确定

双门电冰箱和冷冻柜的蒸发器进口端和出口端一般通过铜铝接头分别与毛细管和吸气管相接，有时渗漏点常常发生在铜铝接头上，也有的电冰箱是由于冷冻室排水不畅，而使化霜水进入发泡隔热层对管道进行侵蚀，造成管子穿孔。也有的电冰箱为了防止管道发生冰堵或加速化霜的时间，在上下蒸发器的连接处加装有管道加热器，由于冷热的温差变化，加速了水分对管道的侵蚀，也容易在这些部位造成渗漏。所以开背修理首先要确定制冷系统的管道走向，找到接头的大致位置。对于双门电冰箱来说，大部分的接头位置位于背部的上下门交汇的中梁附近；另外，也可沿压缩机吸气管或毛细管顺次寻找。

不论采取哪种方法，都要首先切开电冰箱后背的铁壳，然后挖出保温层，对冷冻柜，可拆卸掉箱体四框的围栏，从箱体门框处掏挖保温层。

挖出保温层后即露出蒸发器盘管或铜铝接头，这时可对可疑部分进行重点查验，一旦在已挖露出的部位找到泄漏点，可采用焊接或粘接的方法进行补漏；如确实无法补漏，可拆卸掉整个蒸发器，重新制作。

由于冷柜的蒸发器埋设在冷柜四周的夹层内，一般均采取废掉夹层内的蒸发器，在内胆的表面重新盘制蒸发器的方法解决内漏问题。

电冰箱的蒸发器可以有两种形式选择，一种是仍按原来的形式绕制，装入夹层里，充入保温层封闭在内胆里侧；一种是制成蛇形盘管，固定在内胆外壁，形成外挂式蒸发器。所以，在拆开保温层，寻找到或没有必要去寻找漏孔后，应决定蒸发器的盘绕形式，以继续进行下一步的操作。

3. 蒸发器泄漏的处理

冷冻柜的冷冻空间只有一个蒸发器，检漏时只要把蒸发器的一端封死，从另一端充入0.8MPa 的高压氮气，即可判定该蒸发器是否有泄漏。一般冷冻柜的蒸发器为铝制薄壁管绕制，一旦出现漏孔，粘补后可靠性较差；在修理中多以紫铜管代替铝管，重新绕制成新蒸发器。

双门电冰箱的蒸发器分上、下两部分。仅靠低压检测法不能最后确定泄漏的具体部分，可将上下蒸发器连接点分开，并分别对其试压确定具体泄漏部位后可分别采取相应的处理办法。

（1）蒸发器泄漏的处理方案

① 更换箱体：有一些生产厂家，从维护自己产品售后服务的声誉出发，生产不同规格型号的箱体，提供给特约维修部或供外售。如维修人员认定内藏蒸发器泄漏，而用户又不愿开背维修时，可考虑采用原生产厂家提供的箱体进行更换。但原来电冰箱或电冰柜上的门体、压缩机及其他附件仍需拆下，装在更换的箱体上继续使用。对于冷冻柜，更换箱体的方法较为简便，既能保证制冷性能，又能保持箱体的外形结构。

更换箱体解决蒸发器泄漏问题是一种彻底并相对完善的方法，但价格较高。

② 焊接或粘补：当沿着蒸发器的盘管走向剖切保温层，并同时进行检漏时，若恰好在裸露的管壁上发现漏孔，可把漏孔周围的保温层挖去大部分，便于焊接或粘补操作；若仍找不到漏孔，则须将蒸发器周围的保温层全部挖出，撕下蒸发器盘管的固定胶带，取出蒸发器，浸入水中打压试漏，找出漏孔，然后进行修理。

对铝制蒸发器漏孔的粘补是维修中较常见的修理方法。将泄漏点附近用砂纸打磨后，用四氯化碳或汽油在打磨处进行清洗，除去油污，然后用 JC – 311 环氧树脂胶（或其他牌号的低温粘结剂）按 A、B 管比例配好调匀，仔细地涂在已经清洗过的泄漏点四周，在常温下固化 24h 即可。

对于有条件的维修部门，也可采用铝焊剂和铝焊料，对泄漏孔进行铝焊补漏。

修补后进行打压检漏，确定无泄漏后将蒸发器放回原处，重新发泡制作保温层。

这种方法也能保证制冷性能，但耗工耗时较大，并难以保证其可靠性。另外，对冷冻柜和一些品牌的电冰箱，由于结构上的原因，不便将蒸发器取出修补，因此在实际维修中受到限制。

③ 更换成型蒸发器：这种方法是将原内藏式蒸发器废掉，根据冷冻空间的容积和尺寸，重新选择一成型的复合板式蒸发器，嵌入冷冻空间内，形成外露式蒸发器，如图 7 - 52 所示。这种方法的操作要点是剖出背部部分保温层，仅露出进出蒸发器的接头，然后从背面打出进入冷冻室的两个孔，并将新蒸发器的两根连接管从孔中穿出，接到原蒸发器连接管所接的位置，焊接后检漏合格，重新发泡即可。

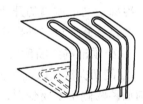

图 7 - 52　嵌入式蒸发器的形式

市场上有适宜尺寸的蒸发器出售操作起来就比较简便，若无法找到合适的蒸发器，可用铜管依原冷冻空间的形式绕制，然后固定在内壁上。在冷冻柜的蒸发器更换中通常采用这种方法。

这种方法比较简单，对电冰箱冷冻室或电冰柜冷冻空间的使用容积减小不多，嵌入也比较方便。但由于蒸发器盘管附着在内胆壁面，易积污垢，且不易清洗，也给存取物品带来不便。

④ 重新盘管：如在市场上买不到合适的蒸发器；可采取重新盘管，绕制新的蒸发器以取代原来的蒸发器。取代的方式有两种：一种是将重新制作的蒸发器嵌入内胆，形成外挂式

蒸发器；一种是置入保温层内，形成内藏式蒸发器。前者的操作方法已在"更换成型蒸发器"中作了介绍，下面重点介绍后一种方法。

重新盘制的蒸发器，所用的铜管长度和直径原则上应与原蒸发器所用铝管相同。外径为8～10mm，壁厚为0.7mm左右，要求有一定的强度。由于手工弯制的紫铜管蒸发器与内胆壁面的接触面积将明显变小，而且接触不紧密，所以为保证换热效果，目前多采用成型的扁面铜管。

操作的步骤是：首先剖切保温层，取出旧蒸发器，取出时最好能保持原形状，然后量出蒸发器盘管的直径和长度。选择合适的紫铜管，依原蒸发器的形状，用弯管器弯制成型新的蒸发器，然后清理冷冻空间内胆靠近发泡保温层一侧壁面的粘连物，把蒸发器套装在内胆外壁上。由于冷冻室内胆壁厚较薄，无保温层支撑时形状不稳定，所以紫铜管弯制成的形状应与内胆壳的自然形状相符，紫铜管各处应与内胆壳表面贴附，以提高热交换效果。紫铜管与内胆壳贴附后要用保温胶带粘牢，在最外层形成一个由胶带纸构成的薄膜，以增加强度，如图7-53所示。

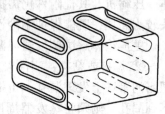

图7-53 重新盘制的蒸发器

用上述方法制成的蒸发器，安装在电冰箱或冷柜的原来位置，经过管道焊接、检漏和保压试验等工艺，确定无泄漏疑点后，可进行保温层的制作和恢复。

（2）隔热保温层的制作

隔热保温层的制作质量将影响电冰箱或冷冻柜修理后的性能。

隔热层常用聚氨酯发泡剂现场浇注制成。取一塑料容器，倒入发泡材料的两种液体，按1:1比例搅拌，在快速搅拌3～5min后，两种材料产生化学反应，泛起细小的泡泡，在尚未增大体积之前，倒入要填充的夹层空间。随即两种液体材料的化学反应越来越剧烈，体积也急剧增大。这时在冷冻室的内胆和电冰箱的外壁要采用支撑物，防止发泡层体积的任意扩大而降低密度，同时也会影响外形美观。

（3）注意事项

冷冻柜与电冰箱的开背修理和蒸发器的制作，是一项须十分慎重和维修技能要求很高的工作，是维修人员多种操作技能的综合体现，因此应注意以下方面：

① 必须准确判断确属蒸发器损坏再开背修复，不应产生误判断。

② 剖切保温层时应十分小心，不要使用锋利切具，以防伤害内部管路或导线。另外箱体前面和两侧壁不要变形，壁面夹层中至少应保持2～4cm的保温层厚度。

③ 装入蒸发器后，应设法固定，使箱体外形尺寸与原尺寸相符，填充发泡层固化后尺寸仍应不变，以保证后背板或上盖能够按原位置复原。

④ 充填发泡剂之前，应设法固定好箱体内外的固定支撑物，以防箱体变形，逸出的发泡层，可用木板或铁皮刮掉。

⑤ 安装电冰箱的后背板和上盖，或电冰柜的箱口时，要用木锤轻轻敲打，视情况缓慢复原，以防破坏外壳的平整度。

开背修理费时、效果差，外观也受到一定程度的影响。在维修中往往是采用加装外露式蒸发器的方法进行修理，外露式蒸发器的加装方法已在3.3.5节作了较详细讲解，此处不再赘述。

7.4 房间空调器制冷系统的维修

7.4.1 窗式空调制冷系统的维修

窗式空调器与分体式空调器不同，它没有充注制冷剂或供检修时使用的旁通阀门，所有的制冷部件都由紫铜管封闭性地焊接起来。在使用过程中，如无特别严重的事故和焊口质量差，一般不会出现泄漏现象，但经长期运转，通过不良材质的自然损耗，也会造成制冷剂不足，制冷效率变差。在这种情况下，就需要对制冷系统进行充注制冷剂的操作。操作方法如下所述。

1. 窗式空调器抽真空、检漏

在压缩机附近的低压回气管路上，选择一段平直且适宜操作的位置，用手摇钻或手电钻钻出一个 φ4mm 或 φ6mm 的小孔。注意钻孔前应将该段管路擦拭干净，在将要钻透之前一定要缓慢小心，并使身体稍稍倾斜，避开管孔的位置，以免钻透孔后管道中的制冷剂喷射出来，溅在皮肤或衣服上。也可在低压回气管的平直段用割管器割断，在割断处加装三通气门阀。

如采用钻孔的方法，孔的大小应与加装的修理管的大小一致。钻孔时，由于系统内残存着的制冷剂压力高于外界大气压力，因此，气体将沿突然开出的孔中喷射出来，这样就将钻屑一起顶出来。孔钻好后，可将已制作好喇叭口的钻管焊接在孔上。铜管插入低压回气管钻孔中的深度要适度，不要插碰另一侧管壁。焊接完毕后，将焊上的铜管另一段与修理阀连接。这样，一个修理用的工艺管就制作完成，如图 7-54 所示。

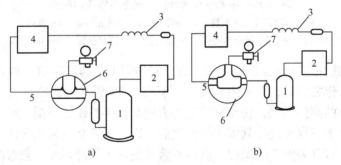

图 7-54　窗式空调器的修理口

a）钻孔法　b）三通法

1—压缩机　2—冷凝器　3—毛细管　4—蒸发器　5—低压回气管　6—修理口　7—三通法

用耐压胶管把修理表阀与氮气瓶阀连接起来，进行检漏操作。首先关闭表阀，打开氮气瓶阀，旋紧调压器手柄，调至1.0MPa，然后打开表阀，观察表阀指针指示的刻度。当指示充入的氮气压力为1.0MPa时，迅速关闭表阀，随即关闭氮气瓶阀，拆掉连接胶管。确定充气压力后将数值记录下来，用肥皂水在所有能够观察到的焊口和U形弯管焊接处检漏，仔细观察有无气泡产生。如找到泄漏点可放掉氮气进行补漏焊接，如找不到明显的泄漏点，可将保压的空调器放置24h后再观察表阀压力的下降情况，根据下降情况再选择是分段检漏，还是浸水检漏。

对于无泄漏和补焊后的空调器，可进行充氟前的抽真空操作。表阀的连接口通过专用的输气软管与真空泵连接，先关闭表阀，然后启动真空泵，再打开表阀，将系统内的空气和氮气抽出。抽真空的过程中，制冷系统高压侧的冷凝器和干燥过滤器中的气体，需流经毛细管抽出。由于毛细管存在着一定的流阻，需要长时间的抽真空，才能达到制冷系统内真空度的要求。为节省时间提高效率，可采取二次抽真空的方法，即先把制冷系统抽到一定的真空度后，充入 40～50g 制冷剂，启动压缩机运转 2～3min，使制冷系统内残存的空气与制冷剂混合，然后对系统进行第二次抽真空。这样，系统内残留的空气会随着制冷系统的循环一起流入低压侧，然后被真空泵抽出。

2. 窗式空调器充注制冷剂

制冷系统经抽真空后，应立即充注制冷剂。充注制冷剂的方法有两种：一是从制冷系统的低压侧充注，充入的应是制冷剂蒸气；一是从制冷系统的高压侧充注，充入的应是制冷剂液体，并严格定量充注和停机操作。

图 7 - 55 是窗式空调器制冷系统充注制冷剂简图。

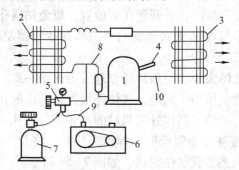

图 7 - 55 窗式空调器制冷系统充注制冷剂简图
1—压缩机 2—蒸发器 3—冷凝器 4—高压充注管 5—表阀
6—真空泵 7—制冷剂钢瓶 8—吸气管 9—连接软管 10—排气管

1）从低压侧充注制冷剂。在低压回气管上制作完工艺修理管后，对系统进行检漏和抽真空。所有准备工作完成后，可关闭表阀 5，拆下连接软管 9 与真空泵的接头，并把该接头转接到制冷剂钢瓶的阀门嘴上，松动软管 9 与表阀 5 的接头使之呈漏气状，慢慢打开制冷剂钢瓶阀门，使制冷剂蒸气冲洗掉软管中的空气后，再把软管 9 与表阀 5 间的接头旋紧。然后开足制冷剂钢瓶，打开表阀 5 的阀门，制冷剂蒸气便进入制冷系统。当系统内蒸气的压力与钢瓶的压力平衡时，启动压缩机运转，随着制冷系统低压侧压力的降低，钢瓶内的制冷剂蒸气继续进入制冷系统。这时由于钢瓶内液体制冷剂的不断气化，钢瓶的温度不断下降，钢瓶内的蒸气压力也不断降低，因而进入制冷系统内的制冷剂蒸气也越来越少。

为了加快充注制冷剂工作的过程，取一脸盆或盛水容器，容器内放 50～60℃ 左右的温水。把制冷剂钢瓶置于盛有温水的容器中，并用温水不断冲刷瓶外壳，以提高钢瓶温度，增大制冷剂钢瓶内蒸气的压力，从而加快制冷剂充注速度。采取这种方法时，不能用开水直接浇钢瓶，以防钢瓶内压力过高而引起钢瓶爆炸。

从低压侧充注制冷剂时，应该充注制冷剂蒸气，尤其是对于旋转式压缩机而言，制冷剂蒸气直接进入压缩机吸气室，使压缩机运行平稳安全。决不可在充注时为提高充注速度，而将制冷剂钢瓶倒置，防止制冷剂液体直接进入压缩机吸气室，造成液击或冲缸事故，损坏压缩机。

充注过程中，要根据充注量的估测、冷凝器的排风热度和翅片表面的温度，以及蒸发器的温度等综合因素，不时地关闭表阀，观察压力表的稳定指示值。当充注至表阀的压力表指示值稳定在 0.486MPa（R22）时，可停止充注，随即关闭表阀和制冷剂钢瓶阀门。

从低压侧充注制冷剂缓慢、平稳，充注量易于控制，便于操作，是维修中经常采用的一种充注方法。

2）从高压侧充注制冷剂。图 7 - 55 中的管 4 是高压侧充注管。将该管割断后焊接充注铜管（修理管）及表阀，经对制冷系统抽真空检漏后接制冷剂钢瓶，排除连接软管内的空气，把制冷剂钢瓶倒置，打开表阀阀门，开启钢瓶上的阀门，制冷剂液体便注入制冷系统的高压侧，充注适量后关闭钢瓶阀和表阀。

从高压侧对窗式空调器充注液体制冷剂时，制冷剂钢瓶应置于磅秤上，或用弹簧吊秤称重，充注量应根据空调器说明中所规定的质量严格控制。若充注量过多，使蒸发压力升高，蒸发温度也高，压缩机运行电流将增大；充注量过少，蒸发压力和温度就会下降，制冷量也将降低。

从高压侧充注制冷剂速度快，但充注量不易控制，也不能根据空调器的使用情况适时地确定最佳充注量，操作难度大。为了提高生产效率，窗式空调器的生产厂家一般都采取从高压侧定量充注液体制冷剂的方法；而在维修时，往往多采用低压侧充注制冷剂蒸气的方法。

从低压侧充注制冷剂是在压缩机运行时进行的，而从高压侧充注制冷剂是在压缩机停机时进行的。

3. 工艺管的封闭

当充注量确定后，用封口钳在表阀与低压侧连接管处夹死两处，再用割管器把该工艺管割断，然后用钎焊的方法将工艺管管口割断处焊死。焊接过程应在压缩机运行状态下进行，因为此时低压侧的压力较低，便于封焊操作。焊接完毕后，取一盛有清水的小杯，将焊死的封口端置于水杯中，观察是否有气泡产生，如有气泡表明漏气，需重新封焊直至无气泡产生。为确保封口处无泄漏，应使压缩机停机，待高、低压力平衡，低压侧压力上升后再次用清水杯检测封口处的密封情况，确定无泄漏后方可认定操作完成。

7.4.2 分体式空调制冷系统的维修

1. 分体式空调器制冷系统的清洗

小型空调器的全封闭式压缩机系统的清洗方法与电冰箱的大同小异，空调器的制冷剂为 R12，清洗剂仍可用 R113。

清洗可按图 7 - 56 进行。清洗前先放出制冷系统管路内的制冷剂，检查冷冻油的颜色、气味，以明确制冷系统污染的程度。然后拆卸压缩机，从工艺管中放出少量冷冻油，检查其色、味，并看其有无杂质异物。

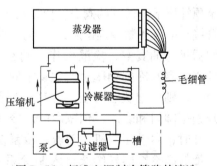

图 7 - 56 标准空调制冷管路的清洗

清洗时，先将清洗剂 R113 注入液槽中，然后起动泵，使之运转，开始清洗。对于轻度的污染，只要循环 1h 左右即可；而严重污染的，则需要 3 ~ 4h。

若清洗时间长，清洗剂可能已经脏了，过滤器也可能被堵塞，这时应更换清洗剂和过滤器后再进行清洗。

洗净后，清洗剂可以回收，经处理后可再用，储液器中的清洗剂要从液管回收。

清洗完毕，应对制冷管路进行氮气吹污和干燥处理。

图 7-56 点画线框以内的部分在干燥处理时一定要与管路部分断开，并在压液管、吸液管的法兰盘上安装盲板，然后用真空泵对系统进行抽真空。在抽真空过程中，要同时给制冷管路外面吹送热风，以利于快速干燥。最后将制冷管路按原样装好，更换新的压缩机和过滤器。

2. 分体式空调制冷系统抽真空的方法

房间空调器的抽真空如图 7-57 所示。空调器抽真空所用的真空泵的排气能力要在 200L/min 以上。若采用复式抽真空时，抽真空和充入制冷剂的方法如下：排出制冷剂气体→抽真空→20min→充入制冷剂，20min 后排出。在进行二次抽真空后应进行最后一次抽真空。最后一次抽真空的时间应在 30min 以上，真空度在 133Pa 以下。

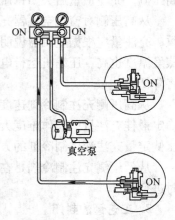

图 7-57　空调器的抽真空

3. 分体式空调器的充注方法

分体式空调器的充注方法与窗式空调器基本相似，既可从低压侧充注，也可从高压侧充注。不同的是，分体空调器室内室外机组采用配管螺纹连接，在连接的气体截止阀处配有维修用旁通通道，并用气门阀封接。因此，维修充注制冷剂操作中，可不必在低压侧另行钻孔配管。另外，制冷量大的空调器还专门设有补充制冷剂的阀门。与窗式空调器相比，分体式空调器的制冷剂充注操作简单易行，并且省略了焊接和封离工序。

（1）从低压侧充注制冷剂

分体式空调器的制冷系统简图如图 7-58 所示。在室外机的机体侧面装有两只阀，一只是从室外机向室内机供液的液体截止阀；另一只是从室内机向室外机回气的气体截止阀。充注制冷剂时，可在气体截止阀的旁通阀的阀上，即图 7-58 的 8 处接上带顶针的专用软管，软管的另一端接表阀。带顶针的软管管帽拧进旁通阀时，顶针随着螺纹的旋进逐渐深入，直至顶针压下旁通阀的阀心，便开启了旁通阀，使制冷系统与软管、表阀连通。表阀再通过软管接真空泵或制冷剂钢瓶，具体的连接方法如图 7-59 所示。需要注意的是，如不需要对空调器进行抽真空、检漏操作，则在补充制冷剂之前，应旋松软管与旁通阀的螺纹接口，稍稍开启制冷剂钢瓶，把软管中的空气顶出，如从气体截止阀到表阀一段软管中充满制冷剂，则应把从表阀至制冷剂钢瓶阀一段软管中的空气排出。排空气操作完毕后，可打开钢瓶阀门和表阀，钢瓶内的制冷剂蒸气便进入制冷系统。当表阀上的压力表指针不再上升时，启动压缩机，随着制冷系统的运行，低压侧的压力不断下降，表压也随即下降，大量的制冷剂蒸气继续进入制冷系统。此时，应不时地关闭表阀，观察压力表稳定的压力指示值，当表阀上的压力指示值稳定在 0.486MPa（R22）时，可关闭制冷剂钢瓶上的阀门，继续检测室内室外机运行状况和压力表指针的变动情况，无明显变化时，可旋下各连接软管，拧紧旁通阀阀帽。

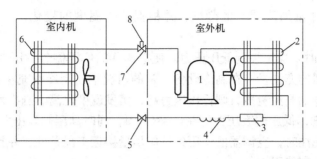

图 7-58　分体式空调器的制冷系统简图

1—压缩机　2—室外换热器　3—过滤器　4—毛细管

5—液体截止阀　6—室内换热器　7—气体截止阀　8—旁通阀

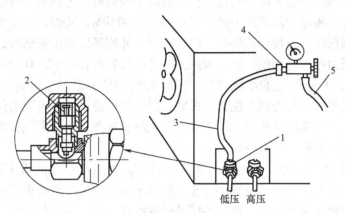

低压　高压

图 7-59　充注管路的连接方法

1—带顶针的螺帽　2—带阀心的旁通阀　3—软管　4—表阀　5—软管

（2）从高压侧充注制冷剂

制冷量较大的分体式空调器不仅在气体截止阀处设有旁通孔，而且在液体截止阀处也设有旁通孔。这时，为了加快充注速度，可在液体截止阀处的旁通孔上接上带顶针的专用软管接头和表阀等，直接向制冷系统充注制冷剂液体。如果该台制冷空调器的节流装置设在室内机，则此时的充注就称为高压侧充注；如果其节流装置设在气体截止阀之前，即室外机侧，那么，这种充注形式仍属于低压侧充注。无论是低压侧还是高压侧，此时充注的是制冷剂液体，因此属于定量充注，必须严格控制充注量。

具体的操作方法与低压侧充注方法相同。但高压侧充注一般需在抽真空结束后进行，并且充注时应使压缩机停机。高压侧充注不适合补充制冷剂时的充注，所以一般的空调器只在气体截止阀上设置有带阀心的旁通阀，供维修或补充制冷剂时使用。

4. 空调器制冷剂充注量的确定

房间空调器大多使用毛细管作节流元器件，不设膨胀阀，并且使用的条件相对稳定，热负荷变化波动小，所以制冷剂的充注量也比较少，多在 0.5 ~ 2.0kg 以内。具体的充注量都标注在空调器的铭牌上。但尽管如此，制冷设备中以毛细管节流的设备，对制冷剂的充注量要求比较严格，在充注操作过程中，应根据以下几个条件综合确定。

1）采用称重法或计量法充注制冷剂时，应根据空调器铭牌上标注的制冷剂充注量，准确测量充注质量和计量加液器上的刻度，并根据环境温度的变化，计算出充注量的合理误差。

2）低压侧充注时要稳定控制低压压力。使空调器的低压侧蒸发压力产生高低变化的一个重要因素是制冷剂的充注量，在制冷设备正常的情况下，制冷剂充注量少，低压压力低，蒸发温度也低；制冷剂充注量多，则低压压力高，蒸发温度也高。制冷系统运行在空调工况下若使用 R22 制冷剂，低压侧表压力值在 0.486MPa，同时高压侧表压力值又不高于 1.8MPa 就认为是合理的；充注时，空调器的使用条件应尽量接近工况条件，并且使空调器运转且低压压力值能稳定在规定值附近。

3）充注时不应忽视环境温度的影响。在被调房间的空气温度较高时，即热负荷较大时，低压压力可调整得略高些，表压力的值应可控制在 0.5～0.52MPa，随着热负荷的下降，室温的降低，低压压力也会下降。当被调房间的温度较低时，即热负荷较小时，低压压力值可控制得略低一些，表压力的值应可控制在 0.48～0.49MPa。同理，当室外侧环境温度较高时，可将充注时的低压压力控制得略高一些，而当室外侧环境温度较低时，尤其是冬季充注时，则应使低压压力控制得稍低一些，表压力的值应可控制在 0.42～0.45MPa。

4）观察蒸发器和回气管的结露情况。制冷剂充注量不足时，可能出现蒸发器前端结霜、回气管无结露现象；制冷剂充注量过多时，回气管结露严重，甚至会使压缩机吸气管附近也大面积结露，而当充注量更多时，则蒸发器无结露现象，并且回气管温度较高，充注时可根据这些现象参考分析，综合判断。

5）测量压缩机运行电流。制冷剂充注量适当时，压缩机运行电流接近其额定电流值；当充注量不足时，压缩机运行电流较小；充注量较多时，压缩机运行电流偏大，甚至超过压缩机的额定电流。对于新旧不同、质量不同的任何空调设备，压缩机的运行电流均不能超过其额定电流值。

在空调器的维修中，有时在充注制冷剂的过程中，出现压缩机的运行电流已接近甚至达到额定电流值，而低压压力仍未达到标准规定值的现象。此时，从各种现象上分析，如低压回气管无结露现象，蒸发器结露不全面等，明显表明制冷剂不足，但为了压缩机的安全运行，只能牺牲空调器的制冷量，来维持空调器的使用。否则，如果再多充注制冷剂，压缩机则运行电流过大，温升过高，遇使用环境温度升高和热负荷加大时，则有烧毁压缩机的危险。彻底的解决办法只能是更换压缩机。

6）测量空调器的送风温度和回风温度。空调器在夏季供冷时，若制冷剂充注量适当，在送风量较小（低冷）的情况下，送风温度一般在 10～15℃，回风和送风的温差约在 10～12℃。另外，手摸蒸发器应感觉到露水沾在手上，室外侧冷凝器应感觉发热。

以上确定制冷剂充注量的条件中，以控制低压压力和压缩机运行电流两条最为关键。其他条件对分析空调器的运行状态和故障原因，也有不可忽视的重要意义。

5. 空调器膨胀阀开启度的调整

对设有膨胀阀的空调器制冷系统运行状态的调整，实质上是对膨胀阀开启度的调整。

设有膨胀阀和储液器的制冷系统，在膨胀阀之前都安装电磁开关阀。这种系统的充氟量不像毛细管节流系统那样严格，一般都多充注一些，因为对蒸发器的供液量是由膨胀阀的开启度控制的。按照膨胀阀的工作原理，顺时针方向转动调节杆使阀门关小，逆时针方向转动调节杆使阀门开大。

制冷系统工作状态调整就是调节膨胀阀的调节杆，使系统的低压压力为 0.48 ~ 0.49MPa，高压压力又不高于 1.8MPa。与不设膨胀阀的系统一样，调整时也应考虑到环境温度的影响，即当热负荷较大、室温较高时，膨胀阀可开大些，增加供液量，低压压力调整为 0.5 ~ 0.52MPa。随着室内气温的下降，膨胀阀会自动把阀门关小，使低压压力下降到 0.48 ~ 0.49MPa 的标准值；反之，若室内气温较低时，膨胀阀可关小一些，低压压力也要调得低些。

膨胀阀的调节，也要考虑到设备现状和制冷部件的某些缺陷给膨胀阀调节带来的影响。例如，当压缩机的性能下降时，膨胀阀的开度应减小，使电动机的工作电流不超过其额定值；当压缩机的阀门不甚严密，或压缩机的排气能力有所下降时，膨胀阀的开度也应减小，以使系统的低压压力工作在正常的范围内；当水冷冷凝器中由于污垢积聚，换热效率下降时，蒸发器的供液量应减小，膨胀阀的开度也应适当减小；当风冷冷凝器由于氧化、锈蚀，使得换热效率降低时，也应减小膨胀阀的开启度。所以面对一台空调器或具体的制冷设备，要根据它的现状和实际情况，经过调整试验和分析，确定合理的膨胀阀开度，以达到使空调器既能够稳定、安全地运行，又能够充分发挥设备的制冷能力的目的。

膨胀阀调整时，每次转动调节杆不应超过一周。由于膨胀阀感温包感受温度滞后于蒸发温度的变化，所以每进行一次调节后，需要等待系统运行几十分钟后，压力和温度方能稳定下来，然后根据实际情况，再决定下一次的调整方向和大小，这是一项需十分仔细和耐心的工作。

7.5　分体式空调器的移装

分体式空调器的移装是指将室外机与室内机连同配管拆卸掉，然后移至另外一个房间重新安装。由于空调器在正常运行中，其室内机和室外机通过配管以及两只截止阀，使整个系统处于连通状态，因此，拆卸时必须由专业维修人员进行，否则盲目拆卸，很容易使制冷剂泄漏，甚至造成制冷剂丢失并使系统混入大量空气，为重新安装制造困难。

7.5.1　分体式空调器的拆卸

1. 收取制冷剂的方法

在拆卸空调器的连接配管之前，必须首先将系统内的制冷剂收取到室外机的冷凝器中。具体的操作方法是：关闭室外机侧面的供液截止阀，启动压缩机。这时，压缩机、冷凝器和毛细管一路中的制冷剂将在供液截止阀处被截止，蒸发器和配管中的制冷剂被压缩机通过回气截止阀吸入并压缩排入冷凝器。压缩和运转 3 ~ 5min 后，基本上室内机蒸发器和配管中的制冷剂都被收取干净，如在回气截止阀处的旁通阀接上一只压力表，可在收储的过程中，观察压力表的指针变化情况。当压力表稳定指示在 - 0.1MPa 处不再回升时，便可结束收储。确定可以结束时，首先要关闭回气截止阀（此时供液截止阀始终处于关闭状态），而后可拧下两只截止阀处的连接配管螺母，并将截止阀口用封帽旋紧，以免污物进入截止阀，然后可分别拆卸室内机和室外机及连接配管。

2. 室内外机组的拆卸

在拆卸室内、外机组前，应首先将室内、外机组的电气连接线拆掉。拆除导线时要打开接线端子防护装置，拧压接线端子，并按号码或颜色记录下每条导线的接线位置。然后可以将室内机组从室内挂板上取下，连同配管和导线从穿墙孔中抽出。如迁移的位置时间比较方便，可不单独拆卸配管，如需拆卸配管，可沿配管用手触摸连接口所在处，打开保温套，将连接螺母松开，便可使室内机和配管分离。

室外机的拆卸主要是从支撑架上取下室外机。首先应将支撑架上的固定螺栓旋下，操作中应特别注意安全，防止发生人身事故。拧下螺栓后，用安全绳捆扎室外机，然后将室外机吊送至室外地上或抬至室内。至此，室内、室外机组均被拆卸掉。拆卸下来的配管两端应作封口处理，避免灰尘进入管内。

7.5.2 分体式空调器的安装及试运行

分体式空调器的安装及试运行已在 5.3 节作了详细描述，此处不再重复。

7.6 实训

7.6.1 实训 1 —— 电冰箱制冷系统的清洗

1. 实训目的

熟悉电冰箱制冷系统（严重污染）的清洗方法，掌握其操作步骤。

2. 主要设备、工具与材料

电冰箱、气焊设备、氮气钢瓶、减压阀、漏斗截止阀、胶皮管、6mm 铜管、扳手、尖嘴钳、割管器、扩管器和四氯化碳等。

3. 操作步骤

（1）冷凝器的清洗

1）将压缩机的低压吸气管和高压排气管焊开。

2）将干燥过滤器的进出口连接部位焊开，拆下干燥过滤器。

3）将冷凝器的进口与漏斗截止阀相接。

4）将氮气钢瓶的减压阀与漏斗截止阀相接。

5）打开漏斗截止阀，从漏斗注入 200mL 的四氯化碳。

6）关闭截止阀。

7）打压 0.8MPa。

8）用手不断堵住和松开冷凝器的出口。

9）重复步骤 5）~8），反复清洗，直至放在出口处的白纸不变色。

10）关闭氮气钢瓶，将减压器调节杆旋回原位，拆除连接管和截止阀。

（2）蒸发器的清洗

1）将蒸发器的管口与漏斗截止阀相接。

2）将氮气钢瓶的减压阀与漏斗截止阀相接。

3）打开漏斗截止阀，从漏斗注入 200mL 的四氯化碳。

4）关闭截止阀。

5）打压 0.8MPa。

6）用手不断堵住和松开毛细管的管口。

7）重复步骤3）~6），反复清洗，直至放在出口处的白纸不变色。

8）关闭氮气钢瓶，将减压器调节杆旋回原位，拆除连接管和截止阀。

4. 注意事项

1）最后一次氮气吹洗时应将洗涤剂吹洗干净。

2）制冷系统清洗后不应久放，应及时更换压缩机、过滤器，并组装、封焊好。

7.6.2 实训2 —— 电冰箱制冷系统的检漏

1. 实训目的

熟悉肥皂水检漏、卤素灯检漏、电子卤素检漏仪检漏的方法，掌握检漏的操作步骤。

2. 主要设备、工具与材料

电冰箱、气焊设备、制冷剂钢瓶、氮气钢瓶、减压阀、三通修理阀、割管器、扩管器、连接管、砂纸、小刀、肥皂、空杯、毛笔、无水酒精、卤素灯和电子卤素检漏仪等。

3. 操作步骤

（1）肥皂水检漏

1）用小刀将肥皂削成薄片，浸泡在杯中的热水内，并不断搅拌，使肥皂溶化成稠状溶液。

2）用割管器割断压缩机的工艺管，并加焊6mm铜管。

3）用连接管连接加焊铜管和带有压力表的三通修理阀。

4）将减压阀安装在氮气钢瓶的出口。

5）用连接管连接三通修理阀和减压阀。

6）开启氮气钢瓶，顺时针旋动减压阀的调节杆。

7）当减压阀的指示数值为0.6MPa时，开启三通修理阀。

8）当三通修理阀压力表的指示数值为0.6MPa时，关闭三通修理阀和氮气钢瓶阀，并将减压器的调节杆旋回原位。

9）用毛笔蘸以肥皂水，并涂抹于被检处。

10）仔细观察被检处是否有气泡冒出。

（2）卤素灯检漏

1）通过三通修理阀向制冷系统内充入0.3~0.4MPa的制冷剂后关闭制冷剂钢瓶阀和三通修理阀。

2）将卤素灯的底座倒置，向灯筒内加入无水酒精后旋紧底座并将灯放正。

3）顺时针旋转卤素灯的手轮，关闭阀心，向酒精杯加满酒精并点燃。

4）当酒精杯内的酒精燃尽时，逆时针旋转手轮约一圈。阀心开启后，卤素灯火焰圈内即有酒精蒸汽喷出并燃烧。

5）将卤素灯的探管移至被检处。

6）通过火焰是否变色判断泄漏点。

7）检漏完毕后将手轮按顺时针方向旋至关闭位置，然后将底盘打开，倒出未用完的酒精。

（3）电子卤素检漏仪检漏

1）通过三通修理阀向制冷系统内充入 0.3~0.4MPa 的制冷剂后关闭制冷剂钢瓶阀和三通修理阀。

2）调整工作状态调节电位器，将仪器调至正常使用工作点。

3）将探头靠近被检处约 5mm 处，并慢慢移动。

4）当移至某处，发光二极管和蜂鸣器发出声光报警信号时，该处即为泄漏点。

4. 注意事项

1）向系统充入高压氮气时，充气速度不能过快，以免管道爆裂。

2）检漏应在系统内压力平衡后进行。

3）使用电子卤素检漏仪检漏时，环境空气应洁净、流动，以免出现误报警。

4）使用电子卤素检漏仪检漏时，应严防大量的制冷剂蒸气吸入检漏仪而污染电极，降低仪器的灵敏度。

5）使用电子卤素检漏仪检漏时，探头移动速度应不高于 50mm/s。

7.6.3 实训 3 —— 电冰箱制冷系统的抽真空和充注制冷剂

1. 实训目的

熟悉电冰箱制冷系统抽真空和充注制冷剂的方法，掌握抽真空和充注制冷剂的步骤。

2. 主要设备、工具与材料

电冰箱、气焊设备、复式修理阀、连接管、真空泵、计量加液器、割管器、扩管器和封口钳等。

3. 操作步骤

（1）管道连接

1）用割管器割开压缩机的工艺管并加焊 6mm 的铜管。

2）用连接管连接压缩机加焊铜管和复式修理阀的三通接头。

3）用连接管连接真空泵和复式修理阀的真空压力表三通接头。

4）用连接管连接计量加液器的出液阀口和复式修理阀的压力表三通接头。

（2）抽真空

1）关闭复式修理阀中通往计量加液器的压力表三通阀。

2）打开复式修理阀中通往真空泵的真空压力表三通阀。

3）开启真空泵。

4）当复式修理阀真空压力表的指示数值小于 133Pa 时，关闭真空压力表三通阀，关停真空泵。

（3）充注制冷剂

1）打开计量加液器的出液阀。

2）打开复式修理阀的压力表三通阀。

3）仔细观察计量加液器的液位变化，当充注量达到电冰箱铭牌上的规定值时，迅速关闭计量加液器的出液阀。

（4）试运行

1）接通电冰箱的电源，将温控器置强冷点。

2）电冰箱运行 30min 后，观察蒸发器及回气管的结霜情况。

（5）封口

1）确认电冰箱制冷系统性能正常后，关闭压力表三通阀。

2）用气焊将加焊铜管在距压缩机 10cm 处烧红，并迅速用封口钳夹扁 1~2 处。

3）在距夹扁处 2~3cm 的地方切断连接铜管。

4）封焊工艺管口。

4. 注意事项

1）用连接管连接复式修理阀的压力表三通接头和计量加液器的出液阀时，应先将复式修理阀的压力表三通接头虚接，开启计量加液器的出液阀，排尽连接管内的空气后，再拧紧压力表三通接头，关闭出液阀。

2）制冷剂充注过多或不足时，应放出或补充制冷剂。

3）压缩机工艺管的封口应在压缩机运行时进行。

7.6.4　实训 4 —— 电冰箱制冷系统加注润滑油

1. 实训目的

熟悉电冰箱制冷系统加注润滑油的方法，掌握其操作步骤。

2. 主要设备、工具与材料

电冰箱、润滑油、盛油容器、真空泵、复式修理阀、扩管器、连接管和吸油管等。

3. 操作步骤

1）用连接管连接压缩机的工艺管和复式修理阀的三通接头。

2）用连接管连接真空泵和复式修理阀的真空压力表三通接头。

3）将吸油管接至复式修理阀的压力表三通接头。

4）关闭复式修理阀的压力表三通阀。

5）打开复式修理阀的真空压力表三通阀。

6）开启真空泵，抽空数分钟。

7）关闭真空压力表三通阀，关停真空泵。

8）缓慢打开压力表三通阀，容器中的润滑油即被吸入压缩机。

4. 注意事项

1）连接吸油管时，应预先在吸油管内灌满润滑油。

2）润滑油的加注量应以产品说明书为标准，或比检修时的倒出量多加注 10%~15%。

3）代号不同的润滑油不能混合使用。

4）加注的润滑油与原润滑油不同时，应将原润滑油倒出，加入新润滑油，启动压缩机数分钟，将油再次倒出后重新加注润滑油。

7.6.5　实训 5 —— 电冰箱的开背修理

1. 实训目的

1）了解电冰箱开背修理操作程序。

2）掌握电冰箱开背修理的方法。

2. 主要设备、工具与材料

实验用电冰箱、铅笔、小刀或者其他利器、500 型绝缘电阻表、螺钉旋具和万用表等。

3. 操作步骤

1）根据电冰箱型号，观察电冰箱结构，查阅说明书，用铅笔标明查找电冰箱的管道焊接点也就是最易泄漏点，增加开背修理的可靠性。

2）在电冰箱背部铁皮上与下蒸发器接管穿入发泡隔热层的位置，用小刀开一个宽为6cm、长为12cm的孔，揭掉所挖的铁皮，即可以露出隔热材料。

注意：在用小刀或其他利器切开电冰箱背部铁皮的过程中，以切开铁皮为限，切不可一次进刀过深。因有些电冰箱的防冻加热丝的电源引线就埋设在后背，若进刀过深，容易切断电源线。如果不小心在开背的过程中弄断或损伤了电源线，应将断线接上并用绝缘胶带包扎，对电源线的损伤处也应认真包扎，防止电冰箱外壳带电，发生意外事故。

3）用塑料或木制工具小心挖出发泡材料。在挖出发泡隔热材料的过程中，最好不要使用锐器，而且在操作过程中应该小心谨慎，切不可用力过猛，防止将管道弄坏，增加麻烦。

4）对露出管子的接头进行检查。若需再寻找其他接头，可再在适当位置开孔或采取顺着管路查找接头的方法进行。

在查找泄漏的过程中，注意该电冰箱接头的数量，应逐个寻找查漏直至找出最后一个接头为止。多数电冰箱在上、下蒸发器各自的末端都有一小段铜管，而在蒸发器之间和蒸发器与毛细管、回气管连接时采用钎焊。这样，在查找接头时，除了寻找铜——铜钎焊接头外，还应找出各自的铜铝接头（铝蒸发器）。也有一些电冰箱在下蒸发器的两根连接管伸入发泡隔热材料内装设有防冻加热丝，用铝箔粘胶带将其包裹在管道外。在查漏的过程中，应仔细剥开铝箔，拉开加热丝后检查被包裹的铝管是否有泄漏。在维修中经常发现该部位有不同程度的腐蚀，而在修理完毕后电热丝应仍然包裹在管道上，切不要将其切断，更不能将其短接。

5）挖开电冰箱后背找到泄漏点后，进行补漏处理。补漏处理的方法如下：

① 对于方便焊接的管道或接头，进行焊接补漏。但在焊接的过程中注意不要过多地烧坏隔热层，更不应使蒸发器受到损伤。

② 对于铜—铝接头或不便焊接的地方需进行补漏时，应采用粘补的方法。将泄漏点附近用砂纸打磨后，用四氯化碳或汽油对打磨处进行清洗，除去油污，然后将JC－311型环氧树脂胶按A、B管比例配好调匀，仔细地涂在已经清洗过的泄漏点四周，在常温下固化24h即可。

6）对泄漏点处理完毕后，进行试压检漏，详见制冷系统的高压检漏或真空试漏部分。

7）泄漏确已排除后，对所挖的孔洞进行发泡处理，或将原挖出的隔热材料回填，再用一块比所割范围稍大的铁皮，覆盖在原来开背位置上，用自攻螺钉固定即可。

4. 注意事项

1）对需要进行开背修理的电冰箱在动手前应做到判断准确、征得同意、准备对策。

2）也有一些电冰箱生产厂家在生产时就考虑到方便维修，把上述各个接头集中到一个或几个不大的范围中，且在平整的电冰箱后背上打有凹形印记。出现低压泄漏需检查内藏接头时，只需从凹形印记范围内切开后背铁皮，挖掉发泡隔热层，即可露出接头，检修很方便。修理完毕，可将原来发泡物或另用隔热材料充填回去，再用一块比所切开范围稍大的铁皮覆盖在原开口的位置上，用自攻螺钉固定即可。

3）在实际修理工作中，并不是每次都在接头或发生故障较多的地方找到泄漏点，有时也遇到泄漏点十分难找到的情况。为进一步确认泄漏点的所在部位,可将上、下蒸发器连接点分开,并分别对其试压。如果是下蒸发器泄漏,可以进行更换或粘补,对于上蒸发器泄漏,若仔细检查已露出的接头仍无结果,应采取其他处理方法加以解决。

7.6.6 实训 6 —— 窗式空调器拆装

1. 实训目的

1) 认识空调器制冷系统、风路系统、电气控制系统以及箱体支撑系统的结构与原理。

2) 学会拆装空调器壳体以及电气系统零部件等可拆装的空调器部件。

2. 主要设备、工具与材料

窗式空调器、500 型绝缘电阻表、螺钉旋具和万用表。

3. 操作步骤

1) 将窗式空调器外壳上的螺钉旋下,抽出空气过滤网,拆下空调器前面板。拆卸时,应先拆下面后拆上面,当心不要把前面板上的倒齿撬坏。

2) 将空调器机心与外壳分离:方法是一个人按住外壳,一个人抓住机心拉手用力拉。

3) 拆下机心上面的风路隔板(顶板),露出整个机心。

4) 分别观察制冷系统与风路系统的结构组成,分析其工作原理。

5) 拆开电气控制盒和压缩机接线盒,根据电路图分析电气控制原理。

6) 将机器按原样复原,并测量绝缘性能,通电检查,空调器应能正常工作。

4. 注意事项

1) 在整个拆装过程中应在断电的情况下进行,确保人身安全。

2) 在拆装过程中,注意不要碰坏换热器整齐的翅片。

7.6.7 实训 7 —— 分体式空调器拆装与认识

1. 实训目的

1) 认识空调器制冷系统、通风系统、电气控制系统以及箱体支撑系统的结构与原理。

2) 学会拆装空调器壳体以及电气系统零部件等可拆装的空调器部件。

2. 主要设备、工具与材料

分体壁挂式空调器、500 型绝缘电阻表、螺钉旋具和万用表。

3. 操作步骤

1) 用两只手从室内机组前面板的两侧用力,将面板向斜上方托起,抽出空气过滤网。

2) 旋下前框与机身的紧固螺钉,将前框与机身分离。分离时注意不要损坏位于前框上部的倒齿,应先拆下部后拆上部。

3) 观察室内机内部的结构,了解计算机板及其组成,分析空调器的工作原理。

4) 将室内机组照原样复原。

5) 旋下室外机组外壳上的紧固螺钉,将外壳拆下。

6) 观察室外机内部结构,分析分体空调室外机的电路组成和工作原理。

7) 将电路零部件及可拆下的导线拆下,然后根据电路图重新装配。

8) 检查无误后复原。

4. 注意事项

1）在整个拆装过程中应小心谨慎，不要损伤空调器，特别是计算机板部分。

2）拆下的螺钉应保管好，当心丢掉。

5. 思考题

1）分体空调室内机组上有两个感温探头，试分别说明它们的作用。

2）分体空调器的配管，为什么气管粗、液管细？

3）带加液功能的三通阀位于室外机高压侧还是低压侧？

7.6.8 实训 8 —— 分体式空调器的抽真空和充注制冷剂

1. 实训目的

熟悉分体式空调器的抽真空和充注制冷剂的方法，掌握抽真空和充注制冷剂的操作步骤。

2. 主要设备、工具与材料

分体式空调器、制冷剂钢瓶、真空泵、三通修理阀（注意有单表和双联压力表两种，本处介绍第 2 种情况）、扳手和电子秤等。

3. 操作步骤

1）拧下室外机三通阀修理口（一般带有针阀）的螺母。

2）连接真空泵、压力表、制冷剂钢瓶、室外机，如图 7-60 所示。

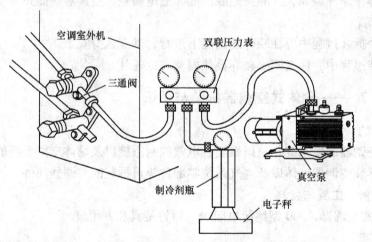

图 7-60 真空泵、压力表、制冷剂钢瓶、室外机连接图

3）开启室外机三通阀、压力表全部阀门。

4）开启真空泵。

5）当系统真空度达到要求后，关闭双联压力表与真空泵相连接处阀门。

6）关停真空泵。

7）这时可以拆除真空泵，也可最后再拆。

8）将制冷剂钢瓶放在电子秤上，开启制冷剂钢瓶阀，开始充注制冷剂。

9）观察电子秤，直到充注值为空调铭牌标称值为止。

10）制冷剂充足后，关闭室外机三通阀和制冷剂钢瓶阀。

11）拆除连接管。

12）装上修理口螺母。

4. 注意事项

1）抽真空与充注制冷剂的时间间隔不宜过长，以免阀门关闭不严而降低制冷系统的真空度。

2）制冷剂应按标准充注量注入，当充注过多或过少时应放出或补充制冷剂。

7.7 习题

1. 修理制冷器具时，需要用哪些专用工具？

2. 如何切割紫铜管？

3. 扩铜管喇叭口用什么工具？如何操作？

4. 扩杯形口如何操作？

5. 什么叫气焊？气焊设备由哪几部分组成？

6. 对气焊焊接火焰有什么要求？

7. 焊接制冷系统管路应采用何种火焰？说明其组成部分及特点。

8. 如何选用制冷系统的焊料和焊剂？

9. 气焊焊接时的操作，主要应注意哪些事项？

10. 在维修电冰箱时，如何对制冷系统进行清洗？

11. 制冷系统维修后为什么要进行吹污处理？如何进行？

12. 如何对制冷系统进行压力试漏？

13. 制冷系统为什么要进行抽真空？

14. 如何用真空泵对电冰箱制冷系统进行抽真空？

15. 没有真空泵如何抽真空？

16. 充灌制冷剂有几种方法？叙述其中一种充灌制冷剂的方法。

17. 制冷剂充注量过多或过少时对电冰箱各有何危害？

18. 铜管是怎样焊接的？

19. 毛细管与干燥过滤器应如何焊接？

20. 铝蒸发器的铝铜管应如何焊接？

21. 如何修补铝合金蒸发器的泄漏？

22. 电冰箱在制冷剂充注操作过程中，如何判断最佳的制冷剂充注量？

23. 简述电冰箱冷冻油的充注方法。

24. 简述电冰箱的开背修理及其注意事项。

25. 分体式空调器在制冷剂充注操作过程中，应根据哪几个条件综合确定其充注量的多少？

26. 空调器从低压侧充氟应如何操作？

27. 空调器从高压侧充氟应如何操作？

28. 分体式空调器移装应如何操作？

参 考 文 献

[1] 罗世伟. 小型制冷、空调设备原理与维修 [M]. 北京：电子工业出版社，2002.

[2] 劳动和社会保障部教材办公室. 小型制冷设备原理与维修 [M]. 北京：中国劳动社会保障出版社，2001.

[3] 牛金生. 电热电动器具原理与维修 [M]. 北京：电子工业出版社，2007.

[4] 李援瑛. 家用制冷设备实用维修技术 [M]. 北京：机械工业出版社，2009.

[5] 劳动和社会保障部教材办公室. （中级）制冷设备维修工 [M]. 北京：中国劳动社会保障出版社，2000.

[6] 周大勇. 电冰箱结构原理与维修 [M]. 北京：机械工业出版社，2011.

[7] 林钢. 小型制冷装置 [M]. 北京：机械工业出版社，2010.

[8] 皱开跃. 电冰箱、空调原理与维修 [M]. 北京：电子工业出版社，2002.

[9] 冯玉琪. 空调故障检修速查图表 [M]. 北京：人民邮电出版社，2000.

[10] 邱兴永. 家用制冷设备维修与实例 [M]. 北京：人民邮电出版社，1998.

[11] 刘守江. 空调及微电脑控制器的原理与维修 [M]. 西安：西安电子科技大学出版社，1997.

[12] 李佐周. 制冷与空调设备原理及维修 [M]. 北京：高等教育出版社，1991.

[13] 胡鹏程. 电冰箱空调器的原理和维修 [M]. 北京：电子工业出版社，2000.

[14] 蒋能照. 家用中央空调实用技术 [M]. 北京：机械工业出版社，2002.

[15] 黄省三，董忠伟. 新型电冰箱维修 [M]. 福州：福建科学技术出版社，2001.

[16] 杨象忠. 电冰箱修理大全 [M]. 杭州：浙江科学技术出版社，1991.

[17] 徐士毅. 家用空调器电冰箱应急维修实例 [M]. 武汉：湖北科学技术出版社，1992.

[18] 杨立平. 小型制冷与空调装置 [M]. 北京：机械工业出版社，2002.

[19] 杜天保. 电冰箱修理入门 [M]. 北京：人民邮电出版社，2003.

[20] 吴疆，李嬿，周鹏. 看图学修电冰箱 [M]. 北京：人民邮电出版社，2006.

[21] 韩雪涛，吴瑛. 电冰箱常见故障实修演练 [M]. 北京：人民邮电出版社，2007.

[22] 孙唯真，王忠诚. 电冰箱、空调器维修入门与提高 [M]. 北京：电子工业出版社，2007.

[23] 白秉旭. 电冰箱、空调器设备原理与维修 [M]. 北京：人民邮电出版社，2008.

[24] 肖凤明，于丹，周冬生. 新型绿色电冰箱单片机控制技术与维修技巧一点通 [M]. 北京：机械工业出版社，2008.

[25] 马国远. 户用中央空调 [M]. 广州：广东科技出版社，2002.

[26] 林钢. 小型制冷与空调装置 [M]. 北京：高等教育出版社，2002.

[27] 冯玉琪，王佳慧. 最新家用、商用中央空调技术手册 [M]. 北京：人民邮电出版社，2002.

[28] 蒋能照，张华. 家用中央空调实用技术 [M]. 北京：机械工业出版社，2002.

[29] 冯玉琪，卢道卿. 实用空调制冷设备维修大全 [M]. 北京：电子工业出版社，1997.

[30] 王荣起. 制冷设备维修工 [M]. 北京：中国劳动社会保障出版社，2000.

[31] 中国家用电器维修管理中心. 家用制冷设备原理与维修技术 [M]. 北京：人民邮电出版社，2001.

[32] 刘守江. 空调器及其微电脑控制器的原理与维修 [M]. 西安：西安电子科技大学出版社，2000.

[33] 高润生. 汽车空调维修 [M]. 北京：人民交通出版社，1999.

[34] 方贵银，李辉. 汽车空调技术 [M]. 北京：机械工业出版社，2002.